高等院校电气信息类专业"互联网+"创新规划教材

21 世纪全国应用型本科电子通信系列实用规划教材

单片机原理与应用技术
（第 2 版）

主　编　魏立峰　　王宝兴

副主编　庞宝麟　　刘晓梅　　张晓莉

参　编　张开生　　姚传安　　黄鹤松

　　　　薛　琳　　杨兴满

北京大学出版社

PEKING UNIVERSITY PRESS

内 容 简 介

本书系统地介绍了 MCS-51 系列单片机的原理及其应用技术，选择 AT89 系列单片机、热门的各种总线技术外围接口器件为实例，适应当代主流单片机和外围接口器件的发展趋势。全书采用对比度鲜明的图示化讲解，具有实例丰富、系统性强、注重实用和科学实训的特点，较好地体现了应用型人才培养的要求。本书是一本实用技术性单片机教程，相信通过本书的学习，会使初学者对单片机技术不再感到困难，对已掌握单片机技术的人员又不失为一本很好的参考资料，尤其是其中的实用技术是非常难得的。按照单片机工程设计的标准技术文档使工作更加规范，便于存档。

本书不仅可作为普通高等学校自动化、计算机、测控技术与仪器、电气、电子信息工程、通信、机电一体化等专业学生的教材，也可供自学和从事单片机工作的工程技术人员参考。

图书在版编目(CIP)数据

单片机原理与应用技术/魏立峰，王宝兴主编. —2 版. —北京：北京大学出版社，2016.9
(高等院校电气信息类专业"互联网十"创新规划教材)
ISBN 978-7-301-27392-0

Ⅰ. ①单… Ⅱ. ①魏…②王… Ⅲ. ①单片微型计算机—高等学校—教材 Ⅳ. ①TP368.1

中国版本图书馆 CIP 数据核字(2016)第 188437 号

书　　　　名	单片机原理与应用技术（第 2 版）
	Danpianji Yuanli yu Yingyong Jishu
著作责任者	魏立峰　王宝兴　主编
责 任 编 辑	程志强
数 字 编 辑	刘志秀
标 准 书 号	ISBN 978-7-301-27392-0
出 版 发 行	北京大学出版社
地　　　　址	北京市海淀区成府路 205 号　100871
网　　　　址	http://www.pup.cn　新浪微博：@北京大学出版社
电 子 信 箱	pup_6@163.com
电　　　　话	邮购部 62752015　发行部 62750672　编辑部 62750667
印 刷 者	北京鑫海金澳胶印有限公司
经 销 者	新华书店
	787 毫米×1092 毫米　16 开本　18.25 印张　414 千字
	2006 年 8 月第 1 版
	2016 年 9 月第 2 版　2019 年 9 月第 2 次印刷
定　　　　价	42.00 元

《21世纪全国应用型本科电子通信系列实用规划教材》
专家编审委员会

21世纪全国应用型本科电子通信系列实用规划教材

参编学校名单

1	安徽建筑工业学院	24	苏州大学
2	安徽科技学院	25	江南大学
3	北京石油化工学院	26	沈阳化工大学
4	福建工程学院	27	辽宁工学院
5	厦门大学	28	聊城大学
6	宁波工程学院	29	临沂大学
7	东莞理工学院	30	潍坊学院
8	海南大学	31	曲阜师范大学
9	河南科技学院	32	山东科技大学
10	南阳师范学院	33	烟台大学
11	河南农业大学	34	太原科技大学
12	东北林业大学	35	太原理工大学
13	黑龙江科技学院	36	中北大学分校
14	黄石理工学院	37	忻州师范学院
15	湖南工学院	38	陕西理工学院
16	中南林业科技大学	39	西安工程大学
17	北华大学	40	陕西科技大学
18	吉林建筑工程学院	41	西安科技大学
19	长春理工大学	42	华东师范大学
20	东北电力大学	43	上海应用技术学院
21	吉林农业大学	44	成都理工大学
22	淮海工学院	45	天津职业技术师范大学
23	南京工程学院	46	浙江工业大学之江学院

丛书总序

随着招生规模迅速扩大，我国高等教育已经从"精英教育"转化为"大众教育"，全面素质教育必须在教育模式、教学手段等各个环节进行深入改革，以适应大众化教育的新形势。面对社会对高等教育人才的需求结构变化，自 20 世纪 90 年代以来，全国范围内出现了一大批以培养应用型人才为主要目标的应用型本科院校，很大程度上弥补了我国高等教育人才培养规格单一的缺陷。

但是，作为教学体系中重要信息载体的教材建设并没有能够及时跟上高等学校人才培养规格目标的变化，相当长一段时间以来，应用型本科院校仍只能借用长期存在的精英教育模式下研究型教学所使用的教材体系，出现了人才培养目标与教材体系的不协调，影响了应用型本科院校人才培养的质量，因此，认真研究应用型本科教育教学的特点，建立适合其发展需要的教材新体系越来越成为摆在广大应用型本科院校教师面前的迫切任务。

2005 年 4 月北京大学出版社在南京工程学院组织召开《21 世纪全国应用型本科电子通信系列实用规划教材》编写研讨会，会议邀请了全国知名学科专家、工业企业工程技术人员和部分应用型本科院校骨干教师共 70 余人，研究制定电子信息类应用型本科专业基础课程和主干专业课程体系，并遴选了各教材的编写组成人员，落实制定教材编写大纲。

2005 年 8 月在北京召开了《21 世纪全国应用型本科电子通信系列实用规划教材》审纲会，广泛征求了用人单位对应用型本科毕业生的知识能力需求和应用型本科院校教学一线教师的意见，对各本教材主编提出的编写大纲进行了认真细致的审核和修改，在会上确定了 32 本教材的编写大纲，为这套系列教材的质量奠定了基础。

经过各位主编、副主编和参编教师的努力，在北京大学出版社和各参编学校领导的关心和支持下，经过北京大学出版社编辑们的辛苦工作，我们这套系列教材终于在 2006 年与读者见面了。

《21 世纪全国应用型本科电子通信系列实用规划教材》涵盖了电子信息、通信等专业的基础课程和主干专业课程，同时还包括其他非电类专业的电工电子基础课程。

电工电子与信息技术越来越渗透到社会的各行各业，知识和技术更新迅速，要求应用型本科院校在人才培养过程中，必须紧密结合现行工业企业技术现状。因此，教材内容必须能够将技术的最新发展和当今应用状况及时反映出来。

参加系列教材编写的作者主要是来自全国各地应用型本科院校的第一线教师和部分工业企业工程技术人员，他们都具有多年从事应用型本科教学的经验，非常熟悉应用型本科教育教学的现状、目标，同时还熟悉工业企业的技术现状和人才知识能力需求。本系列教材明确定位于"应用型人才培养"目标，具有以下特点：

(1) **强调大基础**：针对应用型本科教学对象特点和电子信息学科知识结构，调整理顺了课程之间的关系，避免了内容的重复，将众多电子、电气类专业基础课程整合在一个统一的大平台上，有利于教学过程的实施。

(2) **突出应用性**：教材内容编排上力求把科学技术发展的新成果吸收进来、把工业企业的实际应用情况反映到教材中，教材中的例题和习题尽量选用具有实际工程背景的问题，避免空洞。

(3) **坚持科学发展观**：教材内容组织从可持续发展的观念出发，根据课程特点，力求反映学科现代新理论、新技术、新材料、新工艺。

(4) **教学资源齐全**：与纸质教材相配套，同时编制配套的电子教案、数字化素材、网络课程等多种媒体形式的教学资源，方便教师和学生的教学组织实施。

衷心感谢本套系列教材的各位编著者，没有他们在教学第一线的教改和工程第一线的辛勤实践，要出版如此规模的系列实用教材是不可能的。同时感谢北京大学出版社为我们广大编著者提供了广阔的平台，为我们进一步提高本专业领域的教学质量和教学水平提供了很好的条件。

我们真诚希望使用本系列教材的教师和学生，不吝指正，随时给我们提出宝贵的意见，以期进一步对本系列教材进行修订、完善。

《21 世纪全国应用型本科电子通信系列实用规划教材》
专家编审委员会
2006 年 4 月

第2版前言

当代微型计算机的发展可谓日新月异，特别是单片机和嵌入式芯片更是百花争艳。在智能电子时代的大潮中，MCS-51 系列的单片机以其特有的简单、易学、易用、应用技术成熟、应用技术人员多和高性价比的优势，大约占有 8 位微控制器市场 50%以上的份额，MCS-51 系列单片机也是初学单片机的首选机型。

本书是多所本科院校单片机课程教学一线教师教学经验的结晶——这些教师工程实践背景强，均参加过智能化电子产品的开发和研制，多次带领学生参加过电子设计大赛。因此，它不仅是工程实践经验所得，同时也是教学中针对初学单片机的学生在学习中所遇到的困难的总结。本书具有以下特点。

(1) 通俗易懂。本书通过身边单片机构成的产品和通用 PC 对比了解、认识单片机，芯片及相关外围器件给出了实物照片，因此可进行由浅入深、对比度鲜明的图示化讲解，可谓图文并茂，简单明了，使学生在感性的基础上学习抽象的知识。

(2) 系统性强。全书以一个单片机最小的系统板贯穿始终，在第 2 章讲内部结构和原理时，就开始引入 I/O 接口实例，如简易 LED 驱动、按键输入等，综合学习内部结构、单片机功耗计算、指令和各功能模块的作用。

(3) 注重实用。本书缩减了现在不常用单片机设计方法的介绍，如 ROM 等的扩展问题，而且增加了现在热门的各种总线技术，如单总线芯片、串行总线芯片等。本书选择 AT89 系列单片机为实例，适应当代主流单片机和外围接口器件的发展趋势。全书在适当的地方通过"实用技术"模块介绍了单片机设计过程中涉及的其他方面的知识。

(4) 科学实训。本书注重软件、硬件模块化教学。外围器件接口电路模块化，按器件原理、应用电路和占用资源(特殊功能寄存器、地址单元、接口)模式讲解；子程序模块化，按功能、入口参数、出口参数、占用资源模式讲解，使学生学会模块化调用，不陷入细节编程，提高软件设计质量和效率。全书中的实例多数以完整的单片机系统形式出现，实例中给出的程序完整，包含主程序、子程序等。特别是第 7 章，其完全按照单片机工程设计的标准给出实例，且以 4 个实例说明了技术文档的书写。

综上所述，本书是一本实用技术性单片机教程。相信通过本书的学习会使初学者对单片机技术不再感到困难，感到它就像自己身边的一位老朋友似的。本书对已掌握单片机技术的人员也不失为一本很好的参考资料，尤其是其中的实用技术是非常难得的。标准技术文档使工作更加规范，便于存档。

本书由魏立峰和王宝兴担任主编，庞宝麟、刘晓梅和张晓莉担任副主编，魏立峰负责编写第 1 章、第 7 章，并负责全书的组织和统稿；王宝兴负责编写第 2 章，并负责全书的电子教案、习题的组织和统稿；庞宝麟参与了全书的统稿工作，并负责整理全书的数字资源；杨兴满负责编写第 3 章，并参与了全书的校对；刘晓梅负责编写第 4 章，并参与了全书的校对；张晓莉、张开生负责编写第 5 章；姚传安负责编写第 6 章；黄鹤松和薛琳负责编写第 8 章。

由于编者水平有限，书中难免有疏漏和不妥之处，恳请广大读者批评和指正。

编　者
2016 年 3 月

目 录

第1章 绪论 1

1.1 引言 1

1.2 单片机的特点 1

1.3 单片机的发展及应用 3

    1.3.1 单片机的发展趋势 3

    1.3.2 单片机的应用 4

1.4 MCS-51 系列和 AT89 系列单片机 5

1.5 本章小结 7

1.6 本章习题 7

第2章 MCS-51 单片机的结构和原理 8

2.1 MCS-51 单片机的组成和内部结构 8

    2.1.1 中央处理器 9

    2.1.2 存储器 10

    2.1.3 并行 I/O 端口 10

    2.1.4 时钟振荡电路 11

2.2 MCS-51 单片机的外部引脚及功能 11

    2.2.1 I/O 端口 11

    2.2.2 控制引脚 12

    2.2.3 电源与晶振引脚 13

2.3 MCS-51 单片机的存储器配置 13

    2.3.1 程序存储器配置 13

    2.3.2 数据存储器配置 14

    2.3.3 特殊功能寄存器 16

2.4 时钟电路与复位电路 21

    2.4.1 时钟电路 21

    2.4.2 复位操作与电路 23

2.5 I/O 端口电路与电气特性 24

    2.5.1 I/O 端口内部电路结构 24

    2.5.2 I/O 端口负载能力 28

    2.5.3 低功耗工作方式 30

2.6 本章小结 31

2.7 本章习题 31

第3章 MCS-51 单片机的指令系统 33

3.1 指令格式及其符号说明 33

    3.1.1 MCS-51 单片机的指令格式 33

    3.1.2 指令的字节 33

    3.1.3 MCS-51 单片机的助记符

           语言 35

    3.1.4 常用符号说明 36

3.2 寻址方式 37

    3.2.1 立即寻址 37

    3.2.2 直接寻址 38

    3.2.3 寄存器寻址 38

    3.2.4 寄存器间接寻址 39

    3.2.5 变址寻址 40

    3.2.6 位寻址 41

    3.2.7 相对寻址 41

3.3 MCS-51 单片机的指令集 42

    3.3.1 数据传送类指令 42

    3.3.2 算术运算类指令 47

    3.3.3 逻辑运算及移位类指令 50

    3.3.4 控制转移类指令 52

    3.3.5 布尔变量操作类指令 56

3.4 汇编语言程序的基本形式 58

    3.4.1 汇编语言程序的伪指令 58

    3.4.2 汇编语言程序的编辑与

           汇编 60

    3.4.3 汇编语言源程序的格式 61

3.5 汇编语言程序的基本结构 62

    3.5.1 顺序程序设计 62

    3.5.2 分支程序设计 62

    3.5.3 循环程序设计 66

    3.5.4 子程序设计 68

3.6 本章小结 75

3.7 本章习题 75

第 4 章　MCS-51 单片机内部标准
功能单元 78

4.1　MCS-51 单片机的中断系统 78
　　4.1.1　中断系统的概念和
　　　　　　基本结构 78
　　4.1.2　中断系统的控制与实现 80
　　4.1.3　中断系统的处理过程 83
　　4.1.4　中断系统设计举例 84
4.2　MCS-51 单片机的定时/计数器 86
　　4.2.1　定时/计数器的基本结构与
　　　　　　工作原理 86
　　4.2.2　定时/计数器的控制与实现 87
　　4.2.3　定时/计数器的工作方式 88
　　4.2.4　定时/计数器程序设计举例 90
4.3　MCS-51 单片机的串行接口 94
　　4.3.1　串行通信基础 94
　　4.3.2　串行接口的基本结构 96
　　4.3.3　串行接口的控制与实现 97
　　4.3.4　用串行接口扩展
　　　　　　并行 I/O 接口 102
　　4.3.5　串行通信接口标准 102
　　4.3.6　单片机串行接口通信技术
　　　　　　举例 106
4.4　本章小结 111
4.5　本章习题 112

第 5 章　MCS-51 单片机外部并行接口
扩展技术 113

5.1　系统总线扩展及编址技术 113
　　5.1.1　系统总线扩展 113
　　5.1.2　编址技术 116
5.2　存储器扩展 117
　　5.2.1　程序存储器(ROM)的扩展 117
　　5.2.2　数据存储器(RAM)的扩展 119
　　5.2.3　非易失数据存储器 NVRAM 的
　　　　　　扩展(DS1230Y/AB) 121
5.3　并行口扩展 123
　　5.3.1　简易 8 位并行口扩展 123

5.3.2　可编程 RAM/IO 芯片 8155
　　　　接口设计 125
5.4　键盘/显示器接口扩展技术 132
　　5.4.1　显示器及其接口 132
　　5.4.2　键盘接口工作原理 138
　　5.4.3　键盘/显示器专用接口芯片 8279
　　　　　　的工作原理及使用方法 140
　　5.4.4　键盘/显示器接口实例 150
5.5　模拟量 I/O 通道 155
　　5.5.1　D/A 转换器的原理及
　　　　　　主要性能指标 156
　　5.5.2　MCS-51 单片机与 DAC0832
　　　　　　芯片接口设计 158
　　5.5.3　A/D 转换器的原理及
　　　　　　主要性能指标 163
　　5.5.4　MCS-51 单片机与 ADC0809
　　　　　　芯片接口设计 165
　　5.5.5　A/D 与 D/A 转换电路中的
　　　　　　参考电源设计 169
5.6　开关量 I/O 通道 171
5.7　本章小结 177
5.8　本章习题 178

第 6 章　MCS-51 单片机外部
串行总线接口技术 179

6.1　外部串行总线工作方式 179
　　6.1.1　SPI 串行总线 179
　　6.1.2　I²C 总线 181
　　6.1.3　单总线 183
　　6.1.4　Microwire 串行总线 184
6.2　串行 E²PROM X5045 接口
扩展技术 185
　　6.2.1　X5045 的基本功能 185
　　6.2.2　X5045 的控制与实现 186
　　6.2.3　MCS-51 单片机与 X5045 的
　　　　　　接口电路 190
　　6.2.4　X5045 应用软件设计
　　　　　　实例 191

6.3 串行专用键盘/显示器接口芯片
　　HD7279 195
　　6.3.1 HD7279 的基本功能 195
　　6.3.2 HD7279 的控制与实现 196
　　6.3.3 MCS-51 单片机与 HD7279 的
　　　　　接口电路 203
　　6.3.4 HD7279 应用软件设计实例... 205
6.4 串行 A/D 转换接口芯片 TLC1543 207
　　6.4.1 TLC1543 的基本功能 207
　　6.4.2 TLC1543 的控制与实现......... 208
　　6.4.3 MCS-51 单片机与 TLC1543 的
　　　　　接口电路 210
　　6.4.4 TLC1543 应用软件设计
　　　　　实例 210
6.5 串行 D/A 转换接口芯片 TLC5615 212
　　6.5.1 TLC5615 的基本功能 212
　　6.5.2 TLC5615 的控制与实现......... 214
　　6.5.3 MCS-51 单片机与 TLC5615 的
　　　　　接口电路 215
　　6.5.4 TLC5615 应用软件设计
　　　　　实例 216
6.6 本章小结 217
6.7 本章习题 217

第 7 章 MCS-51 应用系统开发与设计 218
7.1 MCS-51 应用系统开发过程 218
　　7.1.1 明确任务 219
　　7.1.2 硬件设计 220
　　7.1.3 软件设计 220
　　7.1.4 印制电路板计算机
　　　　　辅助设计 221
　　7.1.5 系统调试 222
7.2 数据采集系统设计 223
　　7.2.1 实例功能 223
　　7.2.2 主机单元设计 224

7.2.3 数据采集单元 229
7.2.4 人机接口单元 230
7.2.5 报警单元
7.3 步进电动机控制系统设计 234
　　7.3.1 实例功能 234
　　7.3.2 控制系统硬件、软件设计 234
7.4 信号发生器设计 240
　　7.4.1 实例功能 240
　　7.4.2 硬件电路设计 240
7.5 无线通信系统设计 243
　　7.5.1 实例功能 243
　　7.5.2 硬件电路设计 243
7.6 本章小结 246
7.7 本章习题 246

第 8 章 AT89 系列单片机简介 247
8.1 AT89S51 单片机 247
　　8.1.1 外部引脚及功能 247
　　8.1.2 内部增强功能单元 248
　　8.1.3 在系统编程技术 251
8.2 AT89C52 单片机 253
　　8.2.1 外部引脚及功能 253
　　8.2.2 内部增强功能单元 254
　　8.2.3 典型使用举例 260
8.3 AT89C1051/2051/4051 单片机 261
　　8.3.1 外部引脚及功能 261
　　8.3.2 内部变化功能单元 262
　　8.3.3 典型使用举例 263
8.4 本章小结 264
8.5 本章习题 265

附录 266
Ⅰ MCS-89C51 系列单片机指令表 266
Ⅱ ASCII 码表及符号说明 270

参考文献 272

第 1 章 绪   论

教学提示：单片机技术的应用是信息技术发展的一个方面，它为人们的生产和生活带来了极大方便。今天人们生活中的消费电子产品、生产中的智能控制仪器等很多都应用了单片机技术。单片机与 PC 系统一样改变了人们的生活和生产方式。

教学要求：本章让学生对单片机系统有一个初步认识，了解单片机的应用特点和发展趋势。

1.1 引   言

21 世纪是信息技术蓬勃发展的世纪，那么信息技术快速发展的具体体现是什么呢？单片机技术的应用应该是其中的一个方面。生产中使用的智能仪表、分布式控制系统总线、智能家电和智能办公设备等都可以见到单片机的身影。日常生活中常用的电子产品，如 MP3、手机、数码照相机、智能洗衣机、高科技电视机、智能冰箱等都是以单片机为控制核心的。

1.2 单片机的特点

随着微电子技术的不断发展，微处理器芯片的集成度越来越高，在一片集成电路芯片上集成微处理器、存储器、I/O 接口电路等元器件，从而构成了"单芯片微型计算机"，简称单片机。

单片机的诞生标志着计算机正式形成了通用计算机系统和嵌入式计算机系统两个分支。以单片机为核心的智能化产品，将计算机技术、信息处理技术和电子测量与控制技术结合在一起，将会对传统产品结构和应用方式产生根本性的变革，所以了解单片机、掌握单片机技术在电子应用系统设计方面的应用具有重要的意义。由于应用目的不同，单片机系统和通用 PC 有较大差别，PC 可以称为一套完整的微型计算机系统；单片机系统是以计算机技术为基础，针对具体应用，通过软硬件的裁减，组成对功耗、成本、体积、可靠性有严格要求的计算机应用系统。图 1.1 为单片机系统和 PC 系统实例图。

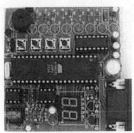

图 1.1 单片机系统与 PC 系统实例图

　　图 1.2 为 PC 的鼠标，图 1.3 为 PC 的光驱，在 PC 系统中还有键盘、软驱等均由单片机系统构成应用系统的实例，图 1.4 的 U 盘和日常生活中的 MP3 等智能电子产品也是由具有数字信号处理功能的单片机构成的应用系统。从较严格的意义上说，上述实例可称为嵌入式计算机系统，是基于微控制器、微处理器或数字信号处理器的系统，在这里将其归类为基于通用型或专用型单片机组成的系统。通过上述实例，表 1-1 中具体列出了单片机和 PC 的差别。本书介绍的 MCS-51 系列单片机是具有价格低廉、通用性强和易于二次开发特点的微控制器，包括其兼容机在内的 8051 系列约占有 8 位微控制器市场 50%以上的份额，在整个微控制器市场拥有大约 30%的份额。

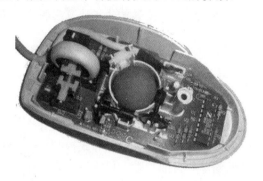

图 1.2　PC 的鼠标

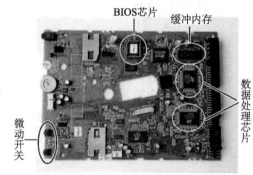

图 1.3　PC 的光驱

图 1.4　U 盘

表 1-1　单片机和 PC 的差别

项　目	PC	单片机
概念	形态标准，外部设备齐全，应用多个单片机和一个微处理器、通过装配不同的应用软件，多个部件组成的适应社会各个方面的计算机应用系统	芯片级产品。它以某一种微处理器为核心，将 RAM、总线、ROM/EPROM、总线逻辑、定时/计数器、并行 I/O 口、串行 I/O 口、看门狗、脉宽调制输出、A/D、D/A 等集成到一块芯片内
主机板	复杂	简单
CPU	奔腾、AMD 等	片内集成
存储器	硬盘、内存条	片内集成或外扩展芯片
操作系统	Windows 或 Linux 等	自己编制、自行发展
输出	CRT 或 LCD 屏幕等	端口输出电信号，驱动 LED 数码管或 LCD、发光管指示
输入	标准键盘、鼠标等	端口输入非标准键盘及电信号
编程语言	VC、VB 等	汇编语言或 C 语言
应用	常在办公室、家庭见到	已经嵌入到产品中，几乎见不到

1.3　单片机的发展及应用

单片机的发展像 PC 系统中的中央处理器(CPU)一样历经几代的过程，由于单片机的巨大市场空间和广泛的应用范围，世界各大芯片厂商纷纷推出自己的单片机产品，但是单片机远没有 PC 中的 CPU 更新速度快。单片机大体经历了 4 位机、8 位机、16 位机、32 位机、64 位机的发展过程，其中 8 位机在市场上一直是主流产品。

1.3.1　单片机的发展趋势

1976 年 Intel 公司率先推出 8 位机 MCS-48 系列，1980 年又推出了内部功能单元集成度强的 8 位机 MCS-51 系列产品，其性能大大超过并取代了 MCS-48 系列产品，如计算速度为 MCS-48 系列的 10 倍，时钟 12MHz 时指令周期可为 1μs。由于 8 位机可以一次处理一个 ASCII 码，因此一问世便显示出其强大的生命力，被广泛应用于显示、终端键盘、打印、字处理、工业控制等领域中。虽然在 8 位机发展应用过程中出现了 16 位机、32 位机，乃至 64 位机，但是 8 位机仍以它的价格低廉、品种齐全、应用软件丰富、支持环境充分、开发方便等特点而占领着单片机市场的主导地位。所以世界各大芯片生产厂商纷纷生产与 MCS-51 兼容或不兼容的单片机产品。虽然单片机品种多样，型号繁多，但是有如下发展趋势。

1. 低功耗 CMOS 化

单片机功耗要求越来越低，现在的各个单片机制造商基本都采用了 CMOS(互补金属氧化物半导体)工艺,如 80C51 采用了 HMOS(高密度金属氧化物半导体)工艺和 CHMOS(互补高密度金属氧化物半导体)工艺。CMOS 工艺虽然功耗较低,但由于其物理特征决定了其工作速度不够高;而 CHMOS 工艺则具备了高速和低功耗的特点,因此其更适合于要求低功耗(如电池供电)的应用场合。所以 CHMOS 工艺将是今后一段时期单片机发展的主要途径。

2. 微型单片化

现在常规的单片机普遍都是将中央处理器(CPU)、随机存取数据存储器(RAM)、只读程序存储器(ROM)、并行和串行通信接口、中断系统、定时电路、时钟电路集成在单一的芯片上,增强型的单片机集成了如 A/D 转换器、脉宽调制电路(PMW)、看门狗(WDT),有些单片机将 LCD(液晶)驱动电路都集成在单一的芯片上,这样单片机包含的单元电路就更多,功能就越强大。甚至单片机厂商还可以根据用户的要求量身定做,制造出具有自己特色的单片机芯片。此外,现在的产品普遍要求体积小、质量轻,这就要求单片机除了功能强和功耗低外,还要求其体积要小。现在的许多单片机都具有多种封装形式,其中 SMD(表面封装)越来越受欢迎,使得由单片机构成的系统正朝微型化方向发展。

3. 主流与多品种共存

虽然现在单片机的品种繁多,各具特色,但以 80C51 为核心的单片机仍占主流,兼容其结构和指令系统的有 PHILIPS 公司的产品、Atmel 公司的产品和中国台湾省的 Winbond 系列单片机。所以以 80C51 为核心的单片机占据了半壁江山。而 Microchip 公司的 PIC 精简指令集(RISC)也有着强劲的发展势头;中国台湾省的 Holtek 公司近年的单片机产量与日俱增,以其低价质优的优势,占据一定的市场份额。此外还有 Motorola 公司的产品、日本几大公司的专用单片机。在一定的时期内,这种情形将得以延续,将不存在某个单片机"一统天下"的局面,走的是依存互补、相辅相成、共同发展的道路。

1.3.2 单片机的应用

结合单片机的发展,我国的很多工程技术人员根据自己的工作需要开发出了许多拥有自主知识产权的单片机应用产品,推动了我国生产力的发展。但是单片机的应用意义远不限于它的应用范畴或由此带来的经济效益,更重要的是它已从根本上改变了传统的电子设计方法和控制策略,使科学上先前无法实现的理论技术得以实现并转化为现实的生产力,推动社会的前进,改善人们的生活,是技术发展史的一次革命,是科技发展史上一座重要的里程碑。它们广泛存在于如下几个方面。

1. 在智能仪器仪表上的应用

单片机具有体积小、功耗低、控制功能强、扩展灵活、微型化和使用方便等优点,广泛应用于仪器仪表中,结合不同类型的传感器,可实现诸如电压、功率、频率、相对湿度、温度、流量、速度、厚度、角度、长度、硬度、元素、压力等物理量的测量。采用单片机控制使得仪器仪表数字化、智能化、微型化,且功能与采用模拟电路或数字电路相比更加强大,如精密的测量设备(功率计、示波器、各种分析仪)。

2. 在工业控制中的应用

工业上使用单片机可以构成形式多样的控制系统和数据采集系统。例如,工厂流水线的智能化管理、电梯智能化控制和各种报警系统，与计算机联网构成二级控制系统等。

3. 在家用电器中的应用

可以这样说，现在的家用电器基本上都采用了单片机控制，从电饭煲、洗衣机、电冰箱、空调机、彩电、其他音响视频器材，再到电子秤量设备等，五花八门，无所不在。

4. 在计算机网络和通信领域中的应用

现代的单片机普遍具备通信接口，可以很方便地与计算机进行数据通信，为在计算机网络和通信设备间的应用提供了极好的物质条件，现在的通信设备基本上都实现了单片机智能控制，从手机、电话机、小型程控交换机、楼宇自动通信呼叫系统、列车无线通信，再到日常工作中随处可见集群移动通信、无线电对讲机等。

5. 在医用设备领域中的应用

单片机在医用设备中的用途亦相当广泛，如医用呼吸机、各种分析仪、监护仪、超声诊断设备及病床呼叫系统等。

此外，单片机在工商、金融、科研、教育、国防航空航天等领域都有着十分广泛的用途。

1.4 MCS-51 系列和 AT89 系列单片机

自从 1976 年单片机诞生以来，由于单片机的普遍应用性，使其在近 40 年中迅猛发展，形成了多公司、多系列、多型号"百家争鸣"的局面。在国际上知名大公司的数量远大于生产 PC 系统中 CPU 的公司，如表 1-2 所示。

表 1-2　目前世界上著名的 8 位单片机的生产厂家和主要机型

公　司	产品型号	兼 容 性
Intel 公司	MCS-51 及其增强系列单片机	与 MCS-51 兼容
Atmel 公司	AT89X51 系列 Flash 单片机	
PHILIPS 公司	8XC552 及 89C66X 系列高性能单片机	
Winbond 公司	W78C51 及 W77C51 系列高速低价单片机	
LG 公司	GMS90/97 系列高速低压单片机	
Cygnal 公司	C8051F 系列高速 SOC 单片机	
Motorola 公司	6801 和 6805 系列高性能单片机	与 MCS-51 不兼容
Zilog 公司	Z8 系列特殊应用设计单片机	
Microchip 公司	PIC 系列 RISC 结构单片机	
Atmel 公司	AVR 系列 RISC 结构单片机	

MCS-51 是指由美国 Intel 公司生产的一系列单片机的总称，这一系列单片机包括了很多品种，如表 1-3 所示，51 子系列为基本型，52 子系列为增强型。其中 8051 是最早最典型的产品，该系列其他单片机都是在 8051 的基础上进行功能的增、减或改变而来的，所以人们习惯用 8051 来称呼 MCS-51 系列单片机，而 8031 是前些年在我国最流行的单片机，所以很多场合会看到 8031 的名称。其他的单片机分为与 MCS-51 兼容产品和不兼容产品，从我国市场使用来看，与 MCS-51 兼容的产品应用最广，应用开发的公司最多。其中之一

是 Atmel 公司 AT89 系列单片机,20 世纪 90 年代中期 Intel 公司致力于 PC 系统的微处理器开发,它将 MCS-51 内核授权于其他多家大公司,其中 Atmel 公司用自己的 Flash(闪烁)存储器技术与 Intel 公司交换,获得了 MCS-51 的开发权,率先将 Flash 存储器技术应用于单片机,开发出 AT89 系列单片机,表 1-3 列出了 Intel 公司和 Atmel 公司 MCS-51 单片机及其兼容的产品。在产品型号中凡带有字母"C"的即为 CHMOS 芯片,不带有字母"C"的即为 HMOS 芯片。随着 CHMOS 工艺的芯片性价比的不断提高,CHMOS 工艺的芯片已成为单片机系统设计中首选机型,以 8051 为内核开发出的 CHMOS 工艺单片机产品统称为 80C51 系列,MCS-51 在本书泛指表 1-3 中的 4 个类型的单片机。

表 1-3　MCS-51 单片机及其兼容的产品

资源配置 子系列	片内 ROM 形式				片内 ROM 容量	片内 RAM 容量	定时/ 计数器	中断源
	无	ROM	EPROM	FPEROM				
51 子系列	8031	8051	8751		4KB	128B	2×16	5
	80C31	80C51	87C51	89C51	4KB	128B	2×16	5
52 子系列	8032	8052	8752		8KB	256B	3×16	6
	80C32	80C52	87C52	89C52	8KB	256B	3×16	6

【实用技术】　由于 AT89 系列单片机已成为国内 MCS-51 及其兼容单片机的主流选型,因此本书以 AT89C51 为主讲授单片机知识。芯片识别介绍如下。

89 系列单片机的型号说明:89 系列单片机的型号编码由 3 部分组成,分别是前缀、型号、后缀。它们的格式为 AT89CXXXXXXXX。其中,AT 是前缀,89CXXXX 是型号,XXXX 是后缀。下面分别对这 3 部分进行说明,并且对其中有关参数的表示和含义做出相应的解释。

前缀:由字母"AT"组成,表示该器件是 Atmel 公司产品。

型号:由"89CXXXX"或"89LVXXXX"或"89SXXXX"等表示。"89CXXXX"中的 9 表示内部含 Flash 存储器,C 表示是 CHMOS 产品;"89LVXXXX"中的 LV 表示低压产品;"89SXXXX"中的 S 表示含可下载 Flash 存储器。这个部分的 XXXX 表示器件型号数,如 51、1051、8252 等。

后缀:由"XXXX"4 个参数组成,每个参数的表示和含义不同。在型号与后缀部分用"—"号隔开。

(1) 后缀中的第 1 个参数 X 用于表示速度。它的含义如下:

X=12,表示速度为 12MHz;
X=16,表示速度为 16MHz;
X=20,表示速度为 20MHz;
X=24,表示速度为 24MHz.

(2) 后缀中的第 2 个参数 X 用于表示封装。它的含义如下:

X=J,表示塑料 J 引线芯片载体;
X=L,表示无引线芯片载体;

X=P，表示塑料双列直插 DIP 封装；
X=S，表示 SQIC 封装；
X=Q，表示 PQFP 封装；
X=A，表示 TQFP 封装；
X=W，表示裸芯片.

(3) 后缀中第 3 个参数 X 用于表示温度范围。它的含义如下：

X=C，表示商业产品，温度范围为 0～+70℃；
X=I，表示工业产品，温度范围为-40～+85℃；
X=A，表示汽车用产品，温度范围为-40～+125℃；
X=M，表示军用产品，温度范围为-55～+150℃.

(4) 后缀中的第 4 个参数 X 用于说明产品的处理情况。它的含义如下：

X=Null，表示处理工艺是标准工艺；
X=1883，表示处理工艺采用 MIL-STD-883 标准。

举例：AT89C2051—24PI。
其中，AT 为 Atmel 公司标志，表示是 AT 公司产品；9 表示内部含 Flash 存储器；C 表示是 CHMOS 产品；2051 表示器件型号数；24 表示速度为 24MHz；P 表示塑料双列直插 DIP 封装；I 表示工业产品；温度范围为-40～+85℃。

1.5 本 章 小 结

本章简要介绍了单片机和计算机的区别，单片机的发展和应用。具体说明了 Intel 公司的 MCS-51 单片机和 Atmel 公司的 AT89 系列的单片机以及 Atmel 公司的单片机的芯片识别。

1.6 本 章 习 题

1. 试对 PC 系统和单片机进行比较。
2. 单片机的发展趋势是什么？
3. 列举单片机能够应用的领域。
4. 单片机的主要产品有哪些？主要区别是什么？
5. 怎样识别 Atmel 公司的 51 子系列单片机？

第 2 章　MCS-51 单片机的结构和原理

教学提示：学习本章需要数字电路、模拟电路和计算机基础等课程的知识。单片机的结构及工作原理是单片机系统的基础资源，属于硬件部分。本章主要讲述 MCS-51 单片机芯片的组成、内部各功能模块的逻辑框图、电路结构和工作原理。学习中一是要注意理解各功能模块的结构和原理，二是要注意 CPU 与各功能模块之间的联系，形成单片机的整体概念。只有清楚了单片机已有的硬件资源，才能通过程序利用硬件资源实现、完成预计功能。

教学要求：本章让学生了解单片机芯片内部功能模块的组成，重点掌握 CPU、RAM、ROM、特殊功能寄存器、I/O 接口、时钟电路和复位电路的结构与原理。

本章介绍 MCS-51 单片机的硬件结构及工作原理。它是掌握、使用单片机技术的硬件基础。只有学好本章内容，才能灵活地运用单片机的硬件资源，使开发的系统设计合理，物尽其用，有较高的性价比。读者通过本章的学习，可以掌握 MCS-51 单片机的硬件结构和工作原理，知道单片机内部有多少个逻辑功能模块、如何协调工作及与外围接口电路的工作情况。

2.1　MCS-51 单片机的组成和内部结构

MCS-51 单片机外形如图 2.1 所示，是一个 40 脚的双列直插式集成电路。

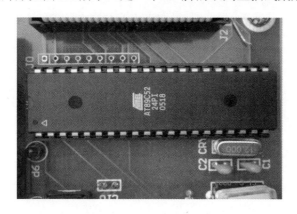

图 2.1　89C51 单片机外形

MCS-51 单片机系列包括 51、52 两个子系列，其指令系统与引脚完全相同。51 子系列有 80C31、80C51、87C51 和 89C51 4 种机型，它们的区别是 80C31 无 ROM、80C51 有掩模 ROM、87C51 有可紫外线擦除的 EPROM(Erasable Programmable ROM)、89C51 有可电擦除的 FPEROM(Flash Programmable and Erasable ROM)。52 子系列也有 4 种机型，分别是 80C32、80C52、87C52 和 89C52。

52 子系列 ROM 的区别与 51 子系列相同。两子系列的其他区别是，51 子系列有 128B 的片内 RAM、4KB 的 ROM(不包括 80C31)、2 个 16 位定时/计数器及 5 个中断源。52 子系列有 256B 的片内 RAM、8KB 的 ROM(不包括 80 C32)、3 个 16 位定时/计数器及 6 个中断源。

MCS-51 单片机内部总体结构如图 2.2 所示，其主要包含下列硬件资源：

(1) 8 位 CPU，片内振荡器；

(2) 4KB/8KB 程序存储器(ROM)；

(3) 128B/256B 数据存储器(RAM)；

(4) 2/3 个 16 位定时/计数器；

(5) 32 个可编程的 I/O 线(4 个 8 位并行 I/O 端口)；

(6) 1 个可编程全双工串行端口；

(7) 5/6 个中断源，2 个中断优先级；

(8) 可寻址 64KB 片外部数据存储器空间、64KB 片外部程序存储器空间的控制电路；

(9) 有位寻址功能，适用于位处理器(布尔处理器)。

如图 2.2 所示，各功能部件均由内部总线连接在一起。为了更方便说明其工作原理，本书将该图分成 6 个部分来分别介绍，即 CPU、存储器、并行 I/O 端口、中断系统、定时/计数器及串行通信口。本章先介绍前 3 部分，其他部分将在后面各章节中分别介绍。

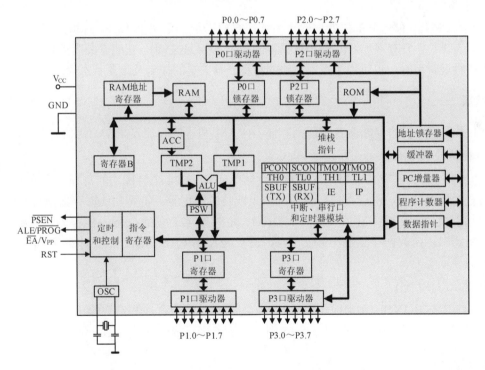

图 2.2　8051 单片机内部总体结构

2.1.1　中央处理器

中央处理器(CPU)是整个单片机的核心部件，是 8 位数据宽度的处理器，能处理 8 位二进制数据或代码。CPU 负责控制、指挥和调度整个单元系统协调工作，完成运算和控制输入/输出功能等操作。它由运算器、控制器及位处理器(布尔处理器)等组成。

1. 运算器

运算器包括算术/逻辑单元(ALU)、累加器(ACC)、寄存器(B)、暂存器(TEMP)及程序状态字(PSW)寄存器等。运算器的功能是进行算术运算和逻辑运算,可以对单字节、半字节(4位)等数据进行操作,如能完成加、减、乘、除、加"1"、减"1"、BCD 码十进制调整、比较等算术运算,还能实现与、或、异或、取反、左右循环等逻辑操作。操作结果一般存放在累加器(A)中,结果的状态信息在程序状态字(PSW)寄存器中呈现出来。PSW 寄存器是一个 8 位寄存器,用来存放运算结果的一些特征。

2. 控制器

控制器是控制单片机工作的神经中枢,它包括程序计数器(PC)、指令寄存器(IR)、指令译码器(ID)、数据指针(DPTR)、堆栈指针(SP)、RAM 地址寄存器、时钟发生器、定时控制逻辑等。控制器以主振频率为基准,发出 CPU 的控制时序,从程序存储器取出指令,放在指令寄存器,然后对指令进行译码,并通过定时和控制逻辑电路,在规定的时刻发出一定序列的微操作控制信号,协调 CPU 各部分的工作,以完成指令所规定的操作。其中一些控制信号通过芯片的引脚送到片外,控制扩展芯片的工作。

3. 位处理器(布尔处理器)

MCS-51 的 CPU 内有一个 1 位处理器子系统,它相当于一个完整的位单片机,但每次处理的数据只有 1 位。它有累加器(CY)和数据存储器(可位寻址空间)。它能完成逻辑与、或、非、异或等各种逻辑运算,也可用于逻辑电路的仿真、开关量的控制及设置状态标志位。

2.1.2 存储器

MCS-51 系列单片机的存储器包括数据存储器(RAM)和程序存储器(ROM)两部分。

1. 数据存储器(RAM)

51/52 片内有 128/256 个 8 位用户读写数据存储单元和 21/26 个特殊功能寄存器,读写数据存储器是通用存储器,用于存放运算中间结果或临时数据等。特殊功能寄存器是 CPU 运行和片内功能模块专用的寄存器,如累加器(A)、定时/计数器等,一般不能作为通用数据存储器使用。当片内数据存储器不够使用时,可扩展片外 RAM。MCS-51 对外有 64KB 数据存储器的寻址能力。

2. 程序存储器(ROM)

51/52 有 4KB/8KB(1KB=1024B)的掩膜 ROM,用于存放用户程序和常数(如原始数据或表格)等。当需要扩展片外 ROM 时,MCS-51 对片外有 64KB 程序存储器的寻址能力。

2.1.3 并行 I/O 端口

MCS-51 单片机有 4 个 8 位宽度的并行输入/输出(I/O)端口,分别称 P0 口、P1 口、P2口和 P3 口,I/O 线共 32 根。单片机输出的控制信号和采集外部的输入信号,都是通过 32根 I/O 线进行传输的。

2.1.4　时钟振荡电路

51/52 内置一个振荡器和时钟电路，用于产生整个单片机运行的脉冲时序，常用频率为 12MHz。振荡器实际是一个高增益反相器，使用时需外接一个晶振和两个匹配电容。

2.2　MCS-51 单片机的外部引脚及功能

图 2.3 是 MCS-51 单片机的引脚及图形符号。这是一种双列直插式封装结构，40 脚 DIP。还有 44 脚 PLCC 封装的结构，一般不常用。为方便叙述，下面将其分成 3 部分来分别说明。

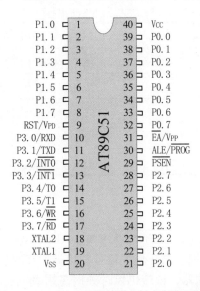

图 2.3　MCS-51 单片机的引脚及图形符号

2.2.1　I/O 端口

4 个并行 I/O 端口分别为 P0 口、P1 口、P2 口及 P3 口。它们看似一样，但结构是有区别的，在使用上也是不一样的。

(1) P0 口(P0.0～P0.7，39 脚～32 脚)。P0 口根据使用情况有两种工作方式。一是作为普通 I/O 端口使用时，它是一种漏极开路的 8 位准双向 I/O 端口，每一位可驱动 8 个 LSTTL 负载，若驱动普通负载，它只有 1.6mA 灌电流驱动能力，拉负载能力仅为几十微安。需要输出高电平时，要接上拉电阻。当 P0 口作为普通输入端口时，应先向口锁存器写"1"。二是在访问片外存储器(扩展 RAM 或 ROM)时，它是标准的双向 I/O 端口。分时复用作为低 8 位地址线和 8 位双向数据总线使用。

(2) P2 口(P2.0～P2.7，21 脚～28 脚)。P2 口也有两种工作方式，一是作为普通 I/O 端口使用时，它是自带上拉电阻的 8 位准双向 I/O 端口，每一位可驱动 4 个 LSTTL 负载。当 P2 口作为输入端口时，应先向口锁存器写"1"。二是在访问片外存储器(扩展 RAM 或 ROM)时，P2 口作为高 8 位地址线使用。

(3) P1 口(P1.0～P1.7，1 脚～8 脚)。P1 口仅作为 I/O 端口使用，它也是自带上拉电阻的

8 位准双向 I/O 端口，每一位可驱动 4 个 LSTTL 负载。当 P1 口作为输入端口时，应先向口锁存器写"1"。

(4) P3 口(P3.0～P3.7，10 脚～17 脚)。P3 口也是自带上拉电阻的 8 位准双向 I/O 端口，每一位可驱动 4 个 LSTTL 负载。当 P3 口作为输入端口时，应先向口锁存器写"1"。P3 口除了作为一般准双向 I/O 端口使用外，每个引脚还有第二功能，如表 2-1 所示。

表 2-1　P3 口引脚第二功能

引　　脚	功　　能
P3.0	RXD(串行输入口)
P3.1	TXD(串行输出口)
P3.2	$\overline{INT0}$(外部中断 0 输入口)
P3.3	$\overline{INT1}$(外部中断 1 输入口)
P3.4	T0(定时器 0 外部输入口)
P3.5	T1(定时器 1 外部输入口)
P3.6	$\overline{WR}$ (写选通输出口)
P3.7	$\overline{RD}$ (读选通输出口)

2.2.2　控制引脚

控制引脚包括 ALE/$\overline{PROG}$ 、$\overline{PSEN}$ 、$\overline{EA}$/V_{PP}、RST/V_{PD}。

(1) ALE/$\overline{PROG}$ (30 脚)：地址锁存使能信号输出端。存取片外存储器时，用于锁存低 8 位地址。即使不访问片外存储器，该端仍以时钟振荡频率 1/6 的固定频率向外输出脉冲信号，因此，它可用做对外输出的时钟，然而要注意的是，每当访问片外存储器时，有些指令将跳过一个 ALE 脉冲。ALE 端可以驱动 8 个 LSTTL 负载。$\overline{PROG}$ 用于 EPROM 型单片机，在 EPROM 编程期间，此引脚用于输入编程脉冲。

(2) $\overline{PSEN}$ (29 脚)：程序存储器输出使能端。它是片外程序存储器的读选通信号，低电平有效。在由片外程序存储器取指(或常数)期间，每个机器周期两次 $\overline{PSEN}$ 有效。但在访问片外数据存储器时，这两次的 $\overline{PSEN}$ 将不出现。$\overline{PSEN}$ 同样可以驱动 8 个 LSTTL 负载。

(3) $\overline{EA}$ /V_{PP}(31 脚)：片内程序存储器屏蔽控制端，低电平有效。当 $\overline{EA}$ 端保持低电平时，将屏蔽片内的程序存储器，只访问片外程序存储器。当 $\overline{EA}$ 端保持高电平时，执行(访问)片内程序存储器，但在 PC(程序计数器)值超过 0FFFH(对 51 子系列)或 1FFFH(对 52 子系列)时，将自动转向执行片外程序存储器内的程序。V_{PP} 加入编程电压端，对于 EPROM 型单片机，在 EPROM 编程期间，此引脚用于施加 21V 的编程电压(V_{PP})。

(4) RST/V_{PD}(9 脚)：复位输入信号端，高电平有效。当振荡器运行时，在此引脚输入最少两个机器周期以上的高电平，将使单片机复位。复位后单片机将从程序计数器 PC=0000H 地址开始执行程序。对于 HMOS 工艺的单片机，此引脚还有备用电源 V_{PD} 功能。该引脚接上备用电源，在 V_{CC} 掉电期间，可以保持片内 RAM 的数据不丢失。

2.2.3　电源与晶振引脚

(1) V_{CC}(40 脚)：主电源正端，接+5V。

(2) V_{SS}(20 脚)：主电源负端，接地。

(3) XTAL1(19 脚)：片内高增益反向放大器的输入端，接外部石英晶体和电容的一端。若使用外部输入时钟，该引脚必须接地。

(4) XTAL2(18 脚)：片内高增益反向放大器的输出端，接外部石英晶体和电容的另一端。若使用外部输入时钟，该引脚作为外部输入时钟的输入端。

2.3　MCS-51 单片机的存储器配置

2.1.2 节中已提到存储器包括程序存储器(ROM)和数据存储器(RAM)两部分，MCS-51 单片机的程序存储器和数据存储器的寻址空间是分开的，属于哈佛存储结构。程序存储器和数据存储器各有片内、片外存储器之分，因此 MCS-51 系列(8031 和 8032 除外)单片机的存储器共有 4 个物理上独立的空间。

2.3.1　程序存储器配置

如图 2.4 所示，程序存储器 ROM 包括一个片内程序存储器(80C31/80C32 无片内 ROM)和一个片外程序存储器可寻址空间。当 $\overline{EA}$ 端=0(片内程序存储器屏蔽使能端，"0"有效)时，单片机只执行片外程序存储器的程序，起始点从片外 ROM 的 0000H 开始。当 $\overline{EA}$ =1 时，单片机先执行片内的 ROM(起始点从片内 ROM 的 0000H 开始)，当 ROM 的地址超过 0FFFH(对 51 子系列)时，接着执行片外的 ROM 中 1000H 开始的程序，最大可寻址范围是 64KB。具体片外 ROM 的多少取决于实有的物理扩展程序存储器的大小。在程序存储器中，有 7 个特殊的地址，如表 2-2 所示。

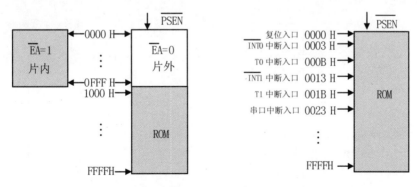

图 2.4　程序存储器的配置

表 2-2 程序存储器的 7 个特殊地址

程序计数器 PC	功　能
0000H	复位时 ROM 的地址
0003H	外部中断 0 入口地址
000BH	定时/计数器 0 溢出中断入口地址
0013H	外部中断 1 入口地址
001BH	定时/计数器 1 溢出中断入口地址
0023H	串行口中断入口地址
002BH	定时/计数器 2 溢出中断入口地址

0000H 地址是单片机复位时的 PC 值，从 0000H 开始执行程序。其他 6 个地址是单片机响应不同的中断时，所跳向的对应的入口地址。该表也称中断向量表或中断向量。由于这 6 个中断向量地址的存在，因此在写程序时，这些地址不可占用。一般在 0000H 地址只写一条跳转指令，从 0030H 开始写主程序，如：

```
ORG     0000H
LJMP    MAIN
…
ORG     0030H
MAIN:   …                    ;开始写主程序
```

2.3.2　数据存储器配置

数据存储器用于存放运算的中间结果、数据暂存及数据缓冲等。数据存储器的配置如图 2.5 所示。MCS-51 系列单片机的数据存储器 RAM 也包括一个片内数据存储器和一个片外数据存储器可寻址空间。

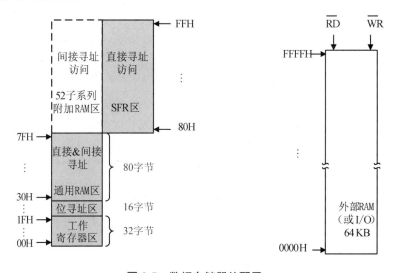

图 2.5　数据存储器的配置

　　片内数据存储器结构比较复杂，有工作区、位寻址区、通用区及特殊功能寄存器区等；寻址方式也不相同，有直接寻址、间接寻址和直接&间接寻址。片内数据存储器总的寻址范围是 00H～FFH。

　　00H～1FH 之间的 32 字节，称为工作寄存器区。这个工作区由 4 个小区组成，分别为 0 区、1 区、2 区和 3 区。每个小区有 8 个寄存器，这 8 个寄存器分别命名为 R0、R1、…、R7。4 个小区的寄存器的名字是完全相同的。由于单片机在某时刻只能工作在其中一个小区中，因此不同小区的寄存器，有相同的名字也不会产生混淆。工作区之间的切换，是通过程序状态字(PSW)中的 RS1、RS0 置位和清零实现的(参阅 2.3.3 节)。

　　20H～2FH 之间的 16 字节是位寻址区。它们既可以以字节寻址，也可以对字节中的任意位进行寻址。其位地址分配如 2-3 表所示。位地址分配的规律是：20H～2FH 的 16 字节，共 128 位。这 128 位对应的位地址是从 00H～7FH，起点是 20H 的 D0 位对应 00H 位地址，其他位地址依次递增对应。位寻址区的用途，一是作为 MCS-51 单片机位处理器子系统的位 RAM 区；二是在编程时，作为某状态标志位使用，这一点是其他系列单片机大部分没有的，这也是 MCS-51 单片机优秀的一点，给编程提供很大方便。

表 2-3　位寻址区位地址分配表

位 地 址	位寻址区							
7FH	通用 RAM 区							
↕								
30H								
	D7	D6	D5	D4	D3	D2	D1	D0
2FH	7F	7E	7D	7C	7B	7A	79	78
2EH	77	76	75	74	73	72	71	70
2DH	6F	6E	6D	6C	6B	6A	69	68
2CH	67	66	65	64	63	62	61	60
2BH	5F	5E	5D	5C	5B	5A	59	58
2AH	57	56	55	54	53	52	51	50
29H	4F	4E	4D	4C	4B	4A	49	48
28H	47	46	45	44	43	42	41	40
27H	3F	3E	3D	3C	3B	3A	39	38
26H	37	36	35	34	33	32	31	30
25H	2F	2E	2D	2C	2B	2A	29	28
24H	27	26	25	24	23	22	21	20
23H	1F	1E	1D	1C	1B	1A	19	18
22F	17	16	15	14	13	12	11	10
21H	0F	0E	0D	0C	0B	0A	09	08
20H	07	06	05	04	03	02	01	00
1FH	3 区、2 区、1 区、0 区							
↕								
00H								

30H～7FH 是通用 RAM 区，只能以字节寻址，通用暂存数据，一般堆栈也设在该区域内。

80H～FFH 内有两部分内容。一是通用数据 RAM 区(51 子系列单片机没有该区)，二是 SFR 区(参阅 2.3.3 节)。它们占用相同的逻辑地址，但物理地址是分开的。区别的方法是：访问通用 RAM 区，使用寄存器间接寻址方式，访问 SFR，使用直接寻址方式，二者不可混用。

片外数据存储器可寻址空间，是指 MCS-51 单片机对片外扩展数据存储器的最大寻址能力，也就是片外最多可扩展数据存储器的最大数。如图 2.5 所示，片外数据存储器可寻址空间是 64KB。片外扩展的数据存储器与片内数据存储器不是统一编址的，逻辑上、物理上都是独立的两个空间。在数据传送上，访问片内数据存储器用 MOV 指令，访问片外数据存储器用 MOVX 指令。

2.3.3 特殊功能寄存器

特殊功能寄存器(SFR)的地址在 80H～FFH 范围内，与通用 RAM 的高 128B 地址在逻辑上是重合的，它们用不同的寻址方式加以区分。SFR 的地址离散地分布在 80H～FFH 的空间中。51 子系列单片机有 21 个 SFR，52 子系列比 51 子系列多了一个定时/计数器 T2，增加了 5 个 SFR。具体如表 2-4 所示。

表 2-4 MCS-51 单片机 SFR 表

符　号	名　　称	地　址
ACC	累加器	0E0H
B	B 寄存器	0F0H
PSW	程序状态字	0D0H
SP	堆栈指针	81H
DPTR	数据指针(包括高位 DPH 和低位 DPL)寄存器	83H(高位) 82H(低位)
P0	P0 口锁存寄存器	80H
P1	P1 口锁存寄存器	90H
P2	P2 口锁存寄存器	0A0H
P3	P3 口锁存寄存器	0B0H
IP	中断优先级控制寄存器	0B8H
IE	中断允许控制寄存器	0A8H
TMOD	定时/计数器工作方式、状态寄存器	89H
T2CON*	定时/计数器 2 控制寄存器	0C8H
TCON	定时/计数器控制寄存器	88H

续表

符　号	名　称	地　址
TH0	定时/计数器 0(高字节)	8CH
TL0	定时/计数器 0(低字节)	8AH
TH1	定时/计数器 1(高字节)	8DH
TL1	定时/计数器 1(低字节)	8BH
TH2*	定时/计数器 2(高字节)	0CDH
TL2*	定时/计数器 2(低字节)	0CCH
RCAP2H*	定时/计数器 2 记录寄存器(高字节)	0CBH
RCAP2L*	定时/计数器 2 记录寄存器(低字节)	0CAH
SCON	串行口控制寄存器	98H
SBUF	串行数据缓冲器	99H
PCON	电源控制寄存器	87H

注：带"*"寄存器为仅 52 子系列单片机有的寄存器。

　　这些 SFR 可以以字节寻址，部分也可以位寻址。可位寻址的寄存器，是该寄存器的地址是 8 的整倍数。有 11 个可位寻址寄存器，如累加器(0E0H)、串行口控制寄存器(98H)等。其字节和位的地址如表 2-5 所示。

表 2-5　SFR 位定义及地址表

SFR	位定义/位地址								字节地址
	D7	D6	D5	D4	D3	D2	D1	D0	
B									0F0H
	F7H	F6H	F5H	F4H	F3H	F2H	F1H	F0H	
ACC									0E0H
	E7H	E6H	E5H	E4H	E3H	E2H	E1H	E0H	
PSW	CY	AC	F0	RS1	RS0	OV	F1	P	0D0H
	D7H	D6H	D5H	D4H	D3H	D2H	D1H	D0H	
IP	—	—	—	PS	PT1	PX1	PT0	PX0	0B8H
	BFH	BEH	BDH	BCH	BBH	BAH	B9H	B8H	
P3	P3.7	P3.6	P3.5	P3.4	P3.3	P3.2	P3.1	P3.0	0B0H
	B7H	B6H	B5H	B4H	B3H	B2H	B1H	B0H	
IE	EA	—	—	ES	ET1	EX1	ET0	EX0	0A8H
	AFH	AEH	ADH	ACH	ABH	AAH	A9H	A8H	
P2	P2.7	P2.6	P2.5	P2.4	P2.3	P2.2	P2.1	P2.0	0A0H
	A7H	A6H	A5H	A4H	A3H	A2H	A1H	A0H	

SFR	位定义/位地址								字节地址
	D7	D6	D5	D4	D3	D2	D1	D0	
SBUF									99H
SCON	SM0	SM1	SM2	REN	TB8	RB8	TI	RY	98H
	9FH	9EH	9DH	9CH	9BH	9AH	99H	98H	
P1	P1.7	P1.6	P1.5	P1.4	P1.3	P1.2	P1.1	P1.0	90H
	97H	96H	95H	94H	93H	92H	91H	90H	
TH1									8DH
TH0									8CH
TL1									8BH
TL0									8AH
TMOD	GATE	C/T	M1	M0	GATE	C/T	M1	M0	89H
TCON	TF1	TR1	TF0	TR0	IE1	IT1	IE0	IT0	88H
	8FH	8EH	8DH	8CH	8BH	8AH	89H	88H	
PCON	SMOD	—	—	—	GF1	GF0	PD	IDL	87H
DPH									83H
DPL									82H
SP									81H
P0	P0.7	P0.6	P0.5	P0.4	P0.3	P0.2	P0.1	P0.0	80H
	87H	86H	85H	84H	83H	82H	81H	80H	

表 2-5 中深色单元是地址,最右边一列是字节地址,中间的是 SFR 位地址。其规律是,在位寻址时,某 SFR 的字节地址,就是该 SFR 最低位(D0)的位地址,其他位地址依次递增。这些 SFR 的功能如下。

1. 累加器

累加器(ACC)(0E0H)的助记符是 A,当对累加器的位进行操作时,常用符号是 ACC,如累加器的 D0 位,表示为"ACC.0"。它是一个工作最繁忙的专用寄存器。大部分单操作数指令的操作数取自累加器(A)。很多双操作数指令的一个操作数也取自累加器。加、减、乘、除算术运算指令的结果都存放在累加器(A)或寄存器(B)中。

2. 寄存器

寄存器(B)(0F0H)可以作为一般寄存器使用。但在乘除指令中,寄存器(B)有专门的用途。乘法指令中,两个操作数一个是累加器(A),另一个必须是寄存器(B)。其结果存放在寄存器(B)对中。除法指令中,被除数是累加器(A),除数是寄存器(B),商数存放于累加器(A),余数存放于寄存器(B)。

3. 程序状态字寄存器

程序状态字(PSW)寄存器(0D0H)是一个 8 位寄存器。它包含了程序状态信息和一些可控制位。该寄存器各位的含义如表 2-6 所示。

表 2-6 PSW 各位含义

位	D7	D6	D5	D4	D3	D2	D1	D0	字节地址
PSW	CY	AC	F0	RS1	RS0	OV	F1	P	0D0H
位地址	D7H	D6H	D5H	D4H	D3H	D2H	D1H	D0H	

(1) CY(PSW.7)：进位标志。在执行某些算术和逻辑指令时，可以被硬件或软件置位或清除(参见 3.3 节)。在位处理器中，它被认为是位累加器。它的重要性相当于字节处理中的累加器(ACC)。

(2) AC(PSW.6)：辅助进位标志位。在加减运算中，当低 4 位向高 4 位有进位或借位时，AC 由硬件置位，否则 AC 位被清零。在 BCD 码运算时要十进制调整，也要根据 AC 位的状态进行判断。

(3) F0(PSW.5)：用户定义的标志位。用户可根据需要用软件方法对该位进行置位或复位，以控制程序的流程。

(4) RS1、RS0(PSW.4、PSW.3)：选择当前工作区控制位。可用软件对它们置"1"或置"0"，以选择或确定当前工作寄存器区。RS1、RS0 与寄存器区的关系如表 2-7 所示。

表 2-7 寄存器工作区选择控制表

RS1、RS0	寄存器工作区
0 0	0 区
0 1	1 区
1 0	2 区
1 1	3 区

(5) OV(PSW.2)：溢出标志位，当执行算术指令时，反映带符号数的运算结果是否溢出，溢出时由硬件置 OV=1，否则 OV=0。溢出和进位是两种不同的概念。对 8 位运算而言，溢出是指两个带符号数运算时，结果超出了累加器(A)所能表示的带符号数的范围(-128～+127)；而进位是两个无符号数最高位(D7)相加(或相减)有进位(或有借位)时 CY 的变化(参阅 3.3 节)。还有无符号数乘法指令 MUL 的执行结果也会影响溢出标志位。置于累加器(A)和寄存器(B)的两个乘数的积超过 255(0FFH)时，OV=1，否则 OV=0。此积的高 8 位放在寄存器(B)内，低 8 位放在累加器(A)内，因此 OV=0 只意味着乘积结果，只从累加器(A)中取得即可，否则要从寄存器(B)中取得乘积。除法指令 DIV 也会影响溢出标志位，当除数为 0 时，OV=1，否则 OV=0。

(6) F1(PSW.1)：同 F0。

(7) P(PSW.0)：奇偶标志位，执行每条指令都由硬件来置位或清"0"，以表示累加器

(A)中为"1"的个数的奇偶性。若累加器(A)中"1"的个数为奇数,则 P=1,否则 P=0。此标志位对串行通信中的数据传输校验有重要意义。常用 P 作为发送一个符号的奇偶校验位,以增加通信的可靠性。

4. 堆栈指针

堆栈指针(SP)(81H)是一个 8 位的 SFR,要明白 SP 要先知道堆栈是什么。堆栈是指数据只允许在其一端进出的一段存储空间。数据写入时称入栈或压栈,数据读出时称出栈或弹栈。堆栈数据写入和读出遵守"先入后出,后进先出"的规则。要实现这一功能,需要有一个特殊的地址指针。SP 就是这一特殊的地址指针。堆栈有两种类型,一种是数据的出入口在堆栈顶端,另一种是数据的出入口在堆栈底端。所以 SP 也有两种类型,一种是指针指向栈顶的,另一种是指针指向栈底的。MCS-51 的 SP 是指向栈顶的。复位时,SP=07H,根据 SP 指向栈顶的特点,堆栈正落在工作寄存器 1 区,在切换工作寄存器区时正冲突。所以一般设置 SP=30H 或以上的空间,但不能在 RAM 的顶端,因为 SP 向上发展,一定要留有足够的使用空间。

5. 数据指针寄存器

数据指针寄存器(DPTR)(83H、82H)是一个 16 位专用寄存器。其高位字节寄存器用 DPH 表示,低位字节寄存器用 DPL 表示。它既可以是一个 16 位专用寄存器(DPTR),有 16 位数的加"1"功能;也可以拆开,作为两个独立的 8 位寄存器 DPH 和 DPL 使用。DPTR 是继程序计数器(PC)以外的第二个 16 位寄存器。它的主要用途是保持 16 位的地址,并有加"1"功能。常用于基址加变址间址寄存器寻址方式使用,寻址片外 64KB 的数据存储器或程序存储器空间。

6. P0～P3 端口寄存器

专用寄存器 P0、P1、P2 和 P3(80H,90H,0A0H,0B0H)分别是 I/O 端口 P0～P3 的 8 位锁存器,均为可位寻址寄存器,详见 2.5 节。

7. 定时/计数器 T0、T1 和 T2

51 子系列单片机有两个 16 位定时/计数器 T0 和 T1,52 子系列比 51 子系列多一个 16 位定时/计数器 T2。T0、T1 和 T2 它们都是由两个独立的 8 位寄存器组成的 16 位寄存器。只有在做定时/计数器使用时,它们有 16 位数的加"1"功能。其他情况下,不能把 T0、T1 和 T2 当做一个 16 位的寄存器对待。

8. 串行数据缓冲器(SBUF)

串行数据缓冲器(SBUF)(99H)是用于串行通信,存放欲发送和已接收数据的寄存器。它在逻辑上是一个寄存器,而在物理上是两个寄存器,一个是发送缓冲寄存器,另一个是接收缓冲寄存器。两个物理寄存器使用同一个逻辑地址,不混淆的原因是,当写入 SBUF 时,是指向发送数据缓冲器;当读 SBUF 时,是取自接收缓冲寄存器。

其他 IP、TMOD、T2CON、SCON 和 PCON 等控制寄存器,将在后面有关章节中介绍。

9. 程序计数器

程序计数器(PC)不属于特殊功能寄存器,编程不能对它进行访问。它是一个 16 位程序地址寄存器,专门用于存放下一条要执行指令的地址。其可寻址范围为 0000H~0FFFFH,有 64KB 的程序存储器空间。当一条指令被取出后,程序计数器(PC)的内容会自动增量,指向下一条要执行指令的地址。

2.4 时钟电路与复位电路

2.4.1 时钟电路

单片机的时钟一般为多相时钟,所以时钟电路由振荡电路和分频器组成。

1. 振荡电路

MCS-51 内部有一个用于构成振荡电路的可控高增益反向放大器。如图 2.6 所示,两个引脚 XTAL1 和 XTAL2 分别是该放大器的输入端和输出端,在片外跨接了一个晶振和两个匹配电容 C_1、C_2。振荡频率根据实际要求的工作速度,可适当选取某一频率(从几百千赫至 24MHz)。匹配电容 C_1、C_2 要根据石英晶体振荡器的要求选取。

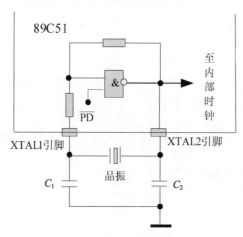

图 2.6 时钟内部振荡电路

当晶振频率为 12MHz 时,C_1、C_2 一般选 30pF 左右。图 2.6 中 PD 是电源控制寄存器 PCON.1 的掉电方式位,正常工作方式 PD=0。当 PD=1 时单片机进入掉电工作方式,该方式是一种节能工作方式。上述电路是靠 MCS-51 单片机内部电路产生振荡的,也可以由外部振荡器或时钟直接驱动 MCS-51。如图 2.7 和图 2.8 所示,图 2.7 是根据 HMOS 工艺生产的芯片,外部时钟从 XTAL2 引脚输入;图 2.8 是根据 CHMOS 工艺生产的芯片,外部时钟从 XTAL1 引脚输入。这两种不得混淆。目前常用的 AT89 系列单片机若使用外部时钟,连接电路与图 2.8 相同。单片机一般不采用外部时钟输入方式,除非一些特殊场合,如多 CPU 系统等。

2. 指令时序

振荡器产生的时钟脉冲经脉冲分配器，可产生多相时序，如图 2.9 所示的时序发生器框图所示。为了更好地理解指令时序，需先了解几个概念。

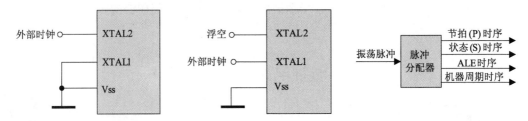

图 2.7　HMOS 工艺器件外部　　图 2.8　CHMOS 工艺器件外部　　图 2.9　时序发生器框图
时钟连线图　　　　　　　　　时钟连线图

节拍与状态：一个状态(S)包含两个节拍，其前半周期对应的节拍称为 P1，后半周期对应的节拍称为 P2。一个节拍的宽度实际就等于振荡周期。状态周期是振荡周期的 2 倍。

机器周期：MCS-51 规定一个机器周期为 6 个状态，且依次表示为 S1、S2、…、S6。由于一个状态又包括两个节拍，因此一个机器周期共 12 个节拍，分别记作 S1P1、S1P2、…、S6P2，也就是一个机器周期等于 12 个振荡周期。当振荡频率为 12MHz 时，一个机器周期就是 1μs。

指令周期：执行一条指令所需的时间称为指令周期。它是机器周期的整数倍，最短的是一个机器周期，称为单周期指令，还有 2 个和 3 个机器周期的，最长的是 4 个机器周期。

单片机执行每一条指令，都是按照严格的时序进行的。下面画出几个典型的单机器周期和双周期指令的时序图，如图 2.10 所示。

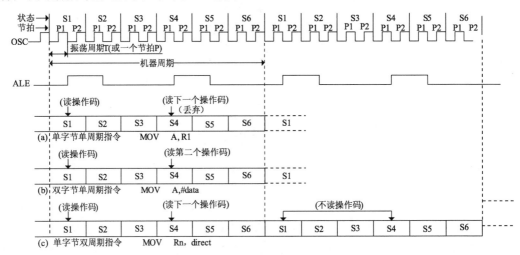

图 2.10　指令执行时序图

图 2.10 波形中只有振荡器 OSC 波形、地址锁存使能 ALE 波形可以用双踪示波器或逻辑分析仪观察到。图 2.10 中(a)、(b)、(c)执行指令的读操作码等波形在片外是看不到的，它是单片机内部执行指令过程，但是在内部的一些结点是实际存在的。通常 ALE 在一个机器周期内两次有效，第一次发生在 S1P2 和 S2P1 期间，第二次发生在 S4P2 和 S5P1 期间，正

好是振荡频率的 1/6。

　　单周期指令的执行从 S1P2 开始，这时操作码被锁存到指令寄存器内。如果是双字节指令，则在同一机器周期的 S4 读第二个操作码。如果是单字节指令，则在 S4 仍有读操作，但被读进去的字节是不予考虑的，且程序计数器 PC 并不增量。图 2.10(a)、(b)分别表示单字节单周期和双字节单周期的时序，它们均在 S6P2 完成操作。图 2.10 中(c)表示单字节双周期指令的时序，在 2 个机器周期内发生 4 次读操作，只有第一次读操作数是有效的，后 3 次都是无效的。但在此期间，内部进行数据传输、运算等操作。

　　【实用技术】在检查单片机是否起振时，可以用示波器观察 ALE 端有无输出波形，确定是否起振，有振荡频率 1/6 波形说明电路已起振，无波形没起振。这种方法比直接测量 XTAL 端效果更好，因为直接测量 XTAL 端会改变振荡回路特性，影响振荡回路的振荡特性。

2.4.2　复位操作与电路

1. 复位操作

　　复位操作是单片机的初始化操作。其功能主要是将程序计数器(PC)初始化为 0000H，使单片机从 0000H 单元开始执行程序，并将特殊功能寄存器赋一些特定值。

　　复位操作是上电的第一个操作，然后程序从 0000H 开始执行。在运行中，外界干扰等因素可能会使单片机的程序陷入死循环状态或"跑飞"状态。要使其进入正常状态，唯一的办法就是将单片机复位，以重新启动。

　　复位操作也是使单片机退出低功耗工作方式而进入正常状态的一种操作。

　　复位操作后，程序计数器(PC)及各特殊功能寄存器(SFR)的值如表 2-8 所示。

表 2-8　PC 及各 SFR 的复位状态

寄存器	复位状态	寄存器	复位状态
PC	0000H	TH1	00H
ACC	00H	P0～P3	FFH
PSW	00H	IP	XX000000B
SP	07H	IE	0XX00000B
DPTR	0000H	TMOD	00H
TCON	00H	SCON	00H
TL0	00H	SBUF	不定
TH0	00H	PCON	0XXX0000B
TL1	00H	—	—

2. 复位电路

RST 引脚是复位端，高电平有效。在该引脚输入至少连续两个机器周期以上的高电平，单片机复位。RST 引脚内部有一个斯密特 ST 触发器(图2.11)，以对输入信号整形，保证内部复位电路的可靠，所以外部输入信号不一定要求是数字波形。使用时，一般在此引脚与 V_{SS} 引脚之间接一个约 8.2kΩ 的下拉电阻，与 V_{CC} 引脚之间接一个约 10μF 的电解电容，即可保证上电自动复位。推荐复位电路如图2.12所示。

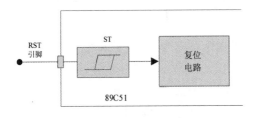

图 2.11　复位内部电路　　　　　图 2.12　复位电路

电容 C 和电阻 R_1 实现上电自动复位功能，增加按键开关 S 和电阻 R_2 又可实现按键复位功能。R_2 的作用是在 S 按下时，防止电容 C 放电电流过大烧坏开关 S 的触点。应保证(R_1/R_2)>10，一般取 C=10μF，R_2=100Ω，R_1=8.2kΩ。

2.5　I/O 端口电路与电气特性

MCS-51 单片机有 4 个 I/O 端口，即 P0～P3 口。就电路结构而言，P0 口是三态双向口，P1～P3 口是准双向口，P3 口还有不同的第二功能电路，所以 P0～P3 这 4 个端口的内部电路都不相同。它们也有共性：①每个端口的 8 位 I/O 线电路结构相同；②每位 I/O 线均有一个输出锁存器、一个驱动器和一个输入缓冲器。

2.5.1　I/O 端口内部电路结构

1. P0 口

P0 口是一个三态双向、双功能的 8 位并行口，字节地址为(80H)，可位寻址，位地址为(80H～87H)。I/O 端口的各位具有完全相同但又相互独立的电路结构。

1) 位电路的组成

P0 口其中 1 位电路的组成如图2.13所示。P0.X 锁存器起输出锁存作用，8 个这样的锁存器就构成了特殊功能寄存器 P0。场效应晶体管 T1、T2 组成输出驱动器，以增大带负载能力。三态缓冲器 1 作为输入缓冲器，三态缓冲器 2 用于读锁存器接口内容，与门、反相器 1 及多路选择器 MUX 构成输出控制电路。控制输出驱动器的输入信号是来自 P0.X 锁存器的内容还是地址/数据的内容，取决于"控制"端是高电平还是低电平。

2) P0 口作为通用 I/O 端口

P0 口作为通用 I/O 端口使用时，"控制"=0，T2 截止，多路选择器 MUX 连通 T1 栅极和 P0.X 锁存器 $\overline{Q}$。输出为 P0.X 锁存器的内容，输出管 T1 是开漏输出。

P0 口作为输出线时，CPU 通过内部数据总线向 P0.X 锁存器写入数据，设写入低电平"0"，则 Q="1"，T1 栅极为高电平，T1 导通，P0.X 引脚输出一低电平。若写入高电平

"1"，则 $\overline{Q}$ = "0"，T1 栅极为低电平，T1 截止，P0.X 引脚输出高阻态。因此 P0 口作为 I/O 端口使用，作为输出时，只能输出低电平逻辑 "0"，不能输出高电平。要想使 P0 口有输出高电平的负载能力，需在片外接一上拉电阻。

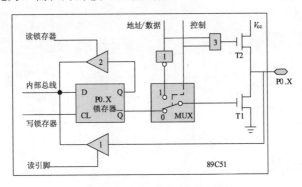

图 2.13　P0 口位图结构

三态缓冲器 2 的作用是当 P0 口作为输出时，有时需要对 P0 口输出的内容进行比较、逻辑运算等操作，如逻辑与指令"ANL　P0，A"。这类指令的实质是"读—修改—写"操作，即先读 P0 口，随之对读入的数据进行逻辑运算(修改)，然后写到端口上。对于"读—修改—写"指令，不是直接读引脚上的数据而是读锁存器 Q 端上的数据，是为了避免错读引脚上电平的可能性。例如，若 P0 口 1 位线作为输出去驱动一个晶体管的基极，当向此位线写"1"时(接上拉电阻)，晶体管导通，并把引脚上的电平拉低，这时若从引脚读取数据，会把此数据(应为"1")错读为"0"，增加了三态缓冲器 2，从锁存器 Q 端读取，就能得到正确的数据。

P0 口作为输入线时，软件首先对 P0.X 锁存器写高电平"1"，使 T1 截止，P0.X 引脚为高阻态。读 P0.X 引脚内容时，CPU 使"读引脚"为高电平，三态缓冲器 1 导通，将 P0.X 引脚的电平读入内部数据总线，实现了 P0.X 引脚电平输入的功能。

3) 地址/数据分时复用功能

P0 口作为地址/数据复用线，是片外扩展 RAM、ROM 或 I/O 芯片时使用的模式。这时 P0 口是外接存储器的低 8 位地址总线和数据总线(8 位)。P0 口作为地址总线复用时，始终为输出地址信息；作为数据总线复用时，分为输出和输入数据信息两种情况。当 P0 口作为地址/数据复用线输出时，该模式对应的"控制"=1，多路选择器 MUX 接通反向器 1 的输出，并使与门 3 处于开启状态。当地址/数据信息为"1"时，与门 3 输出为"1"，T2 导通，T1 截止，P0.X 引脚输出高电平"1"。当地址/数据信息为"0"时，T2 截止，T1 导通，P0.X 引脚输出低电平"0"。由于 P0 口输出是 T1、T2 组成的推挽方式，因此有较大的负载能力。

当 P0 口作为数据复用线输入时，仅从片外存储器读入数据，对应的"控制"=0，多路选择器 MUX 接通锁存器的 $\overline{Q}$ 端。由于 P0 口是数据复用方式，因此访问片外存储器时，CPU 自动向 P0 口写 FFH，使 T1 截止，T2 管由于"控制"=0 也截止，P0 口呈高阻态，片外存储器的信息从引脚通过三态缓冲器 1 读入内部数据总线。故 P0 口作为地址/数据复用线时，才是真正的三态双向接口。

2. P1 口

P1 口其中 1 位电路的组成如图 2.14 所示。8 个 P1.X 锁存器构成了特殊功能寄存器 P1。

图 2.14 中的锁存器 P1.X、三态缓冲器 1、三态缓冲器 2 的功能与 P0 口的功能相同。P1 口是 P0~P3 这 4 个端口中电路结构和功能最简单的一个端口。它只作为 I/O 端口使用。P1.X 输出驱动器只由一个场效应晶体管(T)和负载电阻 R 组成。

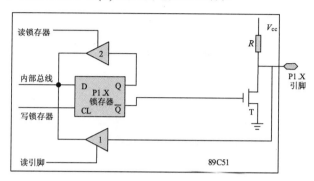

图 2.14　P1 口位图结构

P1.X 作为 I/O 端口的输出线。当 CPU 对 P1.X 锁存器写入高电平"1"时，$\overline{Q}=0$，T 截止，P1.X 引脚输出高电平。当 CPU 对 P1.X 锁存器写入低电平"0"时，$\overline{Q}=1$，T 导通，P1.X 引脚输出低电平。由于 T 的负载 R 很大，因此 P1.X 引脚的输出高电平拉负载能力很小，仅为几十微安。使用时应注意输出高电平不要带较重的负载。

P1.X 作为 I/O 端口的输入线。软件首先对 P1.X 锁存器写高电平"1"，使 T 截止，P1.X 引脚呈高电平"1"。但有很微弱的电流就可把 P1.X 引脚拉为低电平，所以 P1.X 引脚的电平是随外电路驱动的电平变化而变化的。软件读 P1.X 引脚时，CPU 使"读引脚"为高电平，三态缓冲器 1 导通，将 P1.X 引脚的电平读入内部数据总线。

由于 P1.X 的输出驱动器是单管方式，因此 P1 口是准双向口。

3. P2 口

P2 口其中 1 位电路的组成如图 2.15 所示。8 个 P2.X 锁存器构成了特殊功能寄存器 P2。图 2.15 中的锁存器 P2.X、三态缓冲器 1、三态缓冲器 2 的功能与 P0 口的功能相同。场效应晶体管(T)和负载 R 构成的输出驱动器与 P1 口的功能一样，所以 P2 口也是一个准双向口。多路选择器 MUX 的输出通过反相器 1 与 T 栅极相连，两个输入分别与 P2.X 锁存器 Q 端和地址相连。控制端起着切换两个输入信号的功能。P2 口是一个双功能口，一是作为通用 I/O 端口；二是当有片外扩展 RAM 或 ROM 时，作为高 8 位地址输出线使用。

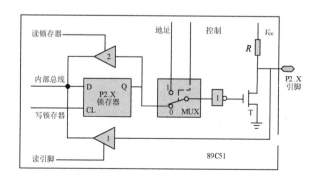

图 2.15　P2 口位图结构

P2.X 作为通用 I/O 端口。P2.X 作为通用 I/O 端口输出端使用时，CPU 使"控制"=0，多路选择器 MUX 连通 P2.X 锁存器 Q 端与反相器 1 的输入。当软件对 P2.X 锁存器写高电平"1"时，Q=1/T 的栅极为低电平，T 截止，P2.X 引脚输出高电平。当软件对 P2.X 锁存器写低电平"0"时，Q=0/T 的栅极为高电平，T 导通，P2.X 引脚输出低电平。作为通用 I/O 端口输入端使用时，P2.X 为信号输入端。软件首先对 P2.X 锁存器写"1"，使 T 截止，P2.X 引脚由弱上拉电阻 R 作用呈高电平。软件读 P2.X 引脚时，CPU 使"读引脚"为高电平，三态缓冲器 1 导通，将 P2.X 引脚的信号电平读入内部数据总线，实现 P2.X 引脚输入信号的功能。

P2.X 作为高 8 位地址输出线。P2.X 作为高 8 位地址输出线使用时，CPU 使"控制"=1，多路选择器 MUX 连通地址与反相器 1 的输入端。所以地址信号通过反相器及 T 输出到 P2.X 引脚端。P2.X 引脚只能驱动 4 个 TTL 负载。

4. P3 口

P3 口其中 1 位电路的组成如图 2.16 所示。8 个 P3.X 锁存器构成了特殊功能寄存器 P3。图 2.16 中的锁存器 P3.X、三态缓冲器 1、三态缓冲器 2 的功能与 P0 口的功能相同。场效应晶体管(T)和负载 R 构成的输出驱动器与 P1 口的功能一样，所以 P3 口也是一个准双向口。与 P1 口相比，P3.X 在具有通用 I/O 端口功能的基础上，还有第二功能。硬件上增加了缓冲器 3 和与非门。与非门起着第二功能的输出作用，缓冲器 3 起着第二功能输入的作用。第二功能的输入不直接从三态缓冲器 1 输入内部数据总线，这是因为 CPU 不直接干预第二功能模块的细节工作，这些细节工作由功能模块内部硬件电路自动完成。例如，串行通信的输入信号不需要进入内部数据总线，而是直接进入串行通信功能模块的输入端，由模块内部电路直接对输入信号进行采样、接收等操作。

P3.X 作为通用 I/O 端口。当 P3.X 作为通用 I/O 端口的输出使用时，CPU 使"第二输出功能"为高电平，与非门打开。内部数据总线写入 P3.X 锁存器的内容，通过 Q、与非门、T 输出到 P3.X 引脚，实现内部数据的输出功能。当 P3.X 作为通用 I/O 端口的输入使用时，软件首先写 P3.X 锁存器=1，CPU 使"第二输出功能"为高电平，T 截止，P3.X 引脚在弱上拉电阻 R 作用下呈高电平，P3.X 引脚上的电平随输入信号的变化而变化(因为 R 很大)。

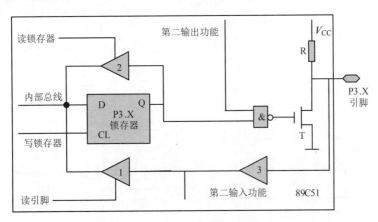

图 2.16 P3 口位图结构

软件读 P3.X 引脚时，CPU 使"读引脚"为高电平，输入信号经缓冲器 3 和三态缓冲器 1 被读入内部数据总线，实现 P3.X 引脚信号输入的功能。

P3.X 作为第二功能。作为片内功能模块的 I/O 端口的第二功能有输入也有输出。输出也是通过"第二输出功能"至与非门再经 T 输出到 P3.X 引脚。输入时，CPU 使"第二输出功能"=1，P3.X 锁存器=1，P3.X 引脚信号电平通过三态缓冲器 2 直接进入第二功能片内功能模块的输入端。片内功能模块电路对该信号进行操作，实现第二功能信号电平的输入。

2.5.2 I/O 端口负载能力

综上所述，P1～P3 口的输出驱动级相同，P0 口的输出驱动级与 P1～P3 口的不同，因此它们的负载能力和接口要求也各不相同。

P0 口每一位输出可驱动 8 个 LSTTL 负载，作为地址/数据输出时是标准的三态双向口；作为通用 I/O 端口使用时是开漏输出，只有灌负载能力，没有拉负载能力。要想得到拉负载能力，需外接一个上拉电阻。

P1～P3 口每一位可驱动 4 个 LSTTL 负载，是一个准双向口。作为输出，输出低电平时负载能力较强，输出高电平时负载能力很差，约几十微安。所以使用时要合理设计电路，才能有效地发挥端口有限的负载能力。一位端口可直接驱动一个超高亮 LED，LED 的导通电压一般在 1.2～2.5V 之间，工作电流在 5～15mA 之间，具体数值与 LED 的制作材料有关。I/O 端口负载实例如图 2.17 所示，R_1 取 510Ω。要注意的是若将图 2.17 中 LED 反接，另一端不是接+5V 而是接地，电路没有原则错误，但对 MCS-51 驱动来讲是错误的。因为位端口输出高电平时负载能力仅几十微安(且 P0 口无高电平驱动能力)，不足以点亮 LED。若负载要求有较强驱动能力，需要加一级驱动门电路，驱动门电路 7407(能带 40mA 负载)可直接驱动负载电流为 20mA 的蜂鸣器。P0 口作为按键 S1 输入口时，需接上拉电阻，而 P2 口不需要。

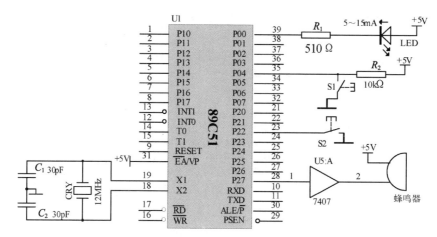

图 2.17 I/O 端口负载实例

AT89C51 单片机的直流工作参数如表 2-9 所示。

表 2-9　AT89C51 工作参数

参　　数	符号	条　　件	最小值	最大值	单　　位
输入低电压	V_{IL}	EA 除外	−0.5	$0.2V_{CC}$−0.1	V
输入高电压	V_{IH}	XATL1、RST 除外	$0.2V_{CC}$+0.9	V_{CC}+0.5	V
输出低电压 (P1、P2 和 P3)	V_{OL}	I_{OL}=1.6mA		0.45	V
输出高电压 (P1、P2、P3、ALE 和 PSEN)	V_{OH}	I_{OH}= −60μA，V_{CC}=5V±0.5V	2.4		V
		I_{OH}= −25μA	$0.75V_{CC}$		V
		I_{OH}= −10μA	$0.9V_{CC}$		V
输入低电压(EA)	V_{IL1}		0.5	$0.2V_{CC}$−0.1	V
输入高电压 (XATL1 和 RST)	V_{IH1}		$0.7V_{CC}$	V_{CC}+0.5	V
输出低电压 (P0、ALE 和 PSEN)	V_{OL1}	I_{OL}=3.2mA		0.45	V
输出高电压 (P0 口用于外总线)	V_{OH1}	I_{OH}= −800μA V_{CC}=5V±0.5V	2.4		V
		I_{OH}= −300μA	$0.75V_{CC}$		V
		I_{OH}= −80μA	$0.9V_{CC}$		V
输入 "0" 电平电流 (P1、P2 和 P3)	I_{IL}	V_{IN}=0.45V		−50	μA
输入 1→0 转换电流 (P1、P2 和 P3)	I_{TL}	V_{IN}=2V		−650	μA
输入漏电流(P0、EA)	I_{L1}	0.45<V_{IN}<V_{CC}		±10	μA
RST 输入电阻	R_{RST}		50	300	kΩ
引脚输入电容	C_{IO}	f=1MHz　TA=25℃		10	pF
电源电流	I_{CC}	正常操作，12MHz		20	mA
		空闲模式，12MHz		5	mA
		掉电模式，6V		100	μA

注：一般每个端口引脚最大可吸收 10mA 电流，而 P0 端口所有引脚总和只能吸收 26mA 电流，P1、P2、P3 每个端口引脚总和只能吸收 15mA，整个芯片只能吸收 71mA 电流。

【实用技术】如表 2-9 所示，P0 口的每个引脚可带灌电流负载 3.2mA，最大可带 10mA，P1、P2、P3 每个引脚可带灌电流负载 1.6mA，最大可带 10mA，但每个端口的 8 个引脚的总和分别不能超过 26mA 和 15mA，因而直接由 51 子系列单片机内部 I/O 端口可驱动少量的小功率负载，需要驱动大功率时则需加驱动器。如图 2.17 所示，P0 口的输出低电压最大为 0.45V，设本例中 LED 的导通电压为 2V，可计算出导通电流 $I=(5-2-0.45)/510 =5(mA)$。因而每个端口可直接驱动 2～3 只 LED，多了则需要加驱动。

2.5.3 低功耗工作方式

低功耗工作方式主要用于电池供电或停电时需要备用电池供电的场合。MCS-51 单片机有两种低功耗节电方式：空闲方式(idle mode)和掉电方式(power down mode)。图 2.18 是两种节电方式的工作原理框图。空闲方式和掉电方式是出特殊功能寄存器 PCON 的有关控制位来控制的。PCON 寄存器的各位定义如下：

位	D7	D6	D5	D4	D3	D2	D1	D0	字节地址
定义	SMOD	—	—	—	GF1	GF0	PD	IDL	87H

PCON 电源控制寄存器的各位定义如下：

(1) SMOD(PCON.7)：波特率倍增位，在串行通信中应用，参见 4.3.3 节。

(2) —(PCON.6～PCON.4)：保留位。

(3) GF1(PCON.3)：用户通用标志 1。

(4) GF0 (PCON.2)：用户通用标志 0。

(5) PD (PCON.1)：掉电方式控制位，PD=1，进入掉电工作方式。

(6) IDL (PCON.0)：空闲方式控制位，IDL=1，进入空闲工作方式。

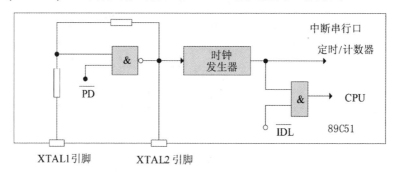

图 2.18 低功耗方式工作原理框图

若 PD 和 IDL 同时为"1"，则进入掉电工作方式。

1. 空闲方式

(1) 空闲方式的进入。一条把 IDL(PCON.0)置"1"的指令执行完后，单片机就进入空闲方式。在这种方式下，振荡器仍然运行，提供给 CPU 的内部时钟信号被切断，CPU 不再执行任何指令。但时钟信号仍提供给中断逻辑、定时/计数器和串行口，这些电路继续工作。其他如堆栈指针(SP)、程序计数器(PC)、程序状态字(PSW)、累加器(A)及片内 RAM 等均保持不变。

(2) 空闲方式的终止。有两种方法可以终止空闲方式，在空闲方式下，响应任何一个被允许的中断，IDL(PCON.0)将被硬件清除，结束空闲工作状态。中断得到响应，进入中断服务子程序，紧跟在 RETI 之后，下一条要执行的指令将是单片机进入空闲方式的那条指令的后面一条指令。如何区分一次中断响应是从正常工作方式而来还是从唤醒空闲方式而来，可以使用 PCON 寄存器中的通用标志位 GF0 或 GF1 加以区别。方法是在正常工作时保持 GF0(或 GF1)=0，在要进入空闲工作方式时，在使 IDL=1 的指令前面加一条置 GF0(或 GF1)=1 的指令。这样中断服务子程序中只需判断 GF0(或 GF1)=0 还是 GF0(或 GF1)=1，即可确定该次中断响应是来自正常工作方式还是唤醒空闲方式。

终止空闲工作方式的另一种方法是硬件复位。硬件复位后各特殊功能寄存器(SFR)及程序计数器(PC)将赋值为初始值。

2. 掉电方式

(1) 掉电方式的进入。一条把 PD(PCON.1)置"1"的指令完成后，单片机就进入掉电方式。在该方式下片内振荡器停止工作，一切功能都停止，只有片内 RAM 的内容被保持。

(2) 掉电方式的退出。退出掉电方式的唯一方法是硬件复位。复位会使 SFR 的值恢复初始值，但片内 RAM 的内容不变。

2.6　本　章　小　结

本章介绍了 MCS-51 单片机芯片的硬件结构及工作特性。它是一个 8 位机，主要组成有 8 位 CPU、128B 的 RAM、4KB 的 ROM、21 个特殊功能寄存器(SFR)、4 个并行 I/O 端口 P0～P3，每口 8 根位线共 32 线、2 个 16 位定时/计数器、1 个全双工串行端口、5 个中断源、内部时钟电路和复位电路、可寻址片外 64KB 的 ROM 空间和 64KB 的 RAM 空间。52 子系列的 RAM 和 ROM 比 51 子系列多了一倍，还多了 1 个定时/计数器和 1 个中断源。

要熟练掌握 CPU 的工作特点，它使用的工作寄存器有 4 组，每组 8 个单元，工作寄存器的编号是 R0～R7。寄存器组之间的切换是靠程序状态字 (PSW)寄存器中 RS0 和 RS1 控制的。RAM 在地址 20H 以上的 16 单元是一个很好的状态标志位区。堆栈指针(SP)最好不要指向以上这两个区，以免造成程序混乱。在程序计数器(PC)的低位地址有 7 个特殊地址，即复位地址 0000H 和 6 个模块中断向量地址。主程序最好要避开这些地址，在大于 0030H 以上地址开始使用，以免发生中断服务不正常响应。4 个并行 I/O 端口 P0～P3 要明确各端口的第二功能定义，因为在作为第二功能使用时，各引脚的定义是固定的，不能变动。在作为通用 I/O 端口时，各引脚定义是用户可随意改变的。MCS-51 单片机的 I/O 端口输出负载能力是非平衡的，低电平的灌负载能力大于高电平时的拉负载能力，使用时要设计合理。I/O 端口作为输入时首先软件对该口写"1"，否则，得不到输入信号的正确电平。

2.7　本　章　习　题

1. 简述 MCS-51 单片机片内集成的功能部件及其各部件的主要功能。
2. MCS-51 单片机是低电平复位还是高电平复位？对复位脉冲的要求是什么？

3. 简述 MCS-51 单片机引脚 $\overline{\text{EA}}$ 的作用。

4. MCS-51 单片机的振荡周期、机器周期、指令周期有什么关系？当振荡频率为 6MHz 时，一个机器周期为多少？

5. ROM 的低位空间，有 6 个特殊地址单元，它们分别是：

```
0000H：复位地址
0003H：外部中断 0(INT0)
000BH：定时器 0(T0)
0013H：外部中断 1(INT1)
001BH：定时器 1(T1)
0023H：串行口
```

编程时若使用这些地址应注意什么？

6. MCS-51 单片机的 P1～P3 口作为通用 I/O 端口时，为什么称为准双向 I/O 端口？

7. 片内 RAM 低 128B 划分为哪 3 个部分？各部分的主要用途是什么？

8. MCS-51 单片机工作寄存器工作在 3 区，问 R3 寄存器对应 RAM 的单元是多少？

9. 位地址 23H 与字节地址 23H 有什么不同？位地址 23H 具体在内存中什么位置？

10. 程序状态字(PSW)的作用是什么？其中状态标志位有哪些？它们的作用是什么？

11. 52 子系列单片机在高 128B 中，有的同一个逻辑地址对应着两个物理寄存器，访问时如何区分？

12. MCS-51 单片机的 21 个特殊功能寄存器中哪些具有位寻址功能？

13. 定时器 T0、T1 是由两个 8 位寄存器组成的 16 位寄存器，作为定时/计数器时可以当作 16 位寄存器使用，并具有加"1"功能。其他情况把它们当作 16 位寄存器可以吗？

14. 当堆栈指针 SP＝07H 时，单片机工作寄存器能否工作在 1 区？为什么？

15. 当 MCS-51 单片机运行出错或程序陷入死循环时，应如何摆脱？

16. MCS-51 单片机扩展 ROM 与扩展 RAM 是否统一编址？

17. MCS-51 单片机中的 ROM(PC)能否在指令中被寻址？

18. 对串行数据缓冲器(SBUF)而言，为什么两个物理寄存器即串行数据发送缓冲寄存器和串行数据接收缓冲寄存器对应一个逻辑地址(99H)，而使用起来不混乱？

第 3 章　MCS-51 单片机的指令系统

教学提示：指令是 CPU 用于控制功能部件完成某一指定动作的指示和命令。一台计算机全部指令的集合称为指令系统。指令系统体现了计算机的性能，也是计算机重要的组成部分，是应用计算机进行程序设计的基础。单片机应用系统的运行，是依靠合理的硬件接口、用户程序和监控程序的完美结合实现的，所以掌握单片机需要学习多样的汇编程序设计方法，以实现运算和控制功能。

教学要求：本章让学生了解单片机指令系统的特点和功能、操作的对象和结果、汇编语言程序结构的设计。应重点掌握指令的基本形态、格式、寻址方式及汇编语言编程的基本方法，熟悉常用的子程序，能够正确运用汇编指令编制单片机应用系统的用户程序和监控程序。

3.1　指令格式及其符号说明

MCS-51 单片机指令系统共有 111 条指令，可以实现 51 种基本操作。按照指令的机器周期数来分类有 64 条单周期指令、45 条双周期指令和 2 条四周期指令等。本节将按照指令的字节数或功能来分类。

3.1.1　MCS-51 单片机的指令格式

MCS-51 指令由操作码助记符和操作数两部分组成。指令格式如下：

[标号：]操作码助记符 [目的操作数] [，源操作数][；注释]

在指令的一般格式中使用了可选择符号"[ ]"，其包含的内容因指令的不同可有可无。

标号：程序员根据编程需要给指令设定的符号地址，可有可无；通常在子程序入口或转移指令的目标地址处才赋予标号。标号由 1～8 个字符组成，第一个字符必须是英文字母，不能是数字或其他符号，标号后必须用冒号。

操作码助记符：指令的核心部分，用于指示机器执行何种操作，如加、减、乘、除、传送等。操作数表示指令操作的对象，操作数可以是一个具体的数据，也可以是参加运算的数据所在的地址。操作数一般有以下几种形式：没有操作数，操作数隐含在操作码中，如 RET 指令；只有 1 个操作数，如 INC A 指令；有 2 个操作数，如 MOV A，30H 指令，操作数之间以逗号相隔；有 3 个操作数，如 CJNE A，#00H，10H 指令。

注释：对指令的解释说明，用以提高程序的可读性，注释前必须加分号，注释换行时行前也要加分号。

3.1.2　指令的字节

在二进制形式的 MCS-51 指令中，单字节指令的操作码和操作数加起来只有 1B；双字节指令的操作码和操作数各占 1B；三字节指令的第 1 字节为操作码，第 2 和第 3 字节为操作数或操作数地址。

1. 单字节指令(49 条)

在 MCS-51 指令系统中，单字节指令可分为两类：无操作数的单字节指令和含有操作数寄存器编号的单字节指令。

1) 无操作数的单字节指令

这类指令只有操作码字段，操作数隐含在操作码中。

例如，INC DPTR，指令码为

位	D7	D6	D5	D4	D3	D2	D1	D0	十六进制码
操作码	1	0	1	0	0	0	1	1	A3II

数据指针(DPTR)隐含其中。

2) 含有操作数寄存器编号的单字节指令

单字节的指令码由操作码字段和指示操作数所在寄存器号的字段组成。

例如，MOV A，Rn，指令码为

位	D7	D6	D5	D4	D3	D2	D1	D0	十六进制码
操作码+操作数	1	1	1	0	1	r	r	r	E8H～EFH

其中，**r r r** 为寄存器 Rn 的编号。

2. 双字节指令(46 条)

双字节指令的操作码字节在前，其后的操作数字节可以是立即数，也可以是操作数所在的片内 RAM 地址。

例如，MOV A，#23H，指令码为

位	D7	D6	D5	D4	D3	D2	D1	D0	十六进制码
操作码	0	1	1	1	0	1	0	0	74H 23H
操作数(立即数)	0	0	1	0	0	0	1	1	

这条 8 位数传送指令的含义是把指令码第 2 字节立即数 23H 取出来存放到累加器(A)中。该指令的操作码占 1B；23H 为源操作数，也是 1B；累加器(A)是目的操作数寄存器，隐含在操作码字节中。

3. 三字节指令(16 条)

三字节指令的指令码的第 1 字节为操作码；第 2 和第 3 字节为操作数或操作数地址，有如下 4 类。

1) 16 位数据

例如，MOV DPTR，#26ABH，指令码为

位	D7	D6	D5	D4	D3	D2	D1	D0	十六进制码
操作码	1	0	0	1	0	0	0	0	90H 26H
操作数(立即数高)	0	0	1	0	0	1	1	0	ABH
操作数(立即数低)	1	0	1	0	1	0	1	1	

2) 8 位地址和 8 位数据

例如，MOV　74H，#0FFH，指令码为

位	D7	D6	D5	D4	D3	D2	D1	D0	十六进制码
操作码	0	1	1	1	0	1	0	1	75H 74H
操作数(地址)	0	1	1	1	0	1	0	0	FFH
操作数(立即数)	1	1	1	1	1	1	1	1	

3) 8 位数据和 8 位地址

例如，CJNE　A，#00，60H，指令码为

位	D7	D6	D5	D4	D3	D2	D1	D0	十六进制码
操作码	1	0	1	1	0	1	0	0	B4H 00H
操作数(立即数)	0	0	0	0	0	0	0	0	60H
操作数(地址)	0	1	1	0	0	0	0	0	

4) 16 位地址

例如，LCALL　2020H，指令码为

位	D7	D6	D5	D4	D3	D2	D1	D0	十六进制码
操作码	0	0	0	1	0	0	1	0	12H 20H
操作数(地址高)	0	0	1	0	0	0	0	0	20H
操作数(地址低)	0	0	1	0	0	0	0	0	

程序设计中，应尽可能选用字节少的指令。这样，指令所占存储单元少，执行速度也快。

3.1.3　MCS-51 单片机的助记符语言

指令的二进制形式称为指令的机器码，俗称"机器语言"，可以直接为计算机识别和执行。为了简化二进制数据的指令代码在书写和向计算机输入的烦琐，机器语言一般都采用十六进制数据的代码形式，作为某些场合用做输入程序的辅助手段。但为了便于人们识别、读/写、记忆和交流，用英文单词或缩写字母来表征指令功能，这些指令的助记符形式称为汇编语言指令，常用于汇编语言源程序的程序设计。然后由人工或机器的汇编程序软件将汇编语言源程序翻译成机器码，让计算机执行。

根据实时控制系统的要求，MCS-51 单片机制造厂家对每一条指令都给出了助记符。不同的指令，具有不同的功能和不同的操作对象。MCS-51 指令系统中，操作码采用了 44 种助记符，其意义如表 3-1 所示。

表 3-1 MCS-51 助记符意义

助 记 符	意 义	助 记 符	意 义
MOV	送数	MUL	乘法
MOVC	ROM 送累加器(A)	DIV	除法
MOVX	外部送数	DA	十进制调整
PUSH	压入堆栈	AJMP	绝对转移
POP	堆栈弹出	LJMP	长转移
XCH	数据交换	SJMP	短转移
XCHD	交换低 4 位	JMP	相对转移
ANL	与运算	JZ	判累加器 A 为 0 转移
ORL	或运算	JNZ	判累加器 A 为非 0 转移
XRL	异或运算	JC	判 CY 为 1 转移
SETB	置位	JNC	判 CY 为 0 转移
CLR	清 0	JB	直接位为 1 转移
CPL	取反	JNB	直接位为 0 转移
RL	循环左移	JBC	直接位为 1 转移，并清该位
RLC	带进位循环左移	CJNE	比较不相等转移
RR	循环右移	DJNZ	减 1 不为 0 转移
RRC	带进位循环右移	ACALL	绝对调用子程序
SWAP	高低半字节交换	LCALL	长调用子程序
ADD	加法	RET	子程序返回
ADDC	带进位加法	RETI	中断子程序返回
SUBB	带进位减法	NOP	空操作
INC	加 1	DEC	减 1

3.1.4　常用符号说明

指令的书写必须遵守一定的规则，见表 3-2 的指令描述约定。

表 3-2 指令描述约定

符 号	含 义
Rn	表示当前选定寄存器组的工作寄存器 R0～R7, n=0～7
Ri	表示作为间接寻址的地址指针 R0～R1, i=0, 1
#data	表示 8 位立即数，即 00H～FFH
#data16	表示 16 位立即数，即 0000H～FFFFH
Addr16	16 位地址，可表示 64KB 范围内寻址，用于 LCALL 和 LJMP 指令中
Addr11	11 位地址，可表示 2KB 范围内寻址，用于 ACALL 和 AJMP 指令中

续表

符　号	含　义
direct	8 位直接地址，可以是片内 RAM 区的某一单元或某一专用功能寄存器的地址
rel	带符号的 8 位地址偏移量(-128～+127)，用于 SJMP 和条件转移指令中
bit	位寻址区的直接寻址位，表示片内 RAM 中可寻址位和 SFR 中的可寻址位
(X)	X 地址单元中的内容，或 X 作为间接寻址寄存器时所指单元的内容
((X))	由 X 寻址的单元的内容
←	将箭头后面的内容传送到箭头前面去
$	当前指令所在地址
DPTR	数据指针
/	加在位地址之前，表示该位状态取反
@	间接寻址寄存器或基址寄存器的前缀

3.2　寻址方式

在指令系统中，操作数是指令的重要组成部分，它指定了参加运算的数据或数据所在的地址单元。寻找源操作数地址的方式称为寻址方式。一条指令采用什么样的寻址方式，是由指令的功能决定的。寻址方式越多，指令功能就越强，灵活性亦越大。透彻地理解寻址方式，才能正确应用指令。MCS-51 单片机中，为了适应操作数的存放范围，采用了立即寻址、直接寻址、寄存器寻址、寄存器间接寻址、变址寻址、位寻址和相对寻址 7 种寻址方式。指令在执行过程中，首先应根据指令提供的寻址方式，找到参加操作的操作数，运算操作数，然后将运算结果送到指令指定的地址去。因此，了解寻址方式是正确理解和使用指令的前提。

3.2.1　立即寻址

立即寻址：指令中跟在操作码后面的字节就是直接参加运算的操作数，称为立即数，用符号"#"表示，以区别直接地址。立即数通常使用 8 位二进制数#data，但指令系统中有一条立即数为#data16 的指令。

【例】　执行指令：

```
MOV      A,#30H          ;(A) ← 30H,指令码为 74H 30H
MOV      DPTR,#1638H     ;(DPH) ← 16H,(DPL) ← 38H,指令码为 90H 16H 38H
结果：    (A)=30H,(DPTR)=1638H
```

第 1 条指令表示将立即数 30H 送入累加器(A)中。第 2 条指令表示把 16 位立即数送入数据指针寄存器(DPTR)中，其中高 8 位送 DPH，低 8 位送 DPL。立即寻址示意图如图 3.1 所示。

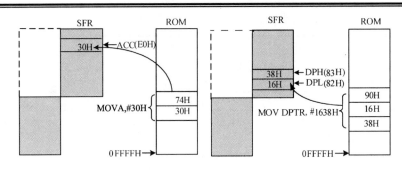

图 3.1　立即寻址示意图

3.2.2　直接寻址

直接寻址：指令中含有操作数的地址，该地址指出了参与运算或传送的数据所在的字节单元或位。直接寻址方式可访问的存储空间包括特殊功能寄存器和片内 RAM 的低 128B。

(1) 特殊功能寄存器。特殊功能寄存器只能用直接寻址方式访问，并且特殊功能寄存器常以符号的形式表示。

(2) 片内 RAM 的低 128B。52 及以上子系列单片机的高 128B 不能用直接寻址方式访问，只能用寄存器间接寻址方式访问，因为高 128B 的编码与特殊功能寄存器的地址重叠。

【例】　已知(30H)=0AAH，执行指令：

MOV	A,30H	;(A) ← (30H)	指令码为 E5H 30H
MOV	PSW,#20H	;(PSW) ← 20H	
结果：	(A)=0AAH,(PSW)=20H		

第 1 条指令的功能是将片内 RAM 的 30H 单元内容"0AAH"传送到累加器(A)。第 2 条指令的功能是将立即数 20H 传送给特殊功能寄存器 PSW，操作数采用直接寻址方式。第 1 条指令寻址如图 3.2 所示。

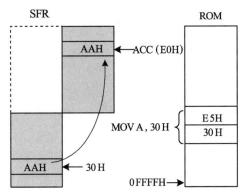

图 3.2　指令 MOV A，30H 的执行示意图

3.2.3　寄存器寻址

寄存器寻址：由指令指出某一个寄存器的内容作为操作数。可以采用寄存器寻址的寄存器有：①工作寄存器 R0～R7，组别的选择由程序状态字(PSW)中的 RS0、RS1 决定；②累加器(A)；③寄存器(B)；④数据指针(DPTR)。

【例】 已知(R0)=0AAH，执行指令：

```
MOV       A,R0                        ;(A) ← (R0)    指令码为E8H
结果：     (A)=0AAH
```

该指令的功能是将 R0 中的内容 30H 传送到累加器(A)，操作数采用寄存器寻址方式。该指令寻址如图 3.3 所示。

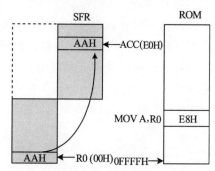

图 3.3 指令 MOV A，R0 的执行示意图

3.2.4 寄存器间接寻址

寄存器间接寻址：指令中寄存器中存放的不是操作数而是操作数的地址，操作数通过寄存器间接得到。而寄存器寻址中寄存器存放的就是操作数。它们的区别在于寄存器间接寻址的寄存器前加前缀标志"@"，而寄存器寻址没有这个标志。同时寄存器间接寻址时访问片内 RAM 和片外 RAM 有以下区别：

(1) 由于片内 RAM 共有 128B，因此访问片内 RAM 时寄存器间接寻址采用形式为@R0、@R1 或 SP，访问时用 MOV 操作符。

(2) 由于片外 RAM 存储空间最大达到 64KB，仅@R0、@R1 无法寻址整个空间。因此，当寻址片外存储空间时由 P2 口提供高 8 位地址，R0、R1 提供低 8 位地址，共同寻址 64KB 范围。也可用 16 位的 DPTR 作为寄存器，间接寻址 64KB 存储空间，访问时用 MOVX 操作符。

【例】 已知(R0)=0AAH，(0AAH)=5BH，执行指令：

```
MOV       A,@R0                       ;A ← ((R0))   指令码为E6H
结果：    (A)=5BH
```

该例中用寄存器间接寻址将片内 RAM 中由 R0 的内容为地址所指示的单元的内容传送到累加器(A)。该指令的操作数采用寄存器间接寻址方式，如图 3.4 所示。

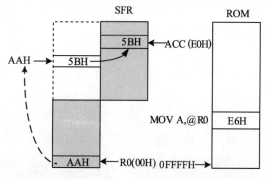

图 3.4 指令 MOV A，@R0 的执行示意图

采用"MOVX"类操作的片外 RAM 的数据传送指令如：

```
MOVX    A,@R0
MOVX    A,@DPTR
```

3.2.5 变址寻址

变址寻址：指令中把基址寄存器的内容和变址寄存器的内容作为无符号数相加，和作为操作数地址。基址寄存器是程序计数器(PC)或数据指针寄存器(DPTR)，变址寄存器是累加器(A)，形成的地址是 16 位地址。这种寻址方式只能用来访问 ROM 的查表操作，所以变址寻址操作只有读操作而无写操作。变址寻址指令操作符有 MOVC 查表指令。

【例】 已知(A)=08H，(DPH)=20H，(DPL)=00H，即(DPTR)=2000H，(2008H)=88H，执行指令：

```
MOVC    A,@A+DPTR
```

执行指令 MOVC A，@A+DPTR 时，首先将 DPTR 的内容 2000H 与累加器(A)的内容 08H 相加，得到地址 2008H。然后将该地址的内容 88H 取出传送到累加器(A)，这时，累加器(A)的内容为 88H，原来累加器(A)的内容 08H 被冲掉，如图 3.5 所示。

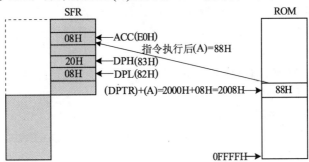

图 3.5 指令 MOVC A，@A+DPTR 的执行示意图

另外两条变址寻址指令为：

```
MOVC    A,@A+PC
JMP     @A+DPTR
```

第 1 条指令的功能是将累加器(A)的内容与程序计数器(PC)的内容相加，形成操作数地址，把该地址中的数据传送到累加器(A)中。

第 2 条指令的功能是将累加器(A)的内容与数据指针寄存器(DPTR)的内容相加，形成指令跳转地址，从而使程序转移到该地址运行，改变程序计数器(PC)的内容，为无条件跳转指令。

【例】 已知(A)=30H，(1031H)=20，执行地址 1000H 处的指令：

```
1000H:  MOVC A,@A+PC        指令码：83H
```

这条指令占用一个单元，下一条指令的地址为 1001H，即执行完本指令后(PC)=1001H，(PC)=1001H 再加上累加器(A)中的 30H，指令执行结果将 ROM 1031H 的内容 20H 传送给累加器(A)，不改变程序计数器(PC)的内容，示意图如图 3.6 所示。

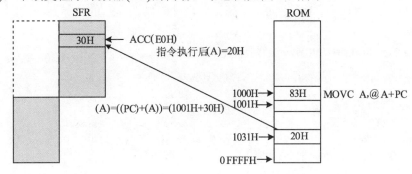

图 3.6　指令 MOVC　A，@A+PC 的执行示意图

【例】　已知(A)=08H，(DPTR)=2000H，执行指令 JMP　@A+DPTR 后，(PC)=2008H，程序从 ROM 的 2008H 地址开始执行，示意图如图 3.7 所示。

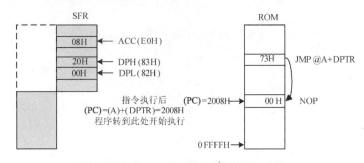

图 3.7　指令 JMP　@A+DPTR 的执行示意图

3.2.6　位寻址

位寻址：指令中对数据位直接进行操作。位寻址与直接寻址不同，位寻址只给出位地址，而不是字节地址。可位寻址区为：

(1) 片内 RAM 中的位寻址区 20H~2FH，共 16 个单元，128 个位，位地址是 00H~7FH。

(2) 特殊功能寄存器(SFR)的可寻址位。习惯上可寻址位常用符号位地址表示，如 TI、RI。

【例】　执行指令：

```
CLR  ACC 0
MOV 30H,C
```

第 1 条指令的功能是将累加器(ACC)的位 0 清"0"。第 2 条指令的功能是把位累加器(注：在指令中用"C"表示)的内容传送到片内 RAM 位地址为 30H 的单元。

3.2.7　相对寻址

相对寻址：是以程序计数器(PC)的当前值(指读出该双字节或三字节的跳转指令后，PC 指向的下条指令的地址)为基准，加上指令中第 2 字节给出的偏移量，形成目标地址的寻址方式。因此，转移的目的地址可用如下公式表示。

目的地址=转移指令下条指令地址+转移指令的字节数+rel

此种寻址方式修改了 PC 值，所以主要用于实现程序的分支转移。其中，rel 是一个带符号的 8 位二进制数，取值范围是 -128～+127，以补码形式置于操作码之后存放。执行跳转指令时，先取出该指令，PC 指向下一条指令地址，再把 rel 的值加到 PC 上以形成转移的目标地址。

【例】 已知(PC)=2000H，执行指令：

```
地址：        ORG    2000H        指令码
2000H        SJMP   08H          80H    08H
2002H        NOP                 00H
...          ...    ...          ...    ...
200AH        NOP                 00H
结果：程序转移到 200A 处开始继续执行。
```

因为"SJMP 08H"指令码本身占 2B，CPU 执行完该指令之后 PC 值已等于下一条指令的地址，即 2002H，此时的 PC 值加上偏移量 08H 后赋给 PC，则(PC)=200AH，程序转到 200AH 处开始执行。操作示意图如图 3.8 所示。

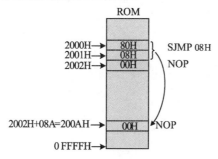

图 3.8 指令 SJMP 08H 的执行示意图

3.3 MCS-51 单片机的指令集

指令系统是单片机软件技术的基础。以 MCS-51 为内核的单片机指令系统汇编语言为例，其用 44 种操作码助记符来描述 33 种操作功能，构成了 111 条基本指令。111 条基本指令按字节分类有 49 条单字节指令、45 条双字节指令和 17 条三字节指令。若按指令执行时间分类，就有 64 条单周期指令、45 条双周期指令和 2 条(乘、除)4 个机器周期指令。单片机在 12MHz 晶振的条件下，每个机器周期为 1μs。由此可见，MCS-51 系列单片机指令系统具有存储效率高、执行速度快的特点。

为便于理解和记忆指令系统，一般按功能分类学习单片机指令系统。MCS-51 指令系统按功能可分为数据传送类指令、算术运算类指令、逻辑运算及移位类指令、控制转移类指令、布尔变量操作类指令。

3.3.1 数据传送类指令

CPU 在进行算术运算和逻辑运算时总需要有操作数据，所以数据传送是一种最基本、最主要的操作。在通常的应用程序中，数据传送指令占很大的比例，数据传送操作是否灵活、快速，对整个程序的编写和执行效率起很大的作用。MCS-51 系列单片机中的数据传送指令相当丰富。数据传送指令按数据传送的区域可分为 3 组：一组是内部数据传送；二组是与片外 RAM 或 I/O 端口之间的数据传送；三组是 ROM 到累加器(A)的传送。

1. 片内数据传送

这组指令是实现片内 RAM 之间数据交换的，共有 7 种方式。

1) 以累加器(A)为目的操作数的指令

操作符		指令编码	指令功能
MOV A,	Rn	11101rrrB	(A) ← (Rn)
	direct	11100101B	(A) ← (direct)
	@Ri	1110011iB	(A) ← ((Ri))
	#data	11100100B	(A) ← data

这组指令的功能是把源操作数的内容送入累加器(A)。源操作数有寄存器寻址、直接寻址、寄存器间接寻址和立即寻址方式。

【例】　执行指令：

```
MOV     A, R6        ;(A) ← (R6),寄存器寻址
MOV     A, 70H       ;(A) ← (70H),直接寻址
MOV     A, @R0       ;(A) ← ((R0)),寄存器间接寻址
MOV     A, #78H      ;(A) ← 78H,立即寻址
```

2) 以 Rn 为目的操作数的指令

操作符		指令编码	指令功能
MOV Rn,	A	11111rrrB	(Rn) ← (A)
	direct	10101rrrB	(Rn) ← (direct)
	#data	01111rrrB	(Rn) ← data

这组指令的功能是把源操作数的内容送入当前工作寄存器区的 R0～R7 中的某一个寄存器。源操作数有寄存器寻址、直接寻址和立即寻址等方式。

【例】　执行指令：

```
MOV     R2, A           ;(R2) ← (A),寄存器寻址
MOV     R7, 70H         ;(R7) ← (70H),直接寻址
MOV     R3, #0AH        ;(R3) ← 0A0H,立即寻址
```

3) 以直接地址为目的操作数的指令

操作符		指令编码	指令功能
MOV direct,	A	11110101B	(direct) ← (A)
	Rn	10101rrrB	(direct) ← (Rn)
	direct	10000101B	(direct) ← (direct)
	@Ri	1000011iB	(direct) ← (Ri)
	#data	01110101B	(direct) ← data

这组指令的功能是把源操作数送入由直接地址指出的存储单元。源操作数有寄存器寻址、直接寻址、寄存器间接寻址和立即寻址等方式。

【例】　执行指令：

```
MOV     P1, A                ;(P1) ← (A),直接寻址
```

```
MOV      70H, R2          ;(70H) ← (R2),寄存器寻址
MOV      0E0H, 78H        ;(0E0H) ← (78H),直接寻址
MOV      40H, @R0         ;(40H) ← ((R0)),寄存器间接寻址
MOV      01H, #80H        ;(01H) ← 80H,立即寻址
```

4) 以寄存器间接地址为目的操作数的指令

操作数		指令编码	指令功能
MOV @Ri,	A	11110111iB	((Ri)) ← (A)
	direct	10100111iB	((Ri)) ← (direct)
	#data	01110111iB	((Ri)) ← data

这组指令的功能是把源操作数内容送入 R0 或 R1 指出的存储单元中。源操作数有寄存器寻址、直接寻址和立即寻址等方式。

【例】 执行指令:

```
MOV      @R1,A            ;((R1)) ← (A),寄存器寻址
MOV      @R0,70H          ;((R0)) ← (70H),直接寻址
MOV      @R1,#80H         ;((R1)) ← 80H,立即寻址
```

5) 16 位数据传送指令

操作数	指令编码	指令功能
MOV DPTR,#data16	10010000B	(DPTR) ← data16

这条指令的功能是把 16 位常数送入 DPTR。16 位的 DPTR 由 DPH 和 DPL 组成,指令执行结果把高位立即数送入 DPH,低位立即数送入 DPL。

【例】 执行指令:

```
MOV      DPTR,#1342H      ;(DPH) ← 13H,(DPL) ← 42H,立即寻址
```

6) 堆栈操作指令

堆栈操作是通过堆栈指针寄存器(SP)实现的,分为入栈操作和出栈操作。入栈操作是把直接寻址单元的内容传送到 SP 所指的单元中,出栈操作是把 SP 所指单元的内容送到直接寻址单元中。MCS-51 单片机开机或复位后(SP)=07H,一般需重新设定 SP 的初始值,SP 的初始值就是栈顶的位置。堆栈指令有两条,进栈指令和出栈指令。

操作符		指令编码	指令功能
PUSH	direct	11000000B	;(SP) ← (SP)+1,(SP) ← (direct)入栈
POP	direct	11010000B	;(direct) ← (SP),(SP) ← (SP)-1入栈

指令 PUSH 首先将栈顶指针(SP)加"1",然后把直接地址中的内容传送到 SP 寻址的片内 RAM 单元中。出栈指令 POP 将 SP 寻址的片内 RAM 单元中的内容送入直接地址指出的字节单元中,SP 减"1"。

【例】 已知(A)=30H,(B)=70H,执行指令:

```
MOV      SP,#60H    ;(SP)=60H,设堆栈指针
PUSH     ACC        ;(SP) ← (SP)+1,(SP)=61H,((SP)) ← (A)
PUSH     B          ;(SP) ← (SP)+1,(SP)=62H,((SP)) ← (B)
结果:   (61H)=30H,(62H)=70H,(SP)=62H
```

```
                POP       B              ;(B) ← ((SP)),(SP)=(SP)-1,(SP)=61H
                POP       ACC            ;(ACC) ← ((SP)),(SP)=(SP)-1,(SP)=60H
      结果：  (B)=70H,(ACC)=30H,(SP)=60H
```

由于 MCS-51 单片机堆栈操作指令中的操作数只能使用直接寻址方式,不能使用寄存器寻址方式,所以将累加器(A)压入堆栈时,累加器(ACC)不能简写 A。堆栈操作时指令 PUSH 和 POP 要成对出现,且先后顺序要相反排列,先进后出,后进先出。

7) 交换指令

操作符	指令编码	指令功能
XCH A , { Rn	11001rrrB	(Rn) ↔ (A)
direct	11000101B	(direct) ↔ (A)
@Ri	1100011iB	((Ri)) ↔ ((A))

这组指令的功能是将累加器(A)的内容和源操作数的内容相互交换。源操作数有寄存器寻址、直接地址寻址、寄存器间接寻址。

【例】　已知(ACC)=80H,(R7)=08H,(40H)=0F0H,(R0)=30H,(30H)=0FH,执行指令：

```
      XCH       A,R7           ;(A) ↔ (R7),寄存器寻址
      XCH       A,40H          ;(A) ↔ (40H),直接地址寻址
      XCH       A,@R0          ;(A) ↔ ((R0)),寄存器间接寻址
      结果：  (ACC)=0FH ,(R7)=80H ,(40H)=08H ,(R0)=30H,(30H)=0FH
```

操作符	指令编码	指令功能
XCHD A,@Ri	1101011iB	$(A_{3\sim0}) \leftrightarrow ((Ri)_{3\sim0})$

这条指令是低半字节交换指令,将累加器(A)的内容和源操数内容的低半字节相互交换。它们各自的高半字节都不受影响。源操作数只有寄存器间接寻址方式,因此在专用寄存器间没有半字节交换的功能。

【例】　已知(ACC)=0FH ,(R0)=30H ,(30H)=0F0H,执行指令：

```
      XCHD      A ,@R0               ;(ACC₃~₀) ↔ (Ri)₃~₀
      结果：  (ACC)=00H,(R0)=30H,(30H)=0FFH
```

操作符	指令编码	指令功能
SWAP A	11000010B	$(A_{3\sim0}) \leftrightarrow (A_{7\sim4})$

这条指令将累加器(A)的高半字节$(A_{7\sim4})$和低半字节$(A_{3\sim0})$互换。

【例】　已知(A)=0C5H,执行指令：

```
      SWAP      A
      结果：   (A)=5CH
```

2. 累加器(A)与片外 RAM 或 I/O 接口的数据传送指令

操作符	指令编码	指令功能

MOVX	A, @DPTR	11100000B	(A) ← ((DPTR))
	A, @Ri	1110000iB	(A) ← ((Ri))
	@DPTR, A	11110000B	((DPTR)) ← (A)
	@Ri, A	1111001iB	((Ri)) ← (A)

这组指令操作时，片外 RAM 和 I/O 端口只能和累加器(A)进行一个 8 位数据相互传送。由 DPTR 间接寻址时，16 位地址由 DPTR 的 DPH 和 DPL 分别从 P2 口和 P0 口输出，组成 16 位地址，并由 ALE 信号将 P0 口信号(低 8 位地址)锁存在地址锁存器中。由 R0、R1 进行间接寻址时，高 8 位地址在 P2 口中，由 P2 口输出；低 8 位地址在 R0 或 R1 中，由 P0 口输出，组成 16 位地址，并由 ALE 信号锁存在地址锁存器中。向累加器(A)传送数据时，MCS-51 单片机 P3.7 产生 $\overline{RD}$ 信号选通片外 RAM 或 I/O 端口；累加器(A)向片外 RAM 或 I/O 接口传送数据时，MCS-51 单片机 P3.7 产生 $\overline{WD}$ 信号选通片外 RAM 或 I/O 端口。

【例】 已知(DPTR)=3000H，(3000H)=30H，执行指令：

```
MOVX    A ,@DPTR              ;(A) ← ((DPTR))，寄存器间接寻址
结果：  (A)=30H
```

【例】 已知(P2)=20H，(R1)=48H，(A)=66H，执行指令：

```
MOVX    @R1,A                 ;((R1)) ← (A)，寄存器寻址
结果：  (2048H)=66H
```

3. 只读存储器(ROM)到累加器(A)的传送

操作符		指令编码	指令功能
MOVC A,	@A+PC	10000011B	(PC) ← (PC)+1
			(A) ← ((A)+(PC))
	@A+DPTR	10010011B	(A) ← ((A)+(DPTR))

这两条指令主要用于 ROM 的查表，只能读，不能写。以程序计数器(PC)内容为基址时，取出该单字节指令后程序计数器(PC)的内容加"1"，以加"1"后的当前值进行 16 位无符号数加法，将获得的基址和累加器(A)的变址相加形成 ROM 源操作数地址。然后将其地址内容送累加器(A)。以 DPTR 内容为基址时，DPTR 的内容和累加器(A)的内容做 16 位无符号数相加形成 ROM 源操作数地址，然后将其地址内容送累加器(A)。

【例】 已知(PC)=1000H，(A)=30H，(1031H)=12H，执行指令：

```
MOVC    A,@A+PC
结果：  (A)=12H,(PC)=1001H
```

【例】 已知(DPTR)=8100H，(A)=40H，(8140H)=0ABH，执行指令：

```
MOVC    A,@A+DPTR
结果：  (A)=0ABH,(DPTR)=8100H
```

使用这两条查表指令时要注意，指令执行完后不改变程序计数器(PC)和 DPTR 的内容，但是改变累加器(A)的内容。因为程序计数器(PC)为程序指针，地址改变量仅有 8 位，所以程序计数器(PC)内容为基址的查表的寻址空间只在该条查表指令的以下 256B 之内，表格只能被一段程序使用。而 DPTR 可以赋给 16 位地址值，所以 DPTR 内容为基址的查表可以在

64KB 程序存储空间寻址，并且表格可以被各个程序块公用。

3.3.2　算术运算类指令

单片机以控制为主，同时具有运算功能，以期完成可能的控制算法。所以单片机可以完成加、减、乘、除及加"1"和减"1"等算术运算指令。算术运算指令多数以累加器(A)为目的操作数。算术运算指令大多数影响程序状态字(PSW)。

1. 不带进位的加法指令

操作符		指令编码	指令功能
ADD A,	#data	00100100B	(A) ← (A)+data
	direct	00100101B	(A) ← (A)+(direct)
	@Ri	0010011iB	(A) ← (A)+((Ri))
	Rn	00101rrrB	(A) ← (A)+(Rn)

这组指令采用立即数、直接地址、间接地址及寄存器寻址方式将其内容与累加器(A)内容相加，结果送入累加器(A)中。如果运算结果的最高位 D_7 有进位输出，则将进位标志位(CY)置"1"，否则将 CY 清"0"；如果 D_3 有进位输出，则将辅助进位标志位(AC)置"1"，否则将 AC 清"0"；如果 D_6 有进位输出而 D_7 没有或者 D_7 有进位输出 D_6 没有，则将溢出标志位 OV 置"1"，否则将(OV)清"0"；奇偶标志位(P)将随累加器(A)中 1 的个数的奇偶性变化。

【例】　已知(A)=53H，(R0)=0FCH，执行指令：

```
ADD     A,R0
结果: (A)=4FH,CY=1,AC=0,OV=0,P=1
```

【例】　已知 (A)=85H，(R0)=20H，(20H)=0AFH，执行指令：

```
ADD     A,@R0
结果: (A)=34H,CY=1,AC=1,OV=1,P=1
```

2. 带进位的加法指令

操作符		指令编码·	指令功能
ADDC A,	Rn	00111rrrB	(A) ← (A)+(Rn)+(C)
	direct	00110101B	(A) ← (A)+(direct)+(C)
	@Ri	0011011iB	(A) ← (A)+((Ri))+(C)
	#data	00110100B	(A) ← (A)+data+(C)

这组带进位的加法指令同时把所指出的字节变量、进位标志与累加器(A)内容相加，结果留在累加器(A)中。这组指令对程序状态字(PSW)的影响和指令的寻址方式都与 ADD 指令相同。

【例】　已知(A)=85H，(20H)=0FFH，CY=1，执行指令：

```
ADDC A,20H
结果: (A)=85H,CY=1,AC=1,OV=0,P=1
```

3. 带借位的减法指令

操作符		指令编码	指令功能
SUBB A,	Rn	10011rrrB	$(A) \leftarrow (A)-(Rn)-(C)$
	direct	10010101B	$(A) \leftarrow (A)-(direct)-(C)$
	@Ri	1001011iB	$(A) \leftarrow (A)-((Ri))-(C)$
	#data	10010100B	$(A) \leftarrow (A)-data-(C)$

这组带借位的减法指令从累加器(A)中减去指定的变量和进位标志,结果存在累加器(A)中。源操作数采用了寄存器寻址、直接寻址、寄存器间接寻址和立即寻址的寻址方式。在进行减法操作时,如果累加器(A)中的最高位 D_7 需借位,则将进位标志位(CY)置"1",否则将 CY 清"0";如果 D_3 需借位,则将辅助进位标志位(AC)置"1",否则将 AC 清"0";如果 D_7 需借位而 D_6 不需借位或 D_6 需借位而 D_7 不需借位,则将溢出标志位(OV)置"1",否则清"0";奇偶标志位(P)随着累加器(A)中"1"的个数而变化。

4. 加"1"指令

操作符		指令编码	指令功能
INC	A	00000100B	$(A) \leftarrow (A)+1$
	Rn	00001rrrB	$(Rn) \leftarrow (Rn)+1$
	direct	00000101B	$(direct) \leftarrow (direct)+1$
	@Ri	0000011iB	$((Ri)) \leftarrow ((Ri))+1$
	DPTR	10100011B	$(DPTR) \leftarrow (DPTR)+1$

这条指令把所指的寄存器内容加"1",结果仍送回原寄存器。源操作数采用了直接寻址、寄存器寻址、寄存器间接寻址的寻址方式。当所寻址的寄存器不是累加器(A)或程序状态字(PSW)时,不影响任何标志,否则将影响标志位。若直接地址是 I/O 端口,则 CPU 进行"读—修改—写"操作,而不是从引脚读入。其功能是先读入端口锁存器的内容,然后在 CPU 中加"1",继而输出到端口。

【例】 已知(A)=0FFH,(R3)=0FH,(30H)=0F1H,(R0)=40H,(40H)=01H,执行指令:

```
(DPTR)=1235H
INC      A
INC      R3
INC      30H
INC      @R0
INC      DPTR
结果:(A)=00H,(R3)=10H,(30H)=0F2H,(40H)=02H,(DPTR)=1236H,PSW 中仅 P 改变
```

5. 减"1"指令

操作符		指令编码	指令功能
DEC	A	00010100B	$(A) \leftarrow (A)-1$
	@Ri	0001011iB	$((Ri)) \leftarrow ((Ri))-1$
	direct	00010101B	$(direct) \leftarrow (direct)-1$
	Rn	00011rrrB	$(Rn) \leftarrow (Rn)-1$

这条指令把所指的寄存器内容减"1"，结果仍送回原寄存器。源操作数采用了直接寻址、寄存器寻址、寄存器间接寻址的寻址方式。当所寻址的寄存器不是累加器(A)或程序状态字(PSW)时，不影响任何标志位，否则将影响标志位。若直接地址是 I/O 端口，则 CPU 进行"读—修改—写"操作，而不是从引脚读入。其功能是先读入端口锁存器的内容，然后在 CPU 中减"1"，继而输出到端口。

【例】　已知(A)=0FH，(R7)=19H，(30H)=00H，(R1)=40H，(40H)=0FFH，执行指令：

```
DEC       A
DEC       R7
DEC       30H
DEC       @R1
结果：(A)=0EH,(R7)=18H,(30H)=0FFH,(40H)=0FEH,P=1,PSW 其他位不变
```

6. 乘法指令

操作符	指令编码	指令功能
MUL AB	10100100B	(B)(A) ← (A)×(B)

这条指令把累加器(A)和寄存器(B)中的无符号 8 位整数相乘，其 16 位积的低 8 位存放在累加器(A)中，高 8 位存在寄存器(B)中。如果积大于 0FFH，则将溢出标志位(OV)置"1"，否则 OV 清"0"。进位标志位(CY)总为"0"。

【例】　已知(A)=50H，(B)=0A0H，执行指令：

```
MUL       AB
结果：(B)=32H,(A)=00H,即积为 3200H
```

7. 除法指令

操作符	指令编码	指令功能
DIV AB	10000100B	(A)商　(B)余数 ← (A)/(B)

这条指令使累加器(A)中的 8 位无符号整数除以寄存器(B)中的 8 位无符号整数，所得商存入累加器(A)中，余数存入寄存器(B)中。除法运算总是使进位标志位 CY 和溢出标志位 OV 清"0"。若寄存器(B)中除数为 00H，则执行结果为不定值，OV 置"1"表示溢出。

【例】　已知(A)=0FBH，(B)=12H，执行指令：

```
DIV       AB
结果：(A)=0DH,(B)=11H,CY=0,OV=0,P=1
```

8. 十进制调整指令

计算机的运算以二进制数为基础，源操作数、目的操作数和结果都是二进制数，如果是十进制数(即 BCD 码)相加，要想得到正确的十进制数结果，就必须进行十进制调整。调整指令如下：

操作符	指令编码	指令功能
DA A	11010100B	调整A的内容为BCD码

调整方法由单片机中 ALU 硬件的十进制修正电路自动进行，无需用户干预，使用时只需在 BCD 码的 ADD 和 ADDC 后面紧跟一条 DA　A 指令即可。硬件按如下规则调整：

(1) 当累加器(A)中的低 4 位出现了非 BCD 码(1010～1111)或低 4 位产生进位(AC=1)，则应在低 4 位加"6"调整，以产生低 4 位正确的 BCD 结果。

(2) 当累加器(A)中的高 4 位出现了非 BCD 码(1010～1111)或高 4 位产生进位(CY=1)，则应在高 4 位加"6"调整，以产生高 4 位正确的 BCD 结果。

(3) 若以上两条同时发生，或高 4 位虽等于 9，但低 4 位修正后有进位，则应加"66H"进行修正。

十进制调整指令执行后，程序状态字(PSW)中的进位标志位(CY)表示结果的百位值。

【例】　完成 BCD 码 56+17 的编程，执行指令：

```
MOV     A,#56H          ;A 中存放 BCD 码 56H
MOV     B,#17H          ;B 中存放 BCD 码 17H
ADD     A,B             ;(A)=6DH
DA      A               ;(A)=73H
SJMP    $               ;踏步
```

程序中 SJMP 为相对转移指令，$表示本指令首地址，用循环执行本指令以实现动态停机操作，这是由于 MCS-51 单片机没有停机指令；如果不动态停机，将顺序执行后面随机代码，造成死机或未知状态。

3.3.3　逻辑运算及移位类指令

逻辑运算指令可以完成数字逻辑的与、或、异或、清"0"和取反操作。移位类指令是对累加器(A)的循环移位操作，包括左、右方向以及带与不带进位标志位方式。逻辑运算指令中凡是以程序状态字(PSW)为目的寄存器的指令都要影响程序状态字(PSW)中的标志位；以专用寄存器为目的寄存器的指令都能对程序运行产生相应的控制作用；以 P0～P3 口寄存器为目的寄存器的指令都能通过 P0～P3 口产生 I/O 控制信息。逻辑运算指令不产生 $\overline{RD}$ 和 $\overline{WR}$ 控制信号。

1. 简单逻辑运算指令

操作符	指令编码	指令功能
CLR ⎫ A	11100100B	(A) ← 0
CPL ⎭	11110100B	(A) ← $\overline{(A)}$

第 1 条指令将累加器(A)清"0"，不影响 CY、AC、OV 等标志，将 P 置"0"。第 2 条指令将累加器(A)的每一位逻辑取反，原来为"1"变为"0"，原来为"0"变为"1"，除 P 外其他标志位不受影响。

【例】　已知(A)=10101010B，执行指令：

```
CPL     A
结果：(A)=01010101B
```

2. 逻辑与指令

操作符		指令编码	指令功能
ANL A,	#data	01010011B	(A) ← (A)∧data
	Rn	01011rrrB	(A) ← (A)∧(Rn)
	direct	01010101B	(A) ← (A)∧(direct)
	@Ri	0101011iB	(A) ← (A)∧((Ri))
ANL direct,	#data	01010100B	(direct) ← data∧(direct)
	A	01010010B	(direct) ← (direct)∧(A)

前 4 条指令把源操作数与累加器(A)的内容相与，结果送入累加器(A)中；后两条指令把源操作数与直接地址指示的单元内容相与，结果送入直接地址指示的单元，若直接地址正好是 I/O 端口，则是"读—修改—写"操作。6 条指令的源操作数有寄存器寻址、直接寻址、寄存器间接寻址和立即寻址的寻址方式。当所寻址的寄存器不是累加器(A)或程序状态字(PSW)时，不影响任何标志，否则将影响标志位。

【例】 已知(A)=07H，(R0)=0FDH，执行指令：

```
ANL       A,R0
结果: (A)=05H
```

3. 逻辑或指令

操作符		指令编码	指令功能
ORL A,	#data	01000011B	(A) ← (A)∨data
	Rn	01001rrrB	(A) ← (A)∨(Rn)
	direct	01000101B	(A) ← (A)∨(direct)
	@Ri	0100011iB	(A) ← (A)∨((Ri))
ORL direct,	#data	01000100B	(direct) ← (direct)∨data
	A	01000010B	(direct) ← (direct)∨(A)

这组指令在所寻址的单元之间进行逻辑或操作，并将结果存放到目的单元中去。其寻址方式、标志位影响、接口操作与 ANL 指令相同。

4. 逻辑异或指令

操作符		指令编码	指令功能
XRL A,	#data	01100100B	(A) ← (A)∀data
	Rn	01101rrrB	(A) ← (A)∀(Rn)
	data	01100101B	(A) ← (A)∀(data)
	@Ri	01100110B	(A) ← (A)∀((Ri))
XRL direct,	#data	01100011B	(direct) ← (direct)∀data
	A	01100010B	(direct) ← (direct)∀(A)

这组指令在所寻址的单元之间进行逻辑异或操作，并将结果存放到目的单元中去。其寻址方式、标志位影响、端口操作与 ANL 指令相同。

5. 循环移位指令

操作符	指令编码	指令功能
RL	00100011B	$(A_{7\sim1}) \leftarrow (A_{6\sim0})$，$(A_0) \leftarrow (A_7)$
RR	00000011B	$(A_{7\sim1}) \rightarrow (A_{6\sim0})$，$(A_0) \rightarrow (A_7)$
RLC	00110011B	$(A_7) \rightarrow (CY)$，$(A_{6\sim0}) \rightarrow (A_{7\sim1})$，$(CY) \rightarrow (A_0)$
RRC	00010011B	$(A_7) \leftarrow (CY)$，$A_{6\sim0}) \leftarrow (A_{7\sim1})$，$(CY) \leftarrow (A_0)$

其中 A 作用于 RL、RR、RLC、RRC。

前两条指令分别将累加器(A)的内容循环左移或右移一位，后两条指令的功能分别是将累加器(A)的内容连同进位标志位 CY 一起循环左移或右移一位。

3.3.4 控制转移类指令

单片机程序设计语言的灵活性还体现在其有丰富的程序转移类指令，一共 14 条。程序转移类细分为无条件转移指令、条件转移指令、子程序调用与返回指令。这些指令为单片机的应用提供了方便条件。

1. 无条件转移指令

无条件转移指令根据程序设计者的意图，直接使程序转移到相应的标号地址开始执行，属于强制措施。

1) 短跳转

操作符	指令编码	指令功能
AJMP addr11	$a_{10}a_9a_800001B$ $a_7a_6a_5a_4a_3a_2a_1a_0B$	$(PC) \leftarrow (PC)+2(PC_{10\sim0}) \leftarrow$ addr11

这条指令是 2KB 范围内的无条件跳转指令，它将程序的执行转移到指定的地址。因为指令提供 11 位目标地址装入程序计数器(PC)，而高 5 位不变，因此 AJMP 只能在 2KB 范围内跳转，即转入的存储单元地址的高 5 位地址编码与程序计数器(PC)当前值地址高 5 位必须相同，否则出现跨页错误，建议尽量不用该指令。64KB 的程序空间划分为 32 个连续的 2KB 的空间，每 2KB 空间称为 1 页，如表 3-3 所示。

表 3-3 ROM 空间中 32 个 2KB 地址范围

序号	地址范围	序号	地址范围	序号	地址范围	序号	地址范围
1	0000H~07FFH	9	4000H~47FFH	17	8000H~87FFH	25	C000H~C7FFH
2	0800H~0FFFH	10	4800H~4FFFH	18	8800H~8FFFH	26	C800H~CFFFH
3	1000H~17FFH	11	5000H~57FFH	19	9000H~97FFH	27	D000H~D7FFH
4	1800H~1FFFH	12	5800H~5FFFH	20	9800H~9FFFH	28	D800H~DFFFH
5	2000H~27FFH	13	6000H~67FFH	21	A000H~A7FFH	29	E000H~E7FFH
6	2800H~2FFFH	14	6800H~6FFFH	22	A800H~AFFFH	30	E800H~EFFFH
7	3000H~37FFH	15	7000H~77FFH	23	B000H~B7FFH	31	F000H~F7FFH
8	3800H~3FFFH	16	7800H~7FFFH	24	B800H~BFFFH	32	F800H~FFFFH

2) 长跳转

操作符	指令编码		指令功能
LJMP addr16	00000010B addr16	;	PC ← addr16

其中第 1 字节为操作码，该指令执行时，将指令的第 2、3 字节地址码分别装入程序计数器(PC)的高 8 位和低 8 位中，程序无条件地转移到指定的目标地址去执行。

由于 LJMP 指令提供的是 16 位地址，因此指令可以转向 64KB 的 ROM 地址空间的任何单元。

【例】　若标号"NEWADD"表示转移目标地址 1234H，则执行指令 LJMP　NEWADD 时，2B 的目标地址将装入程序计数器(PC)中，使程序转向目标地址 1234H 处运行。

3) 相对转移指令

操作符	指令编码	指令功能
SJMP rel	10000000B relB	$\begin{cases} (PC) \leftarrow (PC) + rel \leqslant 7FH \\ (PC) \leftarrow (PC) - rel \end{cases}$

这条指令可以使程序在这条指令之后的第一个字节开始的前 128 字节到后 127 字节范围内做无条件的转移，不影响任何标志位。

【例】　若标号"NEWADD"表示转移目标地址 0123H，PC 的当前值为 0100H。执行指令：

```
SJMP  NEWADD
结果：程序将转向 0123H 处执行(此时 rel= 0123H -(0100+2)= 21H)
```

4) 间接转移指令

操作符	指令编码	指令功能
JMP @A+DPTR	01110011B	(PC) ← (A)+(DPTR)

【例】　已知(A)=10H，(DPTR)=2000H，执行指令：

```
JMP   @A+DPTR
结果：  (PC)=2010H
```

2. 条件转移指令

条件转移指令是根据程序设计者的条件，程序的运行结果经过与条件判别决定程序运行的方向。

1) 累加器(A)判 0 转移

操作符	指令编码	指令功能
JZ } rel	0110 0000 relB	若 (A)=0, 则 (PC)←(PC)+rel
JNZ	0111 0000 relB	若 (A)≠0, 则 (PC)←(PC)+rel

这组指令的功能是对累加器(A)的内容为"0"和不为"0"进行检测并转移。当不满足各自的条件时，程序继续往下执行。当各自的条件满足时，程序转向指定的目标地址。目标地址的计算与 SJMP 指令情况相同。指令执行时对标志位无影响。

【例】 已知累加器(A)原始内容为00H,执行指令:

```
JNZ    L1   ;由于A的内容为00H,所以程序往下执行
INC    A    ;
JNZ    L2   ;由于A的内容已不为0,所以程序转向L2处执行
```

2) 比较不相等转移

操作符	指令编码	指令功能
CJNE A,direct,rel	0110101B,direct,rel	若(A)≠(direct),则 好 PC← (PC)+3+ rel
CJNE $\{$ A, #data,rel	10110100B, data, rel	若(A)≠data 则(PC)←(PC)+3+rel
CJNE $\{$ Rn, #data,rel	10111rrrB, data, rel	若(Rn)≠data 则(PC)←(PC)+3+rel
CJNE $\{$ @Rn, #data,rel	1011011iB, data, rel	若((Ri))≠data 则(PC)←(PC)+3+rel

这组指令的功能是第 1 操作数与第 2 操作数是否相等,若它们的值不相等则转移,转移的目标地址为当前的 PC 值加 CJNE 的字节数 3 后,再加指令的偏移量 rel;如果第 1 操作数大于等于第 2 操作数,则标志位 CY=0,否则 CY=1;根据 CY 可以比较两个数的大小。

【例】 已知(R7)=56H,执行指令:

```
          CJNE R7,#54H,SUB    ;比较(R7)与54H,若相等继续执行,否则
                             ;跳转到标号为SUB的地址继续执行
          ...                 ;继续执行代码
      SUB:
          ...                 ;跳转后执行代码
结果:程序转到标号为SUB的地址执行
```

3) 减"1"不为"0"转移

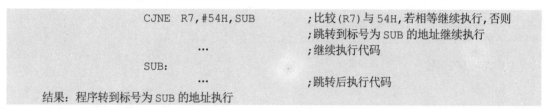

操作符	指令编码	指令功能
DJNZ Rn,rel	11011rrr rel	PC← (PC)+2,Rn← (Rn)-1, 若(Rn)≠0,则 PC← (PC)+rel,继续循环;若 (Rn)=0,则结束循环,程序往下执行
DJNZ direct,rel	11010101 direct rel	PC← (PC)+3, direct← (direct)-1, 若(direct)≠0,则 PC← (PC)+rel, 继续循环;若(direct)=0,则结束循环,程序往 下执行

这组指令每执行一次,便将目的操作数的循环控制单元的内容减"1",并判断其是否为"0"。若不为"0",则转移到目标地址继续循环;若为"0",则结束循环,程序往下执行。

【例】 执行指令:

```
          MOV    23H,#0AH
          CLR    A
LOOPX:    ADD    A,23H
          DJNZ23H,LOOPX
```

```
            SJMP$
```
结果：该程序执行后，(A)=10+9+8+7+6+5+4+3+2+1=37H

3. 子程序调用和返回指令

1) 调用

操作符	指令编码	指令功能
ACALL addr11	$a_{10}a_9a_8$ 10001B addr(7～0)	$PC \leftarrow (PC)+2, SP \leftarrow (SP)+1,$ $(SP) \leftarrow (PC_{7\sim0}),$ $SP \leftarrow (SP)+1, (SP) \leftarrow (PC_{15\sim8}),$ $PC_{10\sim0} \leftarrow addr11$
LCALL addr16	00010010B addr(15~8) addr(7~0)	$SP \leftarrow (SP)+1, (SP) \leftarrow (PC_{7\sim0}),$ $SP \leftarrow (SP)+1, (SP) \leftarrow (PC_{15\sim8}),$ $PC \leftarrow addr16$

这两条指令可以实现子程序的短调用和长调用，目标地址的形成方式与 AJMP 和 LJMP 相似。这两条指令的执行不影响任何标志位。

ACALL 指令执行时，被调用的子程序的首地址必须设在包含当前指令(即调用指令的下一条指令)的第 1 个字节在内的 2KB 范围内的 ROM 中，同 AJMP 道理一样，建议尽量不采用。

LCALL 指令执行时，被调用的子程序的首地址可以设在 64KB 范围内的 ROM 空间的任何位置。

【例】　执行指令：

```
            ORG   0120H
0120H       MOV    SP,#07H
0123H       ACALL  XADD
0125H       NOP
0126H       NOP
XADD:
0345H       NOP
0346H       NOP
0347H       RET
```

标号"XADD"表示子程序的实际地址为 0345H。程序执行到 ACALL XADD 时 PC 的当前值为 0123H。执行指令后(PC)+2=0125H，其低 8 位的 25H 压入堆栈的 08H 单元，其高 8 位的 01H 压入堆栈的 09H 单元。(PC)=0345H，程序转向目标地址 0345H 处执行。

2) 返回

操作符	指令编码	指令功能
RET	00100010	$PC_{15\sim8} \leftarrow ((SP)), SP \leftarrow (SP)-1$ $PC_{7\sim0} \leftarrow ((SP)), SP \leftarrow (SP)-1$
RETI	00110010	$PC_{15\sim8} \leftarrow ((SP)), SP \leftarrow (SP)-1$ $PC_{7\sim0} \leftarrow ((SP)), SP \leftarrow (SP)-1$

子程序执行完后，程序应返回到原调用指令的下一指令处继续执行。因此，在子程序的结尾必须设置返回指令，返回指令有两条，即子程序返回指令 RET 和中断服务子程序返回指令 RETI。

RET 指令的功能是从堆栈中弹出由调用指令压入堆栈保护的断点地址，并送入程序计数器(PC)，从而结束子程序的执行，程序返回到断点处继续执行。

RETI 指令是专用于中断服务程序返回的指令，除正确返回中断断点处执行主程序以外，还有清除内部相应的中断状态寄存器(以保证正确的中断逻辑)的功能。

4. 空操作

操作符	指令编码	指令功能
NOP	00000000B	（PC）←（PC）+1

执行该指令时 CPU 不产生任何控制操作，只是将程序计数器(PC)的内容加"1"，转向下一条指令去执行，在时间上耗费 1 个机器周期。空操作常用于较短时间的延时。

3.3.5 布尔变量操作类指令

单片机是在位处理器的基础上发展起来的，所以今天以 MCS-51 为内核的单片机仍然有丰富的位操作指令和优异的布尔变量处理能力，从硬件上和软件上构成了完整的按位操作的布尔处理器(位处理器)。进行位操作时，以进位标志位作为位累加器。MCS-51 系列单片机中能够位寻址的有两部分：一部分是片内 RAM 的 20H～2FH 共 16 个字节单元 128 位，其位地址为 00H～7FH；另一部分是在 SFR 中，字节地址能被 8 整除的专用寄存器也具有位地址，其位地址从 80H～F7H，中间有极少数位未被定义，不能按位寻址。汇编语言中位操作指令中位地址有 4 种表示形式：①直接地址方式，如 D4H、2FH；②点操作方式，如 ACC.4、PSW.7；③位名称方式，如 TR0、TR1；④伪指令定义方式，如 PIO1、BIT、P1.0。

1. 位传送

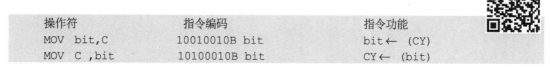

操作符	指令编码	指令功能
MOV bit,C	10010010B bit	bit ← (CY)
MOV C ,bit	10100010B bit	CY← (bit)

这两条指令可以实现指定位地址中的内容与进位标志位 CY 的内容的相互传送。

【例】 已知(CY)=0，在第 2 章图 2.17 中硬件的基础上执行以下指令：

```
MOV    P0.0,C
MOV    P2.7,C
结果：将使发光二极管点亮,蜂鸣器发出嗡嗡声
```

2. 位状态设置

位状态设置分为"0""1"两种状态。

1) 位清"0"

操作符		指令编码	指令功能
CLR	C	10100011B	(CY)←0
	bit	10100010B	(bit)←0

这两条指令可以实现位地址内容和位累加器内容的清"0"，直接位寻址为端口执行"读—修改—写"操作。以下直接位寻址相同。

【例】　已知(P1)=1001 1101B，执行指令：

```
CLR    P1.3
结果：  ( P1 )=1001 0101B
```

2) 位置位

操作符		指令编码	指令功能
SETB	C	11010011B	(CY)←1
	bit	11010010B	(bit)←1

这两条指令可以实现进位标志位和直接位地址内容的置位。

【例】　以第 2 章图 2.17 中硬件为基础，执行指令：

```
LOOP:       SETB P1.0
LCALL   DELAY   ;调用延时程序
CLR     P1.0
LCALL   DELAY
SJMP    LOOP
```

程序的执行使 P1.0 口的发光二极管不停的闪烁。

3. 位逻辑运算

1) 位逻辑"与"

操作符		指令编码		指令功能
ANL　C,	/bit	10110000B	bit	(CY)←(CY)∧$\overline{(bit)}$
	bit	10000010B	bit	(CY)←(CY)∧(bit)

这两条指令可以实现位地址单元内容或取反后的值与进位标志位内容的"与"操作，操作的结果送位 C。

【例】　已知(P1)=1001 1100B，(CY)＝1，执行指令:

```
ANL     C,P1.0
结果：P1 内容不变,而(CY)＝0
```

2) 位逻辑"或"

操作符		指令编码		指令功能
ORL　C	bit	01110010B	bit	(CY)←(CY)∨(bit)
	/bit	10100000B	bit	(CY)←(CY)∨$\overline{(bit)}$

这两条指令可以实现位地址单元内容或取反后的值与进位标志位内容的"或"操作，操作的结果送位 C。

3) 位取反

操作符		指令编码	指令功能
CPL	C	10110011	(CY)←$\overline{(CY)}$
	bit	10110010	(bit)←$\overline{(bit)}$

这两条指令可以实现位地址单元内容或进位标志位的取反。

4. 位判跳(条件转移)

1) 判 CY 转移

操作符	指令编码	指令功能
JC	01000000Brel	若（CY）=1，则转移，否则顺序执行
JNC	01010000Brel	若（CY）=0，则转移，否则顺序执行

这两条指令的功能是对进位标志位 CY 进行检测，当(CY)=1(第 1 条指令)或(CY)=0(第 2 条指令)，程序转向 PC 当前值与 rel 之和的目标地址去执行，否则程序将顺序执行。

2) 判 bit 转移

操作符	指令编码	指令功能
JB	00100000B bit rel	若（bit）=1，则转移，否则顺序执行
JNB	00110000B bit rel	若（bit）=0，则转移，否则顺序执行
JBC	00010000B bit rel	若（bit）=1，则转移，并清除该位，否则顺序执行

这 3 条指令的功能是对指定位 bit 进行检测，当(bit)=1(第 1 条和第 3 条指令)或(bit)=0(第 2 条指令)，程序转向程序计数器(PC)当前值与 rel 之和的目标地址去执行，否则程序将顺序执行。对于第 3 条指令，当条件满足时(指定位为"1")，还具有将该指定位清"0"的功能。

3.4 汇编语言程序的基本形式

单片机汇编语言源程序是用户把单片机所能接受的指令形式按照任务要求组织在一起的部分指令逻辑集合。它与 PC 的汇编语言程序有所不同，PC 的汇编语言程序可以调用操作系统的中断功能或 Windows 的 API 函数来完成特定的操作，而单片机的汇编语言程序从最底层面向硬件接口做起，所有的程序都需要程序员自己编写、配置。因此单片机汇编语言源程序的编制应根据单片机硬件结构和汇编软件的功能来编写。

3.4.1 汇编语言程序的伪指令

计算机能够认识的就是"1"和"0"两个表示高低电平的机器语言。对于汇编指令编写的汇编语言源程序，计算机是不能执行的，必须转换成机器程序，这个过程称为汇编。汇编有手工汇编和机器汇编。手工汇编通过查每条指令的指令码，编辑成单片机直接执行的机器程序。机器汇编通过 PC 运行一种软件把汇编语言源程序转换成机器程序，这个软件称为汇编程序软件。

机器汇编时为便于机器操作，汇编程序提供了一些本身的操作指令，如汇编程序汇编时知道汇编语言源程序中哪些是数据、数据的状态、程序的起始和终止地址等。这些汇编程序本身的操作指令出现在汇编语言源程序中，但它不是控制单片机操作的指令，而是控制汇编程序的指令，所以称为伪指令，没有机器码。下面介绍一些常用的伪指令。

1. 定位伪指令 ORG

格式：ORG   XXXX   或 标号地址。

作用：向汇编程序说明下面紧接的程序段或数据段存放的起始地址。表达式通常为十六进制地址，也可以是已定义的标号地址。

例如，ORG 1000H，指示后面的程序或数据块以 1000H 为起始地址连续存放。

一般在每一个汇编语言源程序的开始，都要设置一条 ORG 伪指令来指定该程序在 ROM 中存放的起始位置。若省略 ORG 伪指令，则该程序段从 ROM 中 0000H 单元开始存放。在一个源程序中，可以多次使用 ORG 伪指令规定不同程序段或数据段存放的起始地址，但要求地址值由小到大依序排列，不允许空间重叠。

2. 汇编结束伪指令 END

格式：END。

作用：结束汇编。

汇编程序遇到 END 伪指令后即结束汇编。处于 END 之后的程序，汇编程序软件将不处理。

3. 字节数据定义伪指令 DB

格式：[标号：] DB 字节数据表。

作用：从标号指定的地址单元开始，在 ROM 中存放 8 位字节数据。

字节数据表可以是一个或多个字节数据、字符串或表达式。该伪指令将字节数据表中的数据根据从左到右的顺序依次存放在指定的存储单元中。一个数据占一个存储单元。字节数据表可以是字符、十进制、十六进制、二进制等。在汇编时汇编程序软件将它们转化为机器码。该伪指令常用于存放数据表格。例如：

```
ORG 1000H
SEG1:              DB 53H,78H , "2"
SEG2:              DB 'DAY'
                   END
则 (1000H)=53H
   (1001H)=78H
   (1002H)=32H                  ;32H 为"2"的 ASCII 码
   (1003H)=44H                  ;44H 为"D"的 ASCII 码
   (1004H)=41H                  ;41H 为"A"的 ASCII 码
   (1005H)=59H                  ;59H 为"Y"的 ASCII 码
```

如果操作数部分的项或项表为数值，则其取值范围应为 00H～FFH；若为字符串，则其长度应限制在 80 个字符内。

4. 字数据定义伪指令 DW

格式：[标号：] DW 字数据表。

作用：从标号指定的地址单元开始，在 ROM 中定义字数据。

该伪指令将字或字表中的数据根据从左到右的顺序依次存放在指定的存储单元中。应特别注意：16 位的二进制数，高 8 位存放在低地址单元，低 8 位存放在高地址单元。其他与 DB 相同。

5. 赋值伪指令 EQU

格式：符号名 EQU 表达式。

作用：将表达式的值或特定的某个汇编符号定义为一个指定的符号名。

【例】 执行指令：

```
SG      EQU     R0              ;SG 与 R0 等值
DE      EQU     40H             ;DE 与 40H 等值
MOV     A,SG                    ;(A) ← (R0)
MOV     R7,#DE                  ;(R7) ← 40H
```

6. 位地址符号定义伪指令 BIT

格式：符号名 BIT 位地址表达式。

作用：将位地址赋给指定的符号名。

其中，位地址表达式可以是绝对地址，也可以是符号地址。

【例】 执行指令：

```
MN      BIT     P1.7
G5      BIT     02H
```

汇编后，位地址 P1.7、02H 分别赋给变量 MN 和 G5。

7. 数据地址赋值伪指令 DATA

格式：符号名 DATA 数或表达式。

DATA 伪指令与 EQU 类似，但有如下差别：

(1) 用 DATA 定义的标识符汇编时作为标号登记在符号表中，所以，可以先使用后定义，而 EQU 定义的标识符必须先定义后使用。

(2) 用 EQU 可以把一个汇编符号赋给字符名，而 DATA 只能把数据赋给字符名。

(3) DATA 可以把一个表达式赋给字符名，只要表达式是可求值的。

【例】 执行指令：

```
MAIN        DATA        2000H
```

汇编后 MAIN 的值为 2000H。

3.4.2 汇编语言程序的编辑与汇编

汇编语言源程序的编写要以 MCS-51 单片机汇编语言指令和伪指令为基础，灵活运用指令完成确定的算法或解题思路。前面已经知道汇编程序、汇编语言源程序、机器汇编、机器语言程序的概念，它们的具体工作过程如图 3.9 所示。

图 3.9 源程序编辑和汇编过程

需要说明的是 HEX 文件。HEX 文件是由 Intel 公司定义的一种格式，包括地址、数据和校验码，并用 ASCII 码来存储，可供显示和打印。还有一种 BIN 格式的文件，它是完全由编译器生成的二进制文件，是程序的机器码。它们都是支持写入单片机或仿真器调试的目标程序。

目前很多公司已将编辑器、汇编器、编译器、连接/定位器、符号转换程序做成集成软件包，用户环境类似 VC++。进入该软件环境，编辑好程序后，只需单击相应菜单，就可以完成上述的各步，如 MedWin、KEILC、WAVE6000 等，具体使用参考其相关的材料。

3.4.3 汇编语言源程序的格式

完成控制任务的汇编语言源程序基本上由主程序、子程序、中断服务子程序组成。编制汇编语言源程序根据 MCS-51 单片机 ROM 的出厂内部定义，一般按如下主框架编制：

```
                                    ;程序变量定义区
1       SDA         BIT     P1.3    ;定义 SDA 位变量
2       IO          EQU     P0      ;定义 I/O 等值 P0 口
3       ByteCon     DATA    30H     ;定义字节变量 ByteCon
                                    ;程序主体部分
4       ORG     0000H               ;程序段从 0000H 单元开始存放
5       LJMP    MAIN                ;跳到主程序 MAIN
6       ORG     0003H               ;从 0003H 开始存放程序段
7       LJMP    INTERUPT1           ;跳到外部中断 0 处理子程序
8       ORG     0030H               ;从 0030H 开始存放程序段
9       MAIN:                       ;主程序标号说明
10      MOV     SP,#30H             ;设置堆栈指针,可以大于 30H
11      LCALL   INITIATE            ;调用初始化子程序
12      FCY:                        ;控制程序循环标号
        LCALL   SUB                 ;调用功能子程序
13      LJMP    FCY                 ;跳到 FCY 构成循环
14      ORG     xxxx                ;以下功能程序的存放地址
15      INITIATE: ⋯ ⋯              ;初始化子程序标号
16      RET                         ;子程序返回
17      SUB:    ⋯ ⋯                ;功能子程序标号
18      RET                         ;子程序返回
19      INTERUPT1: ⋯ ⋯             ;外部中断 0 功能程序
20      RETI                        ;中断返回
21      TABLE:                      ;表的标号
22      DB  00H,01H                 ;表的数据
        DB  02H,03H
        END                         ;源程序结束,停止汇编
```

这个程序框架的第 1～3 行设计程序时把一些符号或变量定义成通俗的符号。第 4、6、8、14 行表示程序存储的开始地址。第 5 行跳转因为 MCS-51 单片机出厂时定义 ROM 中 0003H～002BH 分别为各中断源的入口地址。所以编程时应在 0000H 处写一跳转指令，使 CPU 在执行程序时，从 0000H 跳过各中断源的入口地址。主程序则以跳转的目标地址作为起始地址开始编写，本框架从第 9 行标号 MAIN 处开始。第 6 行中断服务程序的存储地址。MCS-51 单片机的中断系统对 5 个中断源分别规定入口地址，这些入口地址仅相距 8B。如果中断服务程序小于 8B，则可以直接编写程序，否则应安排跳转到目标地址编写中断功能服务程序，所以第 7 行有跳转指令，另外中断子程序中一般要有成对的入、出栈指令。第 9、12、15、17、19 行为程序语句标号。第 10 行设置堆栈指针一般最小设 30H，栈区够用还可以增大。第 21、22 行为查表指令的表。第 16、18、20 行的子程返回和中断返回指令，注意不要用混。

【实用技术】语句标号用来说明指令的地址，用于其他语句对该句的访问，含义一般概括标号以下地址的程序功能，相当于高级语言函数的命名。标号中字符个数不能超过 8 个，若超过 8 个，则以前面的 8 个字符有效，后面的字符不起作用。使用标号时不能重复定义，而且不能用本汇编语言已经定义的符号作为标号，如指令助记符、伪指令及寄存器的符号名称符。标号的使用取决于是否有语句访问本语句地址开始的程序。

3.5　汇编语言程序的基本结构

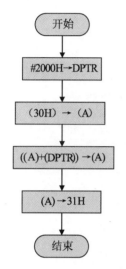

图 3.10　顺序程序流程图

汇编语言源程序设计通常采用结构化设计方法，其依据"任何复杂的程序都可分解为顺序结构部分、分支结构部分、循环结构部分和子程序部分"的原则，将大而复杂的程序进行分解设计。结构化程序设计具有结构清晰、易于读写、易于验证和可靠性高等特点，在程序设计中被广泛使用，便于文件规范管理。

3.5.1　顺序程序设计

顺序结构是程序结构中最简单的一种。用程序流程图表示时，一个处理框紧跟着一个处理框，如图 3.10 所示。其特点是执行程序时，从第一条指令开始顺序执行，直到最后一条指令。

【例】

【功能】求变量 $X(0 \leqslant X \leqslant 5)$ 的平方。

【入口参数】X 值存放在片内 RAM 的 30H 单元。

【出口参数】X^2 值存放在片内 RAM 的 31H 单元。

程序框图如图 3.10 所示，指令如下：

```
            ORG     1000H
START:      MOV     DPTR,#2000H
            MOV     A,30H
            MOVC    A,@A+DPTR
            MOV     31H,A
            SJMP    $
            ORG     2000H
TABLE:      DB      00,01,04,09,16,25
            END
```

查表技术是汇编语言源程序设计的一个重要技术，通过查表可以避免复杂的计算和编程，因而节省单片机运行时间。源程序中通过事先计算经常建立平方表、立方表、数码管显示的段码表等。如果表中对应的函数值为 2 字节，则用字伪指令 DW 表示。

3.5.2　分支程序设计

在运行一个程序时，通常是按地址编号的大小顺序执行各条指令的。但是如果需要改变这种顺序（即分支），一般都是根据改变某种标志决定程序转移方向。分支程序一般分为单分支、多分支，流程图如图 3.11 所示。

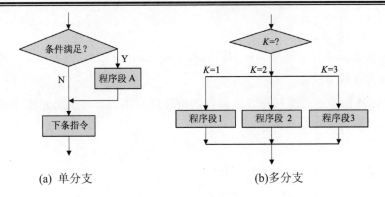

(a) 单分支　　　　　　　　　　　　(b)多分支

图 3.11　分支程序流程图

1. 单分支

【例】

【功能】某装置有自动/手动控制按键，按键状态由 P1.0 口输入；高电平为自动控制，低电平为手动控制。

【入口参数】P1.0。

```
CY:
    JB  P1.0,AUTO
HC:
    …
    LJMP   CY
AUTO:
    …
    LJMP   CY
```

2. 多分支

多分支程序含有一般多分支和称为散转程序的散转多分支。

1) 一般多分支

【例】

【功能】x、y 均为 8 位二进制数，求解：

$$y = \begin{cases} +1, & x > 0 \\ -1, & x < 0 \\ 0, & x = 0 \end{cases}$$

【入口参数】(R0)=x。

【出口参数】(R1)=y。

```
     START:    CJNE    R0,#00H,SUL1    ;判断 R0 是否为 0,为 0 转 SUL1
               MOV     R1,#00H
               SJMP    SUL2
     SUL1:     JC      NEG             ;小于 0 转 NEG
               MOV     R1,#01H
               SJMP    SUL2
     NEG:   MOV    R1,#0FFH
     SUL2:  RET
```

2) 散转多分支程序

根据某种输入或运算的结果，分别转向各个处理程序称为散转多分支，即散转程序。散转程序有各种实现方法。

(1) 利用转移指令表实现转移。这种方法将转移到不同程序的转移指令列成表格，判断条件后查表，执行表中的转移指令。

【例】

【功能】某菜单有 9 项，根据输入数码转去执行相应的子程序，即输入"1"，执行子程序 1；输入"2"，执行子程序 2；依次类推，输入"9"，执行子程序 9。

【分析】用直接转移指令组成一个转移表，然后把菜单号读入累加器(A)，转移表首地址放入 DPTR 中，再利用 JMP @A+DPTR 实现散转。

【入口参数】(R3)=存输入键盘码 1～9。

【出口参数】转移到相应的子程序入口。

```
         ORG    0030H
KEY_JMP: MOV    DPTR,#TAB1      ;子程序入口首地址送 DPTR
         MOV    A,R3            ;把键盘输入缓冲区内容送累加器(A)
         DEC    A               ;由于输入数码为 1～9,因此需减 1
         MOV    B,#03H          ;由于长跳转指令 LJMP 占用 3B
         MUL    AB              ;各子程序入口地址相距 3B

         JMP    @A+DPTR         ;根据输入码,执行相应的子程序
         ORG    2000H           ;程序入口地址表
TAB1:    LJMP   NO1
         LJMP   NO2
         LJMP   NO3
         LJMP   NO4
         LJMP   NO5
         LJMP   NO6
         LJMP   NO7
         LJMP   NO8
         LJMP   NO9
         END
```

例如，输入键盘码为"2"，减"1"乘"3"后累加器(ACC)为"3"。该指令执行后，将转到 2000H+03H 处，即执行了 LJMP NO2 指令。

(2) 利用转向地址表实现转移。这种方法将转移地址列成表格，将表格的内容作为转移的目标地址。

【例】

【功能】根据 R3(0～n)的内容转向对应的程序；处理程序的入口符号地址分别为 PR_0～$PR_n(n<256)$。

【分析】将 PR_0～PR_n 入口地址列在表格中，每一项占两个单元，PR_n 在表中的偏移量为 $2n$，因此将 R3 的内容乘"2"即得 PR_n 在表中的偏移地址，从偏移地址 $2n$ 和 $2n+1$ 两个单元分别取出 PR_n 的高 8 位地址和低 8 位地址，送 DPTR 寄存器，用 JMP @A+DPTR 指令

(A 先清零)即转移到 PR$_n$ 入口执行。这里设 PR$_0$～PR$_n$ 地址为 0110H、0220H、0330H……

【入口参数】(R3)=0～n　转移。

【出口参数】转移到相应的子程序入口。

```
                    PR0      EQU       0110H
                    PR1      EQU       0220H
                    PR2      EQU       0330H
                    ...
                    ORG      0030H
        KEY_JMP:    MOV      DPTR,#TAB
                    MOV      A,R3
                    ADD      A,R3                 ;(A) ← (R3)*2
                    JNC      NADD
                    INC      DPH                  ;(R3*2)>256
        NADD:       MOV      R3,A
                    MOVC     A,@A+DPTR
                    XCH      A,R3                 ;转移地址高 8 位
                    INC      A
                    MOVC     A,@A+DPTR
                    MOV      DPL,A                ;转移地址低 8 位
                    MOV      DPH,R3
                    CLR      A
                    JMP      @A+DPTR
        TAB:
                    DW   PR0,PR1,PR2, ···,PRn
        PR0:        处理程序 0
        PR1:        处理程序 1
           :
        PRn:        处理程序 n
                    END
```

例如，设 R3=1，R3×2=2，程序取 TAB+2 和 TAB+3 单元中 PR$_1$ 入口地址 0220H 送入 DPTR，由于执行了 CLR A，A=0，JMP　@A+DPTR，即 JMP　0220H，从而转到 PR$_1$ 执行。

(3) 利用地址偏移量表实现散转。这种方法将转移目标地址与表首地址差列表，作为转移目标地址。

【例】

【功能】有 5 个按键 0，1，2，3，4，根据按下的键转向不同的处理程序，分别为 PR$_0$，PR$_1$，PR$_2$，PR$_3$，PR$_4$。

【分析】汇编时，利用了伪指令的数学计算功能，标首地址加上处理程序与标首地址差，转到处理程序。

【入口参数】(B)=转向程序号(键盘编码)。

【出口参数】转移到相应的子程序入口。

```
                    ORG      0030H
        KEY_JMP:    MOV      A,B
                    MOV      DPTR,#TAB
                    MOVC     A,@A+DPTR
                    JMP      @A+DPTR
```

```
TAB:          DB          PR0-TAB
              DB          PR1-TAB
              DB          PR2-TAB
              DB          PR3-TAB
              DB          PR4-TAB
PR0:          处理程序 0
PR1:          处理程序 1
PR2:          处理程序 2
PR3:          处理程序 3
PR4:          处理程序 4
              END
```

例如，(B)=2，执行 MOVC A，@A+DPTR 后，A 中为 PR₂-TAB，而 DPTR 为 TAB 执行 JMP @A+DPTR，这时(A+DPTR)=PR₂-TAB+TAB=PR₂，所以程序转向 PR₂。

3.5.3 循环程序设计

在程序设计过程中，经常会遇到需要重复执行某一程序的情况，这时可使用循环程序结构，以便于缩短程序的存储空间，提高程序的质量。循环程序分为先循环后判断和先判断后循环两种循环体方式，循环程序流程图如图 3.12 所示。循环程序一般包含以下 4 部分。

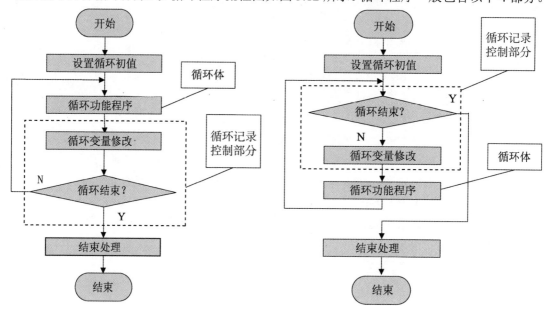

图 3.12 循环程序流程图

(1) **设置循环初值**：设置用于循环过程工作寄存器单元的初值。例如，设置循环次数计数器、地址指针初值、设定工作寄存器。

(2) **循环体**：循环程序功能部分。

(3) **循环记录**：记录循环过程，监控循环完成情况，为循环判断做准备。

(4) **循环控制**：判断循环完成情况，满足条件则做相应的处理，不满足则继续执行。

循环程序中不再包含循环程序，即为单重循环程序。如果在循环体中还有循环程序，那么这种现象就称为循环嵌套，称为二重或多重循环。在多重循环中，只允许外重循环嵌套内重循环，不允许循环相互交叉，也不允许从循环程序的外部跳到循环程序的内部。

【例】

【功能】n 个单字节数相加，和为双字节，存放在(R3、R4)中。

【入口参数】单字节数 X_i 存放在从 40H 开始的 RAM 单元中，n 放在 R2 中。

【出口参数】和存放在(R3、R4)中。

```
ADD1:       MOV     R3,#00H
            MOV     R4,#00H
            MOV     R2,#n
            MOV     R0,#40H
LOOP:       MOV     A,R4            ;取部分和低位
            ADD     A,@R0           ;与 Xi 相加
            MOV     R4,A
            INC     R0              ;地址加 1
            CLR     A
            ADDC    A,R3            ;低位字节向高位字节进位
            MOV     R3,A
            DJNZ    R2,LOOP         ;未加完继续重复
```

本程序中，R2 作为控制变量，R0 作为变址单元，用它来寻址 X_i。一般来说，循环工作部分的数据应该用间接方式来寻址。

【例】

【功能】设计一个延时 10ms 的程序。

【分析】延时程序的延时主要与所用晶振和延时程序中的循环次数有关。已知 AT89C51 单片机使用的晶振为 12MHz，则可知一个机器周期为 1μs。

【入口参数】(R0)=毫秒数，(R1)=1ms 延时预定值。

【出口参数】定时到，退出程序。

```
            ORG     2000H                               指令机器周期数
1           MOV R0 , #0AH       ;毫秒数→R0             1
2       DL2:MOV R1 , #MT       ;1ms 延时值→R1          1
3       DL1:NOP                                         1
4           NOP                                         1
5           DJNZ R1 , DL1      ;1ms 延时循环            2
6           DJNZ R0 , DL2      ;10ms 延时循环           2
```

该延时程序实际上是一个双重循环程序。内循环 1ms 延时的预定值 MT 尚需计算，因为在程序段第 3、4、5 行中指令 NOP、DJNZ 的执行时间是确定的，因而 MT 可这样计算：
$$(1+1+2)\times 1\times MT=1000(\mu s)$$

$$MT=250=0FAH$$

用 0FAH 代替程序中的 MT，则该程序执行后，能实现 10ms 的延时。若考虑第 1、2、6 行延时参数配置指令的时间因素，则该段延时程序的精确延时时间计算式为
$$1\times 1+(1+2)\times 1\times 10+(1+1+2)\times 1\times 250\times 10=10.031(ms)$$

3.5.4　子程序设计

在程序设计中，经常会遇到通用的问题，在很多地方要执行一样的任务，这时就可以将通用的地方设计成子程序。编制子程序可以避免相同程序的编制，简化了程序设计工作；使程序的结构简洁，便于阅读，也避免了相同程序段在 ROM 的排列，节省了程序存储空间，但并不节省程序运行时间。在子程序设计时也可能涉及前面 3 种程序设计方法，它的编制按功能分为中断子程序和功能子程序。调用子程序时要注意：

(1) 中断子程序调用由单片机自身产生，执行 RETI 指令返回；功能子程序调用由主程序执行 LCALL 或 ACALL 指令产生，执行 RET 指令返回。

(2) 在子程序中，一般应包含现场保护和现场恢复两个部分。可以通过堆栈或改变寄存器组实现保护和恢复现场。

(3) 信息交换，即参数的传递。主程序和子程序约定好交换数据的地址单元或存储器。其为主、子程序共有部分。

(4) 子程序可以对另外的子程序调用，称为子程序嵌套。

一般算术运算程序、码制转换程序、数字滤波程序设计(均值、中值、惯性)都设计成子程序的方式。下面开始设计举例。

1. 运算类子程序

【例】

【功能】多字节无符号数的加法。

【分析】多字节运算一般是按从低字节到高字节的顺序依次执行的。

【入口参数】DATA1=被加数的低位地址，DATA2=加数的低位地址，N 字节相加。

【出口参数】DATA2=和数低位地址。

```
MADD:     MOV     R0,#DATA1        ;置被加数
          MOV     R1,#DATA2        ;置加数
          MOV     R7,#N            ;置字节数
          CLR     C                ;清进位位
LOOP:     MOV     A,@R0
          ADDC    A,@R1            ;求和
          MOV     @R1,A            ;存结果
          INC     R0               ;修改指针
          INC     R1
          DJNZ    R7,LOOP          ;循环判断
          RET
```

【例】

【功能】多字节无符号数的减法。

【入口参数】DATA1=被减数的低位地址，DATA2=减数的低位地址，N 字节相减。

【出口参数】DATA2=差数低位地址。

```
MSUB:     MOV     R0,#DATA1        ;置被减数
```

```
              MOV     R1,#DATA2            ;置减数
              MOV     R7,#N               ;置字节数
              CLR     C                   ;清进位位
      LOOP:   MOV     A,@R0
              SUBB    A,@R1               ;求差
              MOV     @R1,A               ;存结果
              INC     R0                  ;修改指针
              INC     R1
              DJNZ    R7,LOOP             ;循环判断
              RET
```

【例】

【功能】双字节无符号数的乘法。

【分析】8051 指令系统中只有单字节乘法指令,因此,双字节相乘需分解为 4 次单字节相乘。算法及流程图如图 3.13 所示。设双字节的无符号被乘数存放在 R3、R2 中,乘数存放在 R5、R4 中,R0 指向积的高位。

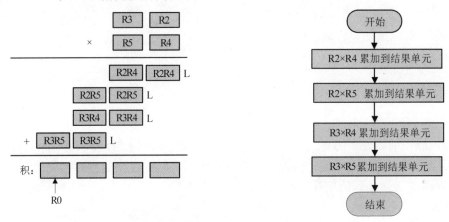

图 3.13　双字节无符号乘法算法与流程图

【入口参数】R3(高)R2(低),被乘数;R5(高)R4(低),乘数。

【出口参数】(R0)积的高位字节地址指针。

```
MULTB:   MOV     R7,#04               ;结果单元清 0
LOOP:    MOV     @R0,#00H
         DEC     R0
         DJNZ    R7,LOOP
         MOV     A,R2                 ;取被乘数低位字节 R2
         MOV     B,R4                 ;取乘数低位字节 R4
         MUL     AB                   ;R4×R2
         ACALL   RADD                 ;调用乘积相加子程序
         MOV     A,R2                 ;取被乘数低位字节 R2
         MOV     B,R5                 ;取乘数高位字节 R5
         MUL     AB                   ;R5×R2
         DEC     R0                   ;积字节指针减 1
         ACALL   RADD                 ;调用乘积相加子程序
         MOV     A,R4
```

```
              MOV      B,R3
              MUL      AB                    ;R4×R3
              DEC      R0
              DEC      R0
              ACALL    RADD
              MOV      A,R5
              MOV      B,R3
              MUL      AB                    ;R5×R3
              DEC      R0
              ACALL    RADD
              DEC      R0
              RET
    RADD:     ADD      A,@R0                 ;累加子程序
              MOV      @R0,A
              MOV      A,B
              INC      R0
              ADDC     A,@R0
              MOV      @R0,A
              INC      R0
              MOV      A,@R0
              ADDC     A,#00H                ;加进位
              MOV      @R0,A
              RET
```

2. 码型转换程序

单片机能识别和处理的是二进制码,而输入/输出设备(如 LED 显示器、微型打印机等)则常使用 ASCII 码或 BCD 码。为此,在单片机应用系统中经常需要通过程序进行二进制码与 BCD 码或 ASCII 码的相互转换。

【例】

【功能】将 1 位十六进制数(即 4 位二进制数)转换成相应的 ASCII 码。

【分析】由 ASCII 编码表可知转换方法为:1 位十六进制数小于 10,则此二进制数加上 30H,若大于 10(或等于 10),则加上 37H。

【入口参数】(R0)=1 位十六进制数。

【出口参数】(R2)=转换后的 ASCII 码。

```
  HASC:      MOV      A,R0        ;取 4 位二进制数
             ANL      A,#0FH      ;屏蔽掉高 4 位
             PUSH     ACC         ;4 位二进制数入栈
             CLR      C           ;清进(借)位标志位
             SUBB     A,#0AH      ;用借位标志位的状态判断该数在 0～9
                                      还是 A～F 之间
             POP      ACC         ;弹出原 4 位二进制数
             JC       LOOP        ;借位位为 1,跳转至 LOOP
             ADD      A,#07H      ;借位位为 0,该数在 A～F 之间,加 37H
  LOOP:      ADD      A,#30H      ;该数在 0～9 之间,加 30H
             MOV      R2,A        ;ASCII 码存于 R2
             RET
```

【例】

【功能】 双字节二进制数转换成 BCD 码。

【分析】 在计算机中，用 BCD 码来表示十进制数。通常，BCD 码在计算机中又分为两种形式：一种是 1B 放 1 位 BCD 码，称为非压缩 BCD 码，适用于显示和输出。另一种是 1B 放 2 位 BCD 码，称为压缩 BCD 码，适用于运算及存储。十进制数 B 与一个 8 位的二进制数的关系可以表示为

$$B = b_7 \times 2^7 + b_6 \times 2^6 + \cdots + b_1 \times 2 + b_0$$
$$= ((\cdots(b_7 \times 2 + b_6) \times 2 + b_5) \times 2 + \cdots + b_1) \times 2 + b_0$$

只要依十进制运算法则，将 $b_i(i=7，6，\cdots，1，0)$ 按权相加，就可以得到对应的十进制数 B。

【入口参数】 (R2、R3)=16 位无符号二进制整数。

【出口参数】 (R4、R5、R6)为转换完的压缩型 BCD 码。

```
DCDTH:   MOV    R7,#16        ;置计数初值
         CLR    A
         MOV    R6,A
         MOV    R5,A
         MOV    R4,A
LOOP:    CLR    C
         MOV    A,R3
         RLC    A
         MOV    R3,A          ;R3 左移 1 位并送回
         MOV    A,R2
         RLC    A
         MOV    R2,A          ;R2 左移 1 位并送回
         MOV    A,R6
         ADDC   A,R6
         DA     A
         MOV    R6,A          ;(R6)乘 2 并调整后送回
         MOV    A,R5
         ADDC   A,R5
         DA     A
         MOV    R5,A          ;(R5)乘 2 并调整后送回
         MOV    A,R4
         ADDC   A,R4
         DA     A
         MOV    R4,A          ;(R4)乘 2 并调整后送回
         DJNZ   R7,LOOP
         RET
```

3. 滤波子程序

1) 中值滤波子程序

中值滤波指对某一被测参数连续采样 N 次(一般 N 取奇数)，然后把 N 次采样值按大小排列，取中间值为本次采样值。中值滤波能有效地克服偶然因素引起的波动或采样器不稳定引起的误码等脉冲干扰。

【例】

【功能】对采样值中值滤波。

【入口参数】SAMP 为存放采样值的内存单元首地址，(R3)为采样值个数。

【出口参数】DATA 为存放滤波值的内存单元地址。

```
SORT:      DEC     R3              ;设置外循环次数
MOV        A,R3                    ;保存外循环次数,计算中值地址
           PUSH    A
LOP1:      MOV     A,R3            ;设置外循环次数
           MOV     R2,A
           MOV     R0,#SAMP
           MOV     R1,#SAMP+1
LOP2:      MOV     A,@R1
           CLR     C
           SUBB A,@R0              ;（（R1））-（（R0））→（A）
           JNC DONE                ;（（R1））≥（（R0））不交换
           MOV A,@R0               ;（（R1））≤（（R0））交换
           XCH A,@R1
           MOV @R0,A
DONE:      INC R0                  ;数据指针加1
           INC R1
           DJNZ R2,LOP2
           DJNZ R3,LOP1
           CLR C
           POP A
           RRC A
           ADD A,#SAMP             ;计算中值地址
           MOV R0,A
           MOV DATA,@R0            ;存放滤波值
           RET
```

2) 均值滤波子程序

均值滤波程序有多种方法，如算术平均值滤波法、去极值均值滤波法、滑动平均值法等。下面只介绍算术平均值滤波。算术平均值滤波法就是连续 N 次采样，得到 N 个值，然后取算术平均。采样值个数 N 值较大时，信号的平滑度高，但是灵敏度低；当 N 值较小时，平滑度低，但灵敏度高。一般取 4、8、16 等 2 的整数幂，这样便于通过移位代替除法，简化了算法，提高了运算效率。

【例】

【功能】已知采样值为单字节，连续采样 8 次，对采样值进行算术平均值滤波。

【入口参数】(R0)=采样首值地址指针，(R1)=采样次数。

【出口参数】(R2)=平均值。

```
F4:        CLR     A               ;清累加器
           MOV     R2,A
           MOV     R3,A
           MOV     A,R1
           PUSH    A
FL40:      MOV     A,@R0           ;取一个采样值
```

```
            ADD     A,R3                ;累加到 R2、R3 中
            MOV     R3,A
            CLR     A
            ADDC    A,R2
            MOV     R2,A
            INC     R0
            DJNZ    R1,FL40             ;累加完 8 次
    FL41:   POP     A
            CLR     C
    FL42:   RRC     A
            JNC     FL43
            RET
    FL43:   PUSH    A
            CLR     C
            MOV     A,R2
            RRC     A
            MOV     R2,A
            MOV     A,R3
            RRC     A
            MOV     R3,A
            POP     A
            SJMP    FL42
```

3) 惯性滤波子程序

最常用的简单惯性滤波为一阶惯性滤波，如图 3.14 所示，即 RC 模拟低通滤波器。

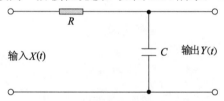

输入 $X(t)$　　　　　　　　C　输出 $Y(t)$

图 3.14　RC 模拟低通滤波器

假设滤波器的输入电压为 $X(t)$，输出为 $Y(t)$，它们之间存在如下关系：

$$RC \times \frac{\mathrm{d}Y(t)}{\mathrm{d}t} + Y(t) = X(t) \tag{3.5.1}$$

为了进行数字化，必须应用它们的采样值，即 $Y_n = Y(n\Delta t)$，$X_n = X(n\Delta t)$，如果采样间隔 Δt 足够小，则式(3.5.1)的离散值近似为

$$RC \frac{Y_n - Y_{n-1}}{\Delta t} + Y_n = X_n \tag{3.5.2}$$

即

$$(1 + \frac{RC}{\Delta t})Y_n = X_n + \frac{RC}{\Delta t}Y_{n-1} \tag{3.5.3}$$

令 $\alpha = 1/(1 + \frac{RC}{\Delta t})$，则式(3.5.2)可化为

$$Y_n = \alpha X_n + (1 - \alpha)Y_{n-1} \tag{3.5.4}$$

对于直流 $Y_n = Y_{n-1}$，由(3.5.3)可见，此时满足 $X_n = Y_n$，即该滤波器的直流增益为 1。若

采样间隔 Δt 足够小，则 $\alpha \approx \dfrac{\Delta t}{RC}$ ；滤波器的截止频率为

$$f_{\mathrm{c}} = \frac{1}{2\pi RC} \approx \frac{\alpha}{2\pi \Delta t} \tag{3.5.5}$$

系数 α 越大，滤波器的截止频率越高。若取 $t=50\,\mu s$， $\alpha=1/16$ ，则频率为

$$f_{\mathrm{c}} = \frac{1/16}{2\pi \times 50 \times 10^{-6}} \approx 198.9(\mathrm{Hz}) \tag{3.5.6}$$

当采用图 3.14 所示的模拟滤波器来抑制高频干扰时，要求滤波器有大的时间常数和高精度的 RC 网络，增大时间常数要求增大 R 值，其漏电流也随之增大，从而使 RC 网络的误差增大，降低了滤波效果。而采用式(3.5.4)所示的惯性滤波算法来实现动态的 RC 滤波，则能很好地克服上述模拟滤波器的缺点。

在滤波常数要求较大的场合，这种方法更为适用。一阶惯性滤波算法对于周期干扰具有良好的抑制作用。其不足之处是带来了相位滞后，灵敏度低。滞后程度取决于 α 值的大小。同时它不能滤除频率高于采样频率 1/2(称为奈奎斯特频率)的干扰信号。例如，若采样频率为 100Hz，则它不能滤除 50Hz 以上的干扰信号。对于高于奈奎斯特频率的干扰信号，应该采用模拟滤波器。一阶惯性滤波算法的程序流程图如图 3.15 所示。

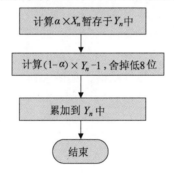

图 3.15　一阶惯性滤波算法程序流程图

【例】

【功能】对 8 位 A/D 采样值惯性滤波； α 取一个 8 位整数值， $(1-\alpha)$ 用 $256-\alpha$ 来代替，计算结果舍去最低字节即可。 $\alpha=0\sim255$ ，双字节乘以单字节的乘法。

【入口参数】R0(高位)R1(低位)存放 Y_{n-1} ，R2 存放采样值 X_n ，R5 存放系数 α 。

【出口参数】R3(高位)R4(低位)存放 Y_n 。

```
        FOF:
                MOV     A,R5            ;取系数 α
                MOV     B,A             ;置系数 α 于 B 做乘数
                MOV     A,R2            ;取采样值
                MUL     AB              ;计算 α ×Xn
                MOV     R4,A            ;保存乘积低位于 R4
                MOV     A,B             ;取乘积高 8 位
                MOV     R3,A            ;保存乘积高 8 位于 R3
                CLR     C               ;清进位位 C
                CLR     A               ;计算 (1-α)，用 (256-α) 来代替
                SUBB    A,R5
```

MOV	B,A	;计算$(1-\alpha)\times Y_{n-1}$，置乘数$(1-\alpha)$
MOV	A,R1	;取 Y_{n-1} 的低 8 位
MUL	AB	;Y_{n-1} 的低 8 位与$(1-\alpha)$相乘
MOV	A,B	;舍去乘积低 8 位
MOV	R1,A	;保存 Y_{n-1} 低 8 位乘积结果
CLR	C	
CLR	A	;计算$(1-\alpha)$，用$(256-\alpha)$来代替
SUBB	A,R5	
MOV	B,A	;计算$(1-\alpha)\times Y_{n-1}$，置乘数$(1-\alpha)$
MOV	A,R0	;取 Y_{n-1} 的高 8 位
MUL	AB	;Y_{n-1} 的高 8 位与$(1-\alpha)$相乘
CLR	C	;清进位位 C
ADD	A,R1	;计算乘积结果
MOV	R1,A	
MOV	A,B	
ADDC	A,#00H	
MOV	R0,A	;$(1-\alpha)\times Y_{n-1}$，乘积结果高 8 位存于 R0， ;低 8 位存于 R1
MOV	A,R1	;计算 $Y_n = \alpha X_n + (1-\alpha_1)Y_{n-1}$
CLR	C	
ADD	A,R4	
MOV	R4,A	
MOV	A,R0	
ADDC	A,R3	
MOV	R3,A	
RET		

3.6　本章小结

本章学习了单片机的指令系统和单片机汇编语言源程序的设计方法。指令系统的功能强弱决定了计算机性能的高低，源程序结构的设计决定了指令效率的高低。MCS-51 单片机的指令共有 111 条，其指令执行时间短，指令字节少，位操作指令极为丰富。

指令由操作码和操作数组成。MCS-51 单片机有 7 种基本的寻址方式：寄存器寻址、直接寻址、寄存器间接寻址、立即寻址、变址寻址、相对寻址和位寻址。

111 条指令按照功能分为数据传送类指令、算术运算类指令、逻辑运算及移位类指令、控制转移类指令、布尔变量操作类指令。源程序一般由主程序、子程序、中断子程序 3 部分构成。这 3 部分大体有顺序形式、循环形式、分支形式、子程序形式。各种功能子程序要功能明确、出口标准、入口标准。

3.7　本章习题

1. 简述 MCS-51 汇编指令格式。

2. 访问特殊功能寄存器(SFR)可以采用哪些寻址方式？访问片外 RAM 单元可以采用哪些寻址方式？

3. 访问片外 ROM 可以采用哪些寻址方式？

4. 对于 52 子系列单片机片内 RAM 还存在高 128B，应采用哪种方式访问？

5. 若(R1)=50H，(A)=40H，(30H)=6FH，(50H)=08H。试分析执行下列程序段、叙述各单元内容的变化。

    MOV   A，@R1

    MOV   @R1，30H

    MOV   40H，A

    MOV   R1，#7FH

6. 若(A)=E8H，(R0)=40H，(R1)=20H，(R4)=3AH，(40H)=2CH，(20H)=0FH，试写出下列各指令独立执行后有关寄存器和存储单元的内容。若该指令影响标志位，试指出 CY、AC 和 OV 的值。

(1) MOV   A，@R0。

(2) ANL   40H，#0FH。

(3) ADD   A，R4 。

(4) SWAP   A。

(5) DEC   @R1。

(6) XCHD   A，@R1。

7. 说明十进制调整的原因和方法，并举例。

8. 写出完成如下要求的指令，但是不得改变未涉及位的内容。

(1) 使 ACC.2、ACC.3 置"1"。

(2) 清"0"累加器高 4 位。

(3) 清"0"ACC.3，ACC.4，ACC.5，ACC.6。

9. 试编写程序，将片外 RAM 的 2000H、2001H 两个单元的内容分别存入片内 RAM 的 20H 单元和寄存器 R7 中。

10. 试编写程序，完成两个 16 位数的减法：FF4DH－CB4EH，结果存入片内 RAM 的 70H 和 71H 单元，71H 单元存差的高 8 位，70H 单元存差的低 8 位。

11. 试编写程序，将 R5 中的低 4 位数与 R6 中的高 4 位数合并成一个 8 位数，并将其存放回 R5 中。

12. 试编写程序，将片内 RAM 的 50H、51H 单元的两个无符号数相乘，结果存放在 R2、R3 中，R2 中存放高 8 位，R3 中存放低 8 位。

13. 什么是单片机汇编语言源程序？单片机汇编语言与 PC 汇编语言有哪些区别？

14. 什么是伪指令？为什么要用伪指令？常用的伪指令功能如何？

15. 设被加数存放在片内 RAM 的 20H、21H 单元，加数存放在 22H、23H 单元，若要求和存放在 24H、25H 单元，试编写出 16 位数相加的程序。

16. 编写一段程序，把片外 RAM 中 1000H～1030H 的内容传送到片内 RAM 的 30H～60H 中。

17. 编写程序，实现两个 4 位 BCD 码数加法运算，被加数存放在片内 RAM 的 30H、

31H 单元，加数存放在 32H、33H 单元，要求和存放在 34H、35H 单元，36H 单元存放进位。

18. 编写程序，把累加器(A)中的二进制数变换成 3 位 BCD 码，并将百、十、个位数分别存放在片内 RAM 的 50H、51H、52H 单元中。

19. 编写子程序，将 R1 中的两个十六进制数转换为 ASCII 码后存放在 R3 和 R4 中。

20. 编写程序，求片内 RAM 中 50H~57H 这 8 个单元内容的平均值，并存放在 5AH 单元中(请考虑累加和产生的进位)。

第4章　MCS-51单片机内部标准功能单元

教学提示： 51子系列单片机应用广泛的一个重要原因是它在一个芯片里集成了应用系统所需的大部分(或所有)硬件功能，本章叙述的是完成这些硬件功能的内部标准功能单元，这些功能单元构成了51子系列单片机的核心体系结构。51子系列单片机的许多变体都是以这些内部标准功能单元为基础，通过简化单元部件，或新增其他功能单元，有效满足了大量项目的需要，而不必借助于很多的外部器件。

教学要求： 本章让学生掌握内部标准功能单元中断系统、定时/计数器和串行通信接口的逻辑结构、功能和应用设计方法。

4.1　MCS-51单片机的中断系统

中断是计算机应用中的一种重要技术手段，在自动检测、实时控制及应急处理等方面都要用到。中断处理一般包括中断请求、中断响应、中断服务、中断返回4个环节。MCS-51单片机中断系统提供了5个中断源、2个优先级，具备完善的中断系统。

4.1.1　中断系统的概念和基本结构

1. 中断系统的概念

CPU正在处理某一程序时，发生了另一突发事件请求CPU迅速去处理(中断发生)；CPU暂时停止当前的工作，转到需要处理的中断源的服务程序的入口(中断响应)，一般在入口处执行一跳转指令转去处理中断事件(中断服务)；待CPU将中断事件处理完毕后，再回到原来程序被中断的地方继续处理执行程序(中断返回)，这一处理过程称为中断，如图4.1所示。

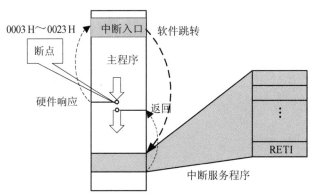

图4.1　中断过程示意图

对中断事件的整个处理过程，称为中断服务(或中断处理)。处理完毕后，再回到原来被中断的地方(即断点)，称为中断返回。实现上述中断功能的部件称为中断系统(中断机构)。

2. 中断系统的优点

当 CPU 与外设交换信息时，由于外设的速度比较慢，若用查询的方式，则 CPU 就要浪费很多时间去等待外设。这样就存在一个快速的 CPU 与慢速的外设之间的矛盾。为了解决这个问题，就发展了中断的概念。采用中断的方式，有以下优点：

1) 分时操作

有了中断功能，就可以使 CPU 和外设同时工作。CPU 在启动外设工作后，就继续执行主程序；同时外设也在工作，当外设把数据准备好后，发出中断申请，请求 CPU 中断主程序，执行中断服务程序，中断服务程序处理完以后，CPU 恢复执行主程序，外设也继续工作。而且有了中断功能，CPU 可以命令多个外设同时工作。这样就大大提高了 CPU 的利用率。

2) 实时处理

当计算机用于实时控制时，中断是一个十分重要的功能。现场的各种参数、信息，需要的话可在任何时间发出中断申请，要求 CPU 处理，CPU 可以马上响应(若中断是开放的)加以处理。实时处理在查询的方式下是做不到的。

3) 故障处理

计算机在运行过程中，往往会出现事先预料不到的情况或出现一些故障，如掉电、存储出错、运算溢出等。计算机就可以利用中断系统自行处理，而不必停机或报告工作人员。

3. 中断源

引起中断的原因或能发出中断申请的来源，称为中断源。通常中断源有以下几种：

(1) 一般的输入、输出设备，如键盘、打印机、A/D 转换、D/A 转换等。

(2) 实时时钟，如定时器。

(3) 故障源，如电源掉电。

4. 中断系统的功能

中断系统应具有以下功能：

1) 实现中断及返回

当某一中断源发出中断申请时，CPU 能决定是否响应这个中断申请(当 CPU 在执行更紧急、更重要的工作时，可以暂不响应中断)，若允许响应这个中断申请，CPU 必须在现行的指令执行完后，把断点处的 PC 值(即下一条应执行的指令的地址)压入堆栈保留下来(保护断点和现场)；然后能转到需要处理的中断源的服务程序的入口；当中断处理完后，再恢复被保留下来的 PC 值(恢复断点和现场)，使 CPU 返回断点，继续执行主程序。

2) 能实现优先权排队

通常，在系统中有多个中断源，会出现两个或更多中断源同时提出中断申请的情况，这样就必须要设计者事先根据轻重缓急，给每个中断源确定一个中断级别——优先权。当多个中断源同时提出中断申请时，CPU 能找到优先权级别最高的中断源，响应它的中断申请；在优先权级别最高的中断源处理完后，再响应级别较低的中断源。

3) 高级中断源能中断低级的中断处理

当 CPU 响应某一中断源的请求，在进行中断处理时，若有优先权级别更高的中断源发出中断申请，则 CPU 要能中断正在进行的中断服务程序，保留这个程序的断点和现场(中断嵌套)，响应高级中断，在高级中断处理完后，再继续进行被中断的中断服务程序。而当发出新的中断申请的中断源的优先权级别与正在处理的中断源同级或更低，则 CPU 就先不响应这个中断申请，直至正在处理的中断服务程序执行完后才去处理新的中断申请。

5. MCS-51 单片机的中断系统

MCS-51 单片机的中断系统是 8 位单片机中功能较强的一种，可以提供 5 个中断申请源，即外部中断 0 和外部中断 1、定时/计数器(T0)和(T1)的溢出中断、串行接口的接收和发送中断。这 5 个中断源可分为两个优先级，可实现两级中断服务程序嵌套。MCS-51 单片机的中断系统结构示意图如图 4.2 所示。

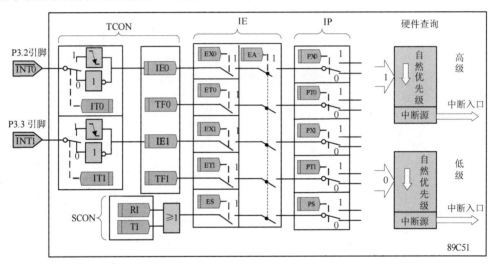

图 4.2　MCS-51 中断系统结构示意图

4.1.2　中断系统的控制与实现

MCS-51 单片机的中断系统可以提供 5 个中断申请源，它们的控制与实现是由片内 4 个 SFR 来完成的，如图 4.2 所示，定时/计数器的控制寄存器(TCON)和串行接口控制寄存器(SCON)的相应位规定中断类型和触发方式，中断允许寄存器(IE)控制 CPU 是否响应中断请求，中断优先级寄存器(IP)安排各中断源的优先级，同一优先级内各中断同时提出中断请求时，由内部的查询逻辑按规定的自然优先级确定其响应次序。

1. MCS-51 的中断源

(1) $\overline{INT0}$：来自 P3.2 引脚上的外部中断请求(外部中断 0)。

(2) $\overline{INT1}$：来自 P3.3 引脚上的外部中断请求(外部中断 1)。

(3) T0：片内定时/计数器 0 溢出(TF0)中断请求。

(4) T1：片内定时/计数器 1 溢出(TF1)中断请求。

(5) 串行接口：片内串行接口完成一帧数据的发送或接收后，产生中断请求 TI 或 RI。

2. 和中断有关的特殊功能寄存器

1) 定时/计数器的控制寄存器

TCON 是定时/计数器的控制寄存器(88H)，它锁存 2 个定时/计数器的溢出中断标志及外部中断($\overline{INT0}$)和($\overline{INT1}$)的中断标志，与中断有关的各位定义如下(见阴影，以下同)：

位	D7	D6	D5	D4	D3	D2	D1	D0	字节地址
TCON	TF1	TR1	TF0	TR0	IE1	IT1	IE0	IT0	88H
位地址	8FH	8EH	8DH	8CH	8BH	8AH	89H	88H	

(1) IT0：外部中断($\overline{INT0}$)触发方式控制位。

当 IT0=0 时，$\overline{INT0}$ 为电平触发方式(低电平有效)。CPU 在每个机器周期的 S5P2 采样 $\overline{INT0}$ 引脚电平，当采样到低电平时，置 IE0=1，表示 $\overline{INT0}$ 向 CPU 请求中断。采样到高电平时，将 IE0 清"0"。必须注意，在电平触发方式下，CPU 响应中断时，不能自动清除 IE0 标志。也就是说，IE0 状态完全由 $\overline{INT0}$ 状态决定。所以，在中断返回前必须撤除 $\overline{INT0}$ 引脚的低电平。

当 IT0=1 时，$\overline{INT0}$ 为边沿触发方式(下降沿有效)。CPU 在每个机器周期的 S5P2 采样 $\overline{INT0}$ 引脚电平，如果在连续的两个机器周期检测到 $\overline{INT0}$ 引脚由高电平变为低电平，即第 1 个周期采样到 $\overline{INT0}$=1，第 2 个周期采样到 $\overline{INT0}$=0，则置 IE0=1，表示 $\overline{INT0}$ 向 CPU 请求中断。在边沿触发方式下，CPU 响应中断时，能由硬件自动清除 IE0 标志。注意，为保证 CPU 能检测到负跳变，$\overline{INT0}$ 的高、低电平时间至少应保持 1 个机器周期。

(2) IE0：外部中断($\overline{INT0}$)中断请求标志位。IE0=1 时，表示 $\overline{INT0}$ 向 CPU 请求中断。

(3) IT1：外部中断($\overline{INT1}$)触发方式控制位。其操作功能与 IT0 类同。

(4) IE1：外部中断($\overline{INT1}$)中断请求标志位。IE1=1 时，表示 $\overline{INT1}$ 向 CPU 请求中断。

(5) TF0：定时/计数器(T0)溢出中断请求标志位。在 T0 启动后就开始由初值加"1"计数，直至最高位产生溢出，由硬件置位(TF0)，向 CPU 请求中断。CPU 响应中断时，TF0 由硬件自动清"0"。

(6) TF1：定时/计数器(T1)溢出中断请求标志位。其操作功能与 TF0 类同。

TR0 和 TR1 这两个位的功能参见 4.2 节。

2) 串行接口控制寄存器

SCON 是串行接口控制寄存器(98H)，与中断有关的是它的低两位 TI 和 RI。

位	D7	D6	D5	D4	D3	D2	D1	D0	字节地址
SCON							TI	RI	98H
位地址	9FH	9EH	9DH	9CH	9BH	9AH	99H	98H	

(1) RI：串行接口接收中断标志位。当允许串行接口接收数据时，每接收完一个串行帧，由硬件置位(RI)，向 CPU 请求中断。CPU 响应中断时，不能自动清除 RI，RI 必须由软件清除。

(2) TI：串行接口发送中断标志位。当 CPU 将一个发送数据写入串行接口发送缓冲器时，就启动了发送过程。每发送完一个串行帧，由硬件置位(TI)，向 CPU 请求中断。同样，TI 必须由软件清除。

单片机复位后，TCON 和 SCON 各位清"0"。另外，所有能产生中断的标志位均可由软件置"1"或清"0"，由此可以获得与硬件使之置"1"或清"0"同样的效果。

3) 中断允许寄存器

CPU 对中断系统所有中断以及某个中断源的开放和屏蔽是由中断允许寄存器(IE)(A8H)控制的。IE 的状态可通过程序由软件设定。某位设定为"1"，相应的中断源中断允许；某位设定为"0"，相应的中断源中断屏蔽。CPU 复位时，IE 各位清"0"，禁止所有中断。IE 各位的定义如下：

位	D7	D6	D5	D4	D3	D2	D1	D0	字节地址
IE	EA			ES	ET1	EX1	ET0	EX0	A8H
位地址	AFH	AEH	ADH	ACH	ABH	AAH	A9H	A8H	

(1) EX0：外部中断($\overline{INT0}$)中断允许位。

(2) ET0：定时/计数器(T0)中断允许位。

(3) EX1：外部中断($\overline{INT1}$)中断允许位。

(4) ET1：定时/计数器(T1)中断允许位。

(5) ES：串行接口中断允许位。

(6) EA：CPU 中断总允许位。

4) 中断优先级寄存器

MCS-51 单片机有两个中断优先级，因此可实现二级中断服务嵌套。每个中断源的中断优先级都是由中断优先级寄存器(IP)(B8H)中的相应位的状态来规定的。IP 的状态由软件设定，某位设定为"1"，则相应的中断源为高优先级中断；某位设定为"0"，则相应的中断源为低优先级中断。单片机复位时，IP 各位清"0"，各中断源同为低优先级中断。IP 各位的定义如下：

位	D7	D6	D5	D4	D3	D2	D1	D0	字节地址
IP				PS	PT1	PX1	PT0	PX0	B8H
位地址	BFH	BEH	BDH	BCH	BBH	BAH	B9H	B8H	

(1) PX0：外部中断($\overline{INT0}$)中断优先级设定位。

(2) PT0：定时/计数器(T0)中断优先级设定位。

(3) PX1：外部中断($\overline{INT1}$)中断优先级设定位。

(4) PT1：定时/计数器(T1)中断优先级设定位。

(5) PS：串行接口中断优先级设定位。

同一优先级中的中断申请不止一个时，则有中断优先权排队问题。同一优先级的中断优先权排队，由中断系统硬件确定的自然优先级形成，其排列如表 4-1 所示。

表 4-1　各中断源响应优先级及中断服务程序入口表

中 断 源	中断标志	中断服务程序入口	优先级顺序
外部中断 0($\overline{\text{INT0}}$)	IE0	0003H	高
定时/计数器 0(T0)	TF0	000BH	
外部中断 1($\overline{\text{INT1}}$)	IE1	0013H	↓
定时/计数器 1(T1)	TF1	001BH	
串行口	RI 或 TI	0023H	低

中断优先级是为中断嵌套服务的，MCS-51 单片机的中断优先级控制原则如下：

(1) CPU 同时接收到几个中断时，由单片机内部硬件查询，按自然响应优先级顺序确定执行哪一个中断。

(2) 正在进行的中断过程不能被新的同级或低优先级的中断请求所中断。

(3) 正在进行的低优先级中断服务，能被高优先级中断请求所中断。

为了实现上述后两条原则，中断系统内部设有两个用户不能寻址的优先级状态触发器。其中一个置"1"，表示正在响应高优先级的中断，它将阻断后来所有的中断请求；另一个置"1"，表示正在响应低优先级中断，它将阻断后来所有的低优先级中断请求。

4.1.3　中断系统的处理过程

中断系统的处理过程分为 4 个阶段：中断请求→中断响应→中断服务→中断返回。其中，中断请求和中断响应由中断系统硬件自动完成。

1. 中断响应条件

CPU 在每个机器周期的 S5P2 时刻对各个中断源的中断标志进行采样。这些采样值在下一个机器周期内按优先级和内部顺序被依次查询。如果某个中断标志在上一个机器周期的 S5P2 被置成了"1"，那么它将于现在的查询周期中及时被发现。接着 CPU 便执行一条由中断系统提供的硬件 LCALL 指令，转向被称为中断向量的特定入口地址，进入相应的中断服务程序。

若遇到下列任一条件，硬件将受阻，不能产生 LCALL 指令：

(1) CPU 正在处理同级或高优先级中断。

(2) 当前查询的机器周期不是所执行指令的最后一个机器周期，即在完成所执行指令前，不会响应中断，从而保证指令在执行过程中不被打断。

(3) 正在执行的指令为 RET、RETI 或任何访问 IE 或 IP 的指令，即只有在这些指令后面至少再执行一条指令时才能接受中断请求。

在没有中断嵌套的情况下，从中断请求信号有效开始，到中断得到响应，需要 3～8 个机器周期。

2. 中断响应过程

CPU 响应中断的过程如下：

(1) 将相应的优先级状态触发器置"1"(以阻断后来的同级或低级的中断请求)。

(2) 执行一条硬件 LCALL 指令,即把程序计数器(PC)的内容压入堆栈保存,再将相应的中断服务程序的入口地址送入 PC,各中断源服务程序的入口地址如表 4-5 所示。

(3) 进入中断服务程序后,CPU 自动清除中断请求标志 TF0、TF1、IE0、IE1,但不能清除 TI 和 RI。

3. 执行中断服务程序

中断服务程序由用户编写程序来完成。编写中断服务程序时应注意:

(1) 在主程序中事先进行中断初始化,对与中断相关的特殊功能寄存器(SFR)进行设置,确定触发方式、开中断、中断优先级等。

(2) 由于 MCS-51 系列单片机的两个相邻中断源中断服务程序入口地址相距只有 8 个单元,因此一般的中断服务程序是不够存放的,通常是在相应的中断服务程序入口地址单元放一条长转移指令 LJMP,这样可以使中断服务程序能灵活地安排在 64KB 程序存储器的任何地方。

(3) 硬件 LCALL 指令,只是将 PC 内的断点地址压入堆栈保护,而对其他寄存器(如程序状态字(PSW)、累加器(A)、工作寄存器区等)的内容并不做保护处理。所以,在中断服务程序中,首先用软件保护现场,在中断服务之后、中断返回前恢复现场,以防止中断返回后,丢失原寄存器的内容。

4. 中断返回

中断服务程序的最后一条指令必须是中断返回指令 RETI。RETI 指令能使 CPU 结束中断服务程序的执行,返回到曾经被中断过的程序处,继续执行主程序。RETI 指令的具体功能如下:

(1) 将中断响应时压入堆栈保存的断点地址从栈顶弹出送回 PC,CPU 从原来中断的地方继续执行程序。

(2) 将相应中断优先级状态触发器清"0",通知中断系统,中断服务程序已执行完毕。

注意,不能用 RET 指令代替 RETI 指令,因为用 RET 指令虽然也能控制 PC 返回到原来中断的地方,但 RET 指令没有清零中断优先级状态触发器的功能,中断控制系统会认为中断仍在进行,其后果是与此同级的中断请求将不被响应。所以中断服务程序结束时必须使用 RETI 指令。

若用户在中断服务程序中进行了入栈操作,则在 RETI 指令执行前应进行相应的出栈操作,使栈顶指针 SP 与保护断点后的值相同,即在中断服务程序中 PUSH 指令与 POP 指令必须成对使用,否则不能正确返回断点。

4.1.4 中断系统设计举例

综上所述,中断系统的设计过程通常由以下几个部分构成:

(1) 中断初始化,在主程序中完成。

(2) 在中断入口地址处安排一跳转指令,跳转至中断服务子程序入口。

(3) 中断服务子程序开始保护现场,保护与主程序或其他中断系统共享的资源,如 A、PSW、DPTR、Rn 等,如果没有共享资源,可以不必保护。

(4) 编制中断服务子程序功能主体。

(5) 恢复现场。

(6) 中断返回。

【例】

【功能】如图 4.3 所示，按键 S 接至外部中断 $\overline{INT1}$，按一次键 LED 点亮，蜂鸣器发声，再按一次键 LED 灭，蜂鸣器关闭，循环往复。

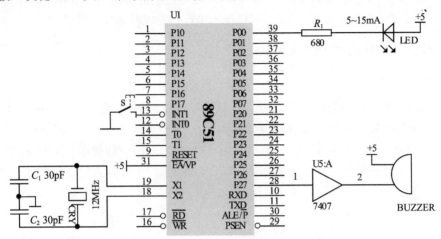

图 4.3　按键控制声光电路

【实现程序】

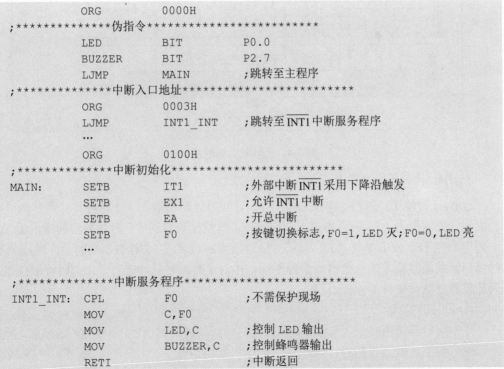

```
            ORG        0000H
;**************伪指令*********************
            LED        BIT        P0.0
            BUZZER     BIT        P2.7
            LJMP       MAIN       ;跳转至主程序
;**************中断入口地址*****************
            ORG        0003H
            LJMP       INT1_INT   ;跳转至INT1中断服务程序
            ...
            ORG        0100H
;**************中断初始化*******************
MAIN:       SETB       IT1        ;外部中断INT1采用下降沿触发
            SETB       EX1        ;允许INT1中断
            SETB       EA         ;开总中断
            SETB       F0         ;按键切换标志,F0=1,LED灭;F0=0,LED亮
            ...

;**************中断服务程序*****************
INT1_INT:   CPL        F0         ;不需保护现场
            MOV        C,F0
            MOV        LED,C      ;控制LED输出
            MOV        BUZZER,C   ;控制蜂鸣器输出
            RETI                  ;中断返回
```

4.2　MCS-51 单片机的定时/计数器

在工业检测、控制中,许多场合都要用到计数或定时功能。例如,对某个外部事件进行计数、定时巡回检测物理参数、按一定的时间间隔进行现场控制等。单片机片内集成有两个 16 位可编程的定时/计数器:T0 和 T1。通过对它们的特殊功能寄存器(SFR)的编程,可以作为定时或计数器,此外,T1 还可以作为串行口的波特率发生器。

4.2.1　定时/计数器的基本结构与工作原理

1. 定时/计数器的基本结构

定时/计数器的基本结构如图 4.4 所示。基本部件是两个 16 位寄存器 T0 和 T1(注意 T0 和 T1 不能像 DPTR 一样作为 16 位寄存器用),每个分成两个 8 位寄存器(T0 由高 8 位 TH0 和低 8 位 TL0 组成,T1 由 TH1 和 TL1 组成)。TMOD 是定时/计数器的工作方式寄存器,由它确定定时/计数器的工作方式和功能;TCON 是定时/计数器的控制寄存器,用于控制 T0、T1 的启动和停止,以及设置溢出标志。

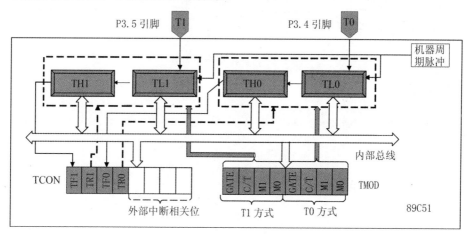

图 4.4　定时/计数器的基本结构

2. 定时/计数器的工作原理

定时/计数器 T0 和 T1 的实质是加"1"计数器,即每输入一个脉冲,计数器加"1",当加到计数器全为"1"时,再输入一个脉冲,就使计数器回零,且计数器的溢出使 TCON 中的标志位 TF0 或 TF1 置"1",向 CPU 发出中断请求(定时/计数器中断允许时)。作为定时器和计数器时输入的计数脉冲来源不同,作为定时器时脉冲来自于内部时钟振荡器,作为计数器时脉冲来自于外部引脚。

1) 定时器模式

作为定时器使用时,输入脉冲是由内部时钟振荡器的输出经 12 分频后送来的,所以定时器也可看做对机器周期的计数器(因为一个机器周期是 12 个振荡周期,即计数频率为晶振频率的 1/12)。如果晶振频率为 12MHz,则一个机器周期是 1μs,定时器每接收一个输入脉冲的时间为 1 μs。那么要定一段时间，只需计算一下脉冲个数即可。

2) 计数器模式

作为计数器使用时，输入脉冲是由外部引脚 P3.4(T0)或 P3.5(T1)输入计数器的。在每个机器周期的 S5P2 期间采样 T0、T1 引脚电平。当某周期采样到一高电平输入，而下一周期又采样到一低电平时，则计数器加"1"。由于检测一个从"1"到"0"的下降沿需要 2 个机器周期，因此要求被采样的电平至少要维持一个机器周期，以保证在给定的电平再次变化前至少被采样一次，否则会出现漏计数现象，所以最高计数频率为晶振频率的 1/24。当晶振频率为 12MHz 时，最高计数频率不超过 500kHz，即计数脉冲的周期要大于 2 μs。

4.2.2 定时/计数器的控制与实现

MCS-51 单片机定时/计数器的控制与实现由两个特殊功能寄存器完成。TMOD 用于设置定时/计数器工作方式；TCON 用于控制定时/计数器启动和中断申请。

1. 工作方式寄存器

工作方式寄存器(TMOD)(89H)用于设置定时/计数器的工作方式，低 4 位用于 T0，高 4 位用于 T1。其格式如下：

位	D7	D6	D5	D4	D3	D2	D1	D0	字节地址
TMOD	GATE	C/$\overline{\text{T}}$	M1	M0	GATE	C/$\overline{\text{T}}$	M1	M0	89H

(1) GATE：门控位。GATE＝0 时，若软件使 TCON 中的 TR0 或 TR1 设置为"1"，则启动定时/计数器工作；GATE＝1 时，当软件使 TR0 或 TR1 设置为"1"，同时外部中断引脚 $\overline{\text{INT0}}$ 或 $\overline{\text{INT1}}$ 也为高电平时，才能启动定时/计数器工作。即此时定时器的启动条件，加上了 $\overline{\text{INT0}}$ 或 $\overline{\text{INT1}}$ 引脚为高电平这一条件。

(2) C/$\overline{\text{T}}$：定时/计数模式选择位。C/$\overline{\text{T}}$＝0 为定时模式，C/$\overline{\text{T}}$＝1 为计数模式。

(3) M1M0：工作方式设置位。定时/计数器有 4 种工作方式，由 M1M0 进行设置，如表 4-2 所示。

表 4-2 定时/计数器工作方式设置表

M1M0	工作方式	功能说明
00	方式 0	13 位定时/计数器
01	方式 1	16 位定时/计数器
10	方式 2	8 位自动重装初值定时/计数器
11	方式 3	T0 分成两个独立的 8 位定时/计数器；T1 此方式停止计数

由于 TMOD 不能进行位寻址，因此只能用字节指令设置定时/计数器的工作方式。CPU 复位时 TMOD 所有位清"0"，工作在非门控定时器方式 0 状态。

2. 控制寄存器

控制寄存器(TCON)(88H)的低 4 位用于控制外部中断，已在前面介绍。TCON 的高 4

位用于控制定时/计数器的启动和中断申请。其格式如下：

位	D7	D6	D5	D4	D3	D2	D1	D0	字节地址
TCON	TF1	TR1	TF0	TR0					88H
位地址	8FH	8EH	8DH	8CH	8BH	8AH	89H	88H	

(1) TF1：定时/计数器 T1 溢出中断请求标志位。定时/计数器 T1 计数溢出时由硬件自动置 TF1 为"1"。在进入中断服务程序后 TF1 由硬件自动清"0"；若用于查询方式，此位可作为状态位供查询，但应注意查询后由软件清"0"。

(2) TR1：定时/计数器 T1 运行控制位。TR1 置"1"时，定时/计数器 T1 开始工作；TR1 置"0"时，定时/计数器 T1 停止工作。TR1 由软件置"1"或清"0"。所以，用软件可控制定时/计数器 T1 的启动与停止。

(3) TF0：定时/计数器 T0 溢出中断请求标志位，其功能与 TF1 类同。

(4) TR0：定时/计数器 T0 运行控制位，其功能与 TR1 类同。

4.2.3 定时/计数器的工作方式

MCS-51 单片机定时/计数器 T0 有 4 种工作方式(方式 0、1、2、3)，T1 有 3 种工作方式(方式 0、1、2)，此外 T1 还可作为串行通信接口的波特率发生器，若错将 T1 设置为方式 3，则 T1 将停止工作。为了简化叙述，下面以定时/计数器 T0 为例进行介绍。

1. 方式 0

当 TMOD 的 M1M0 为 00 时，定时/计数器工作于方式 0，其逻辑结构如图 4.5 所示。

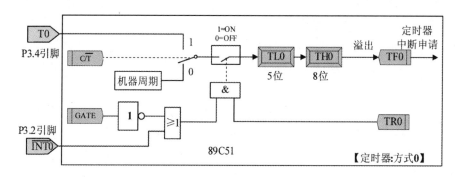

图 4.5　方式 0 的逻辑结构

方式 0 为 13 位计数，由 TL0 的低 5 位(高 3 位未用)和 TH0 的 8 位组成。TL0 的低 5 位溢出时向 TH0 进位，TH0 溢出时，置位 TCON 中的 TF0 标志，向 CPU 发出中断请求。

13 位定时/计数器是为了与 Intel 公司早期的产品 MCS-48 系列兼容，该系列已过时，且计数初值装入易出错，所以在实际应用中常由 16 位的方式 1 取代。

2. 方式 1

当 M1M0 为 01 时，定时/计数器工作于方式 1，其逻辑结构如图 4.6 所示。

方式 1 的计数位数是 16 位，由 TL0 作为低 8 位、TH0 作为高 8 位，组成了 16 位加"1"计数器。计数个数 M 与计数初值 N 的关系为

$$M=2^{16}-N$$

用于定时功能时，定时时间 t 的计算公式为

$$t=M\times 机器周期=(2^{16}-N)\times 机器周期$$

若晶振频率为 12MHz，机器周期=1 μs，初值 $N=0\sim 65535$ 时，则可定时范围为 1 μs $\sim$ 65.536ms。

用于计数功能，初值 $N=0\sim 65535$ 范围时，计数范围为 $1\sim 65536$。

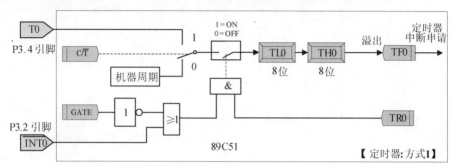

图 4.6　方式 1 的逻辑结构

3. 方式 2

当 M1M0 为 10 时，定时/计数器工作于方式 2，其逻辑结构如图 4.7 所示。

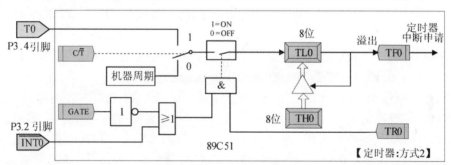

图 4.7　方式 2 的逻辑结构

方式 2 为自动重装初值的 8 位计数方式。TL0 作为 8 位定时/计数器使用，TH0 为 8 位初值寄存器，保持不变。当 TL0 计满溢出时，由硬件使 TF0 置"1"，向 CPU 发出中断请求，而溢出脉冲打开 TL0 与 TH0 之间的三态门，将 TH0 中的计数初值自动送入 TL0。TL0 从初值重新进行加"1"计数。周而复始，直至 TR0=0 才会停止。计数个数 M 与计数初值 N 的关系为

$$M=2^{8}-N$$

用于定时功能时，定时时间 t 的计算公式为

$$t=M\times 机器周期=(2^{8}-N)\times 机器周期$$

若晶振频率为 12MHz，机器周期=1 μs，初值 $N=0\sim 255$ 时，则可定时范围为 $1\sim 256$ μs。

用于计数功能，初值 $N=0\sim 255$ 时，计数范围为 $1\sim 256$。

由于工作方式 2 时省去了用户软件中重装常数的程序，特别适合于用作较精确的脉冲信号发生器，正是这一特点，在涉及异步通信的单片机应用系统中，常常使 T1 工作在方式

2，作为波特率发生器(参见 4.3 节)。

4. 方式 3

当 M1M0 为 11 时，T0 被设置为方式 3，其逻辑结构如图 4.8 所示。

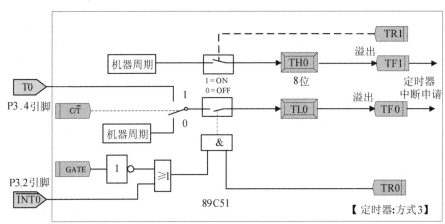

图 4.8　T0 方式 3 的逻辑结构

方式 3 时，只适用于定时/计数器 T0，T0 分成为两个独立的 8 位计数器 TL0 和 TH0，在使用上注意以下特点：

(1) TL0：可作为定时器和计数器使用，占用了 T0 的控制位：C/$\overline{T}$、GATE、TR0、TF0 和 $\overline{INT0}$。

(2) TH0：只能作为定时器使用，仅借用了 T1 的控制位 TR1、TF1。因此，TH0 不受外部 $\overline{INT1}$ 门控，TH0 的启、停受 TR1 控制，TH0 的溢出将置位 TF1。

(3) T1：只能作为定时器运行，在 T0 方式 3 时，原则上 T1 仍可按方式 0、1、2 工作，只是不能使用运行控制位 TR1 和溢出标志位 TF1，也不能发出中断请求信号。方式设定后，T1 将自动运行，如果要停止工作，只需将其设定为方式 3 即可。也可通过在线"飞读"TH1 和 TL1，判断是否溢出。在单片机的串行通信应用中，T1 常作为串行口波特率发生器，且工作于方式 2，这时将 T0 设置成方式 3，可以使单片机的定时/计数器资源得到充分利用。

4.2.4　定时/计数器程序设计举例

MCS-51 单片机的定时/计数器通常工作于中断场合,可遵循以下几个方面进行应用设计：

(1) 计算定时/计数器的初值。

(2) 在主程序中进行初始化设计：包括定时/计数器的初始化和中断初始化，即对 TH0、TL0 或 TH1、TL1，TMOD、TCON、IP、IE 赋值。

(3) 中断服务程序设计。

【例】

【功能】利用定时/计数器(T0)的方式 1，产生一个 50Hz 的方波，此方波由 P1.0 引脚输出，晶振频率为 12 MHz。

【解题思路】方波频率 f=50Hz，周期 T=1/50=0.02(s)，如果让定时器计满 0.01s，P1.0 输出"0"，再计满 0.01s，P1.0 输出"1"，就能满足要求，如图 4.9 所示。所以此题转化为由 T0 产生 0.01s 定时的问题。

【实现方法】

(1) 查询方式：通过查询 T0 的溢出标志 TF0 是否为“1”，判断定时时间是否已到。当 TF=1 时，定时时间已到，对 P1.0 取反操作。其缺点是，CPU 一直在忙于查询工作，占用了 CPU 的有效时间。

(2) 中断方式：CPU 正常执行主程序，一旦定时时间到，TF0=1 向 CPU 申请中断，CPU 响应了 T0 的中断，就执行中断程序，在中断程序里对 P1.0 取反操作。

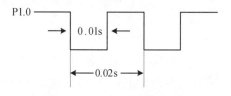

图 4.9 50Hz 方波示意图

【解题步骤】

(1) 确定定时器初值 N：由于晶振为 12 MHz，所以 1 个机器周期 $T_{cy} = 12 \times (1/12 \times 10^6) = 1(\mu s)$。所以

$$计数值\ M = t/T_{cy} = 10 \times 10^{-3}/1 \times 10^{-6} = 10000$$

$$N = 2^{16} - M = 65536 - 10000 = 55536 = D8F0H$$

即应将 D8H 送入 TH0 中，F0H 送入 TL0 中。

(2) 求 T0 的方式控制字 TMOD：GATE=0，C/$\bar{T}$=0，M1M0=01，可取方式控制字为 TMOD=01H，即 T0 的方式 1。

【查询方式】

```
            ORG    0000H
            LJMP   MAIN                 ;跳转到主程序
            ORG    0100H                ;主程序
     MAIN:  MOV    TMOD,#01H            ;置 T0 工作于方式 1
     LOOP:  MOV    TH0,#0D8H            ;装入计数初值
            MOV    TL0,#0F0H
            SETB   TR0                  ;启动定时器 T0
            JNB    TF0,$                ;TF0=0,定时时间未到,等待
            CLR    TF0                  ;TF0=1,定时时间到,清 TF0
            CPL    P1.0                 ;P1.0 取反输出
            SJMP   LOOP
            END
```

【中断方式】

```
            ORG    0000H
            LJMP   MAIN                 ;跳转到主程序
            ORG    000BH                ;T0 的中断入口地址
            LJMP   T0_INT               ;转向中断服务程序
            ORG    0100H
     MAIN:  MOV    TMOD,#01H            ;置 T0 工作于方式 1
            MOV    TH0,#0D8H            ;装入计数初值
```

```
              MOV    TL0,#0F0H
              SETB   ET0                    ;T0 开中断
              SETB   EA                     ;CPU 开中断
              SETB   TR0                    ;启动 T0
              …                             ;继续执行主程序其他部分
              SJMP   $                      ;等待中断
    T0_INT:   CPL  P1.0                     ;P1.0 取反输出
              MOV    TH0,#0D8H              ;重新装入计数初值
              MOV    TL0,#0F0H
              RETI                          ;中断返回
              END
```

【例】

【功能】如图 4.3 所示，按键 S 接至外部中断 $\overline{INT1}$，按一次键 LED 闪烁点亮，闪烁频率为 1Hz，蜂鸣器发声，发声频率为 1kHz，再按一次键 LED 灭，蜂鸣器关闭，循环往复。晶振频率为 6MHz。

【解题思路】同上一题类似，本题需要产生两个方波，一个频率为 f=1Hz，周期 T=1s，另一个频率为 f=1kHz，周期 T=1ms。所以此题转化为由定时器产生 0.5s 和 500 μs 定时的问题。

【实现方法】

(1) 500 μs 定时：将 T0 设置为方式 2，即自动重装初值的 8 位计数方式，并开放 T0 中断，在中断程序里对 P2.7 取反操作。

(2) 0.5s 定时：将 T1 设置为方式 1，完成 100ms 定时，并开放 T1 中断，在中断程序里设置一个"软时钟"，即一个 CLOCK=30H 内存单元，每中断一次，CLOCK 加"1"，CLOCK 累计 5 次(即 0.5s)，对 P0.0 取反操作。

【解题步骤】

(1) 确定定时器 T0、T1 的初值 N_0、N_1：

由于晶振为 6 MHz，所以 1 个机器周期 $T_{cy} = 12 \times 1/(6 \times 10^6) = 2(\mu s)$。所以

$$计数值 M_0 = t/T_{cy} = 500 \times 10^{-6}/2 \times 10^{-6} = 250$$

$$N_0 = 2^8 - M_0 = 256 - 250 = 06H$$

即应将 06H 送入 TH0 和 TL0 中。

$$计数值 M_1 = t/T_{cy} = 100 \times 10^{-3}/2 \times 10^{-6} = 50000$$

$$N_1 = 2^{16} - M_1 = 65536 - 50000 = 15536 = 3CB0H$$

即应将 3CH 送入 TH0、0B0 送入 TL0 中。

(2) 求 T0 的方式控制字：GATE=0，$C/\overline{T}$=0，M1M0=10；

求 T1 的方式控制字：GATE=0，$C/\overline{T}$=0，M1M0=01。

合并方式控制字为 TMOD=00010010B=12H，即 T0 的方式 2 和 T1 的方式 1。

(3) 本例设有 3 个中断，为了提高按键响应实时性，可将外部中断 $\overline{INT1}$ 为高优先级，并在 $\overline{INT1}$ 中断服务程序中设置 T0、T1 相关特殊功能寄存器。

【实现程序】

```
                ORG             0000H
;★★★★★★★★★★★★★★★伪指令★★★★★★★★★★★★★★★★★★★★★★★★★
                LED             BIT         P0.0
                BUZZER          BIT         P2.7
                CLOCK           DATA        30H
                LJMP            MAIN        ;跳转至主程序
;★★★★★★★★★★★★★★中断入口地址★★★★★★★★★★★★★★★★★★★★★★★★★
                ORG             0013H
                LJMP            INT1_INT    ;跳转至 INT1 中断服务程序
                ORG             000BH
                LJMP            T0_INT      ;跳转至 T0 中断服务程序
                ORG             001BH
                LJMP            T1_INT      ;跳转至 T1 中断服务程序
                …
                ORG             0100H
;★★★★★★★★★★★★★★中断初始化★★★★★★★★★★★★★★★★★★★★★★★★★
MAIN:           SETB            IT1         ;外中断 INT1 采用下降沿触发
                SETB            EX1         ;允许 INT1 中断
                SETB            PX1         ;INT1 为高优先级
                MOV             TMOD,
                SETB            EA          ;开总中断
                SETB            F0          ;按键切换标志,F0=1,LED 灭;F0=0,LED 亮
                …                           ;继续执行主程序其他部分
                SJMP $
;★★★★★★★★★★★★★★ INT1 中断服务程序★★★★★★★★★★★★★★★★★★★★★★★★★
INT1_INT:       CPL             F0          ;不需保护现场
                JNB             F0,OPEN_T   ;F0=0,开放 T0、T1 中断
                CLR             TR0         ;关闭 T0 时钟
                CLR             ET0         ;关闭 T0 中断
                CLR             TR1         ;关闭 T1 时钟
                CLR             ET1         ;关闭 T1 中断
                RETI                        ;中断返回
OPEN_T:         MOV             TH0,#06H    ;装入计数初值
                MOV             TL0,#06H
                MOV             TH1,#3CH
                MOV             TL1,#0B0H
                SETB            TR0         ;启动 T0 时钟
                SETB            ET0         ;开放 T0 中断
                SETB            TR1         ;启动 T1 时钟
                SETB            ET1         ;开放 T1 中断
                RETI
;★★★★★★★★★★★★★★T0 中断服务程序★★★★★★★★★★★★★★★★★★★★★★★★★
T0_INT:         CPL             BUZZER      ;不需重新装入计数初值
                RETI
;★★★★★★★★★★★★★★T1 中断服务程序★★★★★★★★★★★★★★★★★★★★★★★★★
T1_INT:         PUSH            ACC         ;保护现场
                PUSH            PSW
                CLR             TR1
                MOV             TH1,#3CH    ;重新装入计数初值
                MOV             TL1,#0B0H
```

```
          SETB        TR1
          INC         CLOCK       ;软时钟加1
          MOV         A,CLOCK
          CJNE        A,#5,TMPL
TMPL:     JC          RETURN      ;不到0.5s返回
          CPL         LED         ;到0.5s闪烁变换
          MOV         CLOCK,#0    ;软时钟清零
RETURN:   POP         PSW
          POP         ACC
          RETI
          END
```

4.3　MCS-51 单片机的串行接口

4.3.1　串行通信基础

计算机与外部设备或计算机与计算机之间的数据交换称为通信。通信分为并行通信与串行通信两种基本方式。

并行通信通常是将数据的各位用多条数据线同时进行传送,并有传输的数据位数线外加地址线和通信控制线,如图 4.10(a)所示。优点是传输速率高,缺点是长距离传输成本高,可靠性差,只适用于近距离传输。例如,集成电路内部、同一插件板的各部件之间、主机与打印机之间的数据传送。

串行通信是将数据分成 1 位 1 位的形式在一条传输线上逐个地传送,如图 4.10(b)所示。串行通信的优点是传输线少,长距离传送时成本低,缺点是传输速率低。

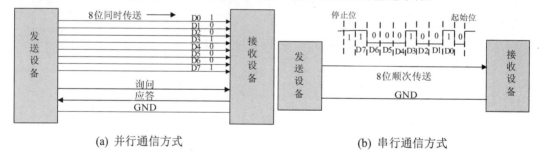

(a) 并行通信方式　　　　　　　　　　　　(b) 串行通信方式

图 4.10　并行和串行通信方式

1. 串行通信的种类

根据数据传输方式的不同,串行通信可分为同步通信和异步通信。

1) 同步通信

同步通信是一种数据连续传输的串行通信方式,通信时发送方把需要发送的多个字节数据和校验信息连接起来,组成数据块。发送时,发送方只需在数据块前插入 1~2 个特殊的同步字符,然后按特定速率逐位输出(发送)数据块内的各位数据。接收方在接收到特定的同步字符后,也按相同速率接收数据块内的各位数据。显然,在这种通信方式中,数据块内的各位数据之间没有间隔,传输效率高,但发送、接收双方必须保持同步(使用同一时钟信号),

且数据块长度越大，对同步要求就越高。因此，同步通信设备复杂(发送方能自动插入同步字符，接收方能自动检测出同步字符，且发送、接收时钟相同，即除了数据线、地址线外，还需要时钟信号线)，成本高，一般只用在高速数字通信系统中。典型的同步通信格式如下：

同步字符 1	同步字符 2	N 个字节的连续数据	校验信息 1	校验信息 2

2) 异步通信

异步通信以字符帧为单位进行传输，每帧数据由 4 部分组成：起始位(占 1 位)、数据位(占 5 ～ 8 位)、奇偶校验位(占 1 位，也可以没有校验位)、停止位(占 1 位或 2 位)，如图 4.11 所示。图中给出的是 8 位数据位、1 位奇偶校验位和 1 位停止位，加上 1 位起始位，共 11 位组成一个传输帧。

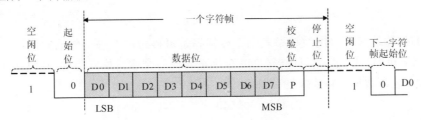

图 4.11　异步通信字符帧格式

对于发送方，传送时先输出起始位"0"作为联络信号，接下来的是数据位和奇偶校验位，停止位"1"表示一个字符的结束。其中，数据的低位在前，高位在后。字符之间允许有不定长度的空闲位。

对于接收方，传送开始后，接收设备不断检测传输线的电平状态，当收到一系列的"1"(空闲位或停止位)之后，检测到一个"0"，说明起始位出现，开始接收所规定的数据位和奇偶校验位以及停止位。

异步通信的特点是所需传输线少，设备开销较小，在单片机控制系统中得到广泛的应用。但每个字符要附加 2～3 位用于起止位，各帧之间还有间隔，因此传输效率不高。

2. 串行通信数据传输方向

根据串行通信数据传输的方向，可将串行通信系统传输方式分为单工方式、半双工方式和全双工方式，如图 4.12 所示。

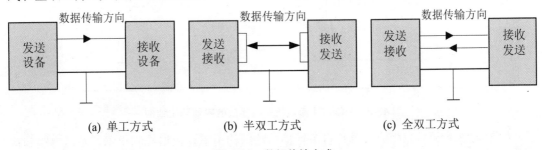

图 4.12　数据传输方式

1) 单工方式

单工方式是指数据传输仅能从发送设备传输到接收设备，如图 4.12(a)所示。

2) 半双工方式

半双工方式是指两个串行通信设备之间只有一条数据线，数据传输可以沿两个方向，但需要分时进行，即任何时候，只能是一方发送，另一方在接收，如图 4.12(b)所示。

3) 全双工方式

全双工方式是指两个串行通信设备之间可以同时进行接收和发送，如图 4.12(c)所示。

3 种方式中，全双工方式的效率最高，半双工方式配置和编程相对灵活，传输成本较低，与单工方式一样只需一根数据传输线，因而在实际应用中，串行通信设备常选用半双工方式。

3. 波特率

数据的传输速率可以用波特率表示。波特率是每秒传输二进制代码的位数，单位是：位/s(bit/s 或 kbit/s)。例如，每秒传送 240 个字符，而每个字符格式包含 10 位(1 个起始位、1 个停止位、8 个数据位)，这时的波特率为

$$10 \text{ 位(bit)} \times 240 \text{ 个/s} = 2400 \text{ bit/s}$$

在异步串行通信中，接收方和发送方应使用相同的波特率，才能成功传送数据。

4.3.2 串行接口的基本结构

MCS-51 单片机内部有一个全双工异步串行 I/O 接口，占用 P3.0 和 P3.1 两个引脚，称为这两个引脚的第二功能：P3.0 引脚是串行数据接收端 RXD，P3.1 引脚是串行数据发送端 TXD。

MCS-51 单片机串行接口的内部简化结构如图 4.13 所示。

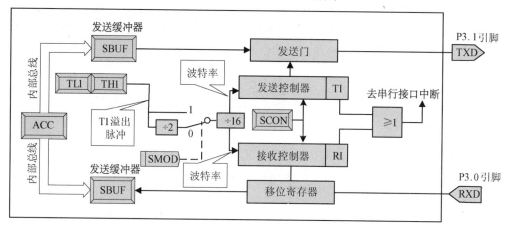

图 4.13 MCS-51 单片机串行接口的内部简化结构

如图 4.13 所示，MCS-51 单片机串行接口的结构由串行接口控制电路、发送电路和接收电路 3 部分组成。发送电路由发送缓冲器(SBUF)、发送控制电路组成，用于串行接口的发送；接收电路由接收缓冲器(SBUF)、接收控制电路组成，用于串行接口的接收。两个数据缓冲器(SBUF)在物理上相互独立，在逻辑上却占用同一字节地址 99H。

4.3.3　串行接口的控制与实现

单片机串行接口工作方式是通过初始化设置，将两个相应控制字分别写入串行控制寄存器 SCON(98H)和电源控制寄存器 PCON(97H)。

1. 和串行接口有关的特殊功能寄存器

1) 数据缓冲器

发送缓冲器(SBUF)(99H)只管发送数据，51 系列单片机没有专门的启动发送的指令，发送时，就是 CPU 写入 SBUF 的时候(MOV SBUF, A)；接收缓冲器(SBUF)只管接收数据，接收时，就是 CPU 读取 SBUF 的过程(MOV A，SBUF)。也就是说发送缓冲器只能写入，不能读出；接收缓冲器只能读出，不能写入。所以可同时发送数据、接收数据。对于发送缓冲器，因为发送时 CPU 是主动的，不会产生重叠错误。而接收缓冲器是双缓冲结构，以避免在接收下一帧数据之前，CPU 未能及时响应接收器的中断，没有把上一帧数据读走，丢失前一个字节的内容。

2) 串行接口控制寄存器

串行口控制寄存器(SCON)(98H)用于控制串行接口的工作状态，其格式如下：

位	D7	D6	D5	D4	D3	D2	D1	D0	字节地址
SCON	SM0	SM1	SM2	REN	TB8	RB8	TI	RI	98H
位地址	9FH	9EH	9DH	9CH	9BH	9AH	99H	98H	

(1) SM0 和 SM1：用于设置串行接口的工作方式，2 位可选择 4 种工作方式，如表 4-3 所示。其中，UART 是通用异步接收和发送器的英文缩写，f_{osc} 是晶振频率。

表 4-3　串行接口的工作方式设置

SM0	SM1	方　式	功能说明	波特率
0	0	0	移位寄存器	$f_{osc}/12$
0	1	1	8 位 UART	可变
1	0	2	9 位 UART	$f_{osc}/64$ 或 $f_{osc}/32$
1	1	3	9 位 UART	可变

(2) REN：允许串行接收位。由软件置位或清"0"，REN=1 时，串行接口允许接收数据；REN=0 时，则禁止接收。

(3) TB8：在方式 2 或方式 3 中，是发送数据的第 9 位。可以作为数据的奇偶校验位，或在多机通信中，作为地址帧/数据帧的标志位。

(4) RB8：在方式 2 或方式 3 中，是接收到数据的第 9 位，作为奇偶校验位或地址帧/数据帧的标志位。在方式 1 时，若 SM2=0，则 RB8 是接收到的停止位。

(5) TI：发送中断标志位。在方式 0 时，当串行发送第 8 位数据结束时，或在其他方式串行发送停止位的开始时，由内部硬件使 TI 置"1"，向 CPU 发中断申请。在中断服务程序中，必须用软件将其清"0"，取消此中断申请。

(6) RI：接收中断标志位。在方式 0 时，当串行接收第 8 位数据结束时，或在其他方式串行接收停止位的中间时，由内部硬件使 RI 置"1"，向 CPU 发中断申请。也必须在中断服务程序中，用软件将其清"0"，取消此中断申请。

(7) SM2：为多机通信控制位，主要用于方式 2 和方式 3。通过控制 SM2，可以实现多机通信。发送设备设置 SM2=1，以发送第 9 位 TB8=1 作为地址帧寻找从机，以 TB8=0 作为数据帧进行通信；从机设置 SM2=1，若接收到的第 9 位 RB8=0，不置位 RI，既不接收中断，也不接收数据帧，继续监听。若接收到的第 9 位 RB8=1，则置位 RI，接收中断，中断服务程序判断所接收到的地址帧和本机的地址是否相符，若不符合，维持 SM2=1，继续监听，若符合，则清"0"(SM2=0)，接收发送方发来的信息。

3) 电源控制寄存器

在电源控制寄存器(PCON)(97H)中只有 1 位 SMOD 与串行接口工作有关，其格式如下：

位	D7	D6	D5	D4	D3	D2	D1	D0	字节地址
PCON	SMOD								97H

SMOD：波特率系数控制位。在串行接口方式 1、方式 2、方式 3 时，波特率与 SMOD 有关，当 SMOD=1 时，波特率加倍，否则不加倍。复位时，SMOD=0。

PCON 的地址为 97H，不能位寻址，需要字节传送。

2. 串行接口的工作方式

串行接口可由 SCON 中的 SM0、SM1 设置 4 种工作方式，其基本情况如表 4-11 所示。由表中可以看出，方式 0 和方式 2 的波特率是固定的，而方式 1 和方式 3 的波特率是可变的，由 T1 的溢出率控制。

1) 方式 0

方式 0 时，串行接口为同步移位寄存器的输入/输出方式，而不是通信方式，可外接移位寄存器，用于扩展并行 I/O 接口。但应注意：不管是输入还是输出，数据都是由 RXD(P3.0) 引脚输入或输出，TXD(P3.1)引脚总是用于输出同步移位脉冲。发送和接收均为 8 位数据，低位在先，高位在后。波特率固定为 $f_{osc}/12$。

(1) 方式 0 输出。方式 0 时输出时序如图 4.14 所示。当执行任何一条写 SBUF 的指令时，就启动了串行接口的发送过程(如 MOV SBUF，A)。内部的定时逻辑在 SBUF 写入数据之后，经过一个完整的机器周期，输出移位寄存器中输出位的内容送 RXD 引脚输出；移位脉冲由 TXD 引脚输出，它使 RXD 引脚输出的数据移入外部移位寄存器。当数据的最高位 D7 位移出后，停止发送数据和移位脉冲，就完成了 1B 的输出，并把中断标志(TI)置"1"。如要再发送下一字节数据，必须用软件先将 TI 清"0"。

(2) 方式 0 输入。方式 0 时输入时序如图 4.15 所示。当满足 SCON 中的接收允许位 REN=1 和 RI=0 时，就会启动一次串行接口接收过程。串行数据从 RXD 引脚输入，移位脉冲由 TXD 引脚输出。当接收完一帧数据后，由硬件将输入移位寄存器中的内容写入 SBUF，并把中断标志(RI)置"1"。如要再接收数据，就再用软件将 RI 清"0"。

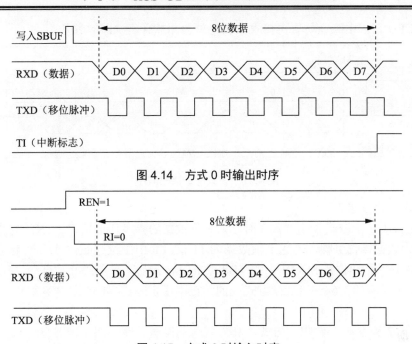

图 4.14　方式 0 时输出时序

图 4.15　方式 0 时输入时序

2) 方式 1

串行接口定义为方式 1 时，为波特率可变的 8 位数据的异步通信接口。TXD 为数据发送引脚，RXD 为数据接收引脚，传送 1 帧数据为 10 位，其中，1 位起始位(0)、8 位数据位(低位在先)、1 位停止位(1)。方式 1 的波特率由定时器(T1)的溢出率和 SMOD 的状态决定。

(1) 方式 1 输出。方式 1 的发送时序如图 4.16 所示。当执行任何一条写 SBUF 的指令时，就启动了发送过程。在发送移位时钟(由波特率确定)的作用下，从 TXD 引脚先送出起始位(0)，然后是 8 位数据位，最后是停止位(1)。1 帧 10 位数据发送完后，将中断标志(TI)置"1"，向 CPU 申请中断。如要再发送下一字节数据，必须用软件先将 TI 清"0"。

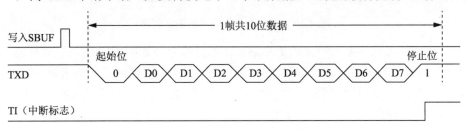

图 4.16　方式 1 的发送时序

(2) 方式 1 输入。方式 1 的接收时序如图 4.17 所示。软件使 REN=1 和 RI=0 时，就启动了接收过程。接收器以所选择波特率的 16 倍速率采样 RXD 引脚电平，检测到 RXD 引脚输入电平发生负跳变时，则说明起始位有效，将其移入输入移位寄存器，并开始接收这 1 帧信息的其余位。接收过程中，将每个数据位宽度分成 16 个状态，并在中间的第 7、8、9 状态时对 RXD 采样，采样数据从输入移位寄存器右边移入，起始位移至输入移位寄存器最左边时，控制电路进行最后一次移位。当 RI=0，且 SM2=0(或接收到的停止位为"1")时，将接收到的 9 位数据的前 8 位数据装入接收 SBUF，第 9 位(停止位)进入 RB8，并置

RI=1，向 CPU 请求中断。如要再接收数据，就再用软件将 RI 清 "0"。

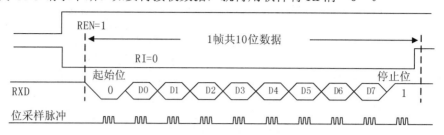

图 4.17　方式 1 的接收时序

3) 方式 2 和方式 3

串行接口工作于方式 2 或方式 3 时，为 9 位数据的异步通信接口。TXD 为数据发送引脚，RXD 为数据接收引脚，传送 1 帧数据为 11 位。其中 1 位起始位(0)，然后是 8 位数据位(低位在先)，第 10 位是 SCON 中的 TB8 或 RB8，最后 1 位是停止位(1)。方式 2 的波特率固定为晶振频率的 1/64 或 1/32，方式 3 的波特率由定时器(T1)的溢出率和 SMOD 的状态决定。

(1) 方式 2 和方式 3 输出。方式 2 和方式 3 的发送时序如图 4.18 所示。CPU 向 SBUF 写入数据时，就启动了发送过程。SCON 中的 TB8 写入输出移位寄存器的第 9 位，8 位数据装入 SBUF。发送开始时，先把起始位 0 输出到 TXD 引脚，然后是 9 位数据位，最后是停止位(1)。1 帧 11 位数据发送完后，将中断标志(TI)置 "1"，向 CPU 申请中断。如要再发送下一字节数据，必须用软件先将 TI 清 "0"。

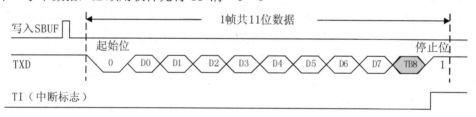

图 4.18　方式 2 和方式 3 的发送时序

(2) 方式 2 和方式 3 输入。方式 2 和方式 3 的接收时序如图 4.19 所示。软件使 REN=1 和 RI=0 时，就启动了接收过程。接收器就以所选频率的 16 倍速率开始采样 RXD 引脚的电平状态，当检测到 RXD 引脚发生负跳变时，说明起始位有效，将其移入输入移位寄存器，开始接收这 1 帧数据。接收时，将每个数据位宽度分成 16 个状态，并在中间的第 7、8、9 状态时对 RXD 采样，采样数据从右边移入输入移位寄存器，在起始位 0 移到最左边时，控制电路进行最后一次移位。当 RI=0，且 SM2=0(或接收到的第 9 位数据为 "1")时，接收到的数据装入接收缓冲器(SBUF)和 RB8(接收数据的第 9 位)，置 RI=1，向 CPU 请求中断，如要再接收数据，就再用软件将 RI 清 "0"。如果条件不满足，则数据丢失，且不置位 RI，继续搜索 RXD 引脚的负跳变。

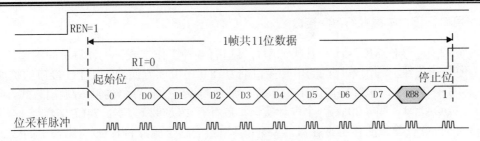

图 4.19　方式 2 和方式 3 的接收时序

3. 波特率的计算

串行通信双方对发送或接收数据的波特率事先要约定好保持一致。MCS-51 单片机的波特率设置与工作方式有关，其中方式 0 和方式 2 的波特率是固定的，而方式 1 和方式 3 的波特率是可变的，由定时器 T1 的溢出率和 SMOD 的状态决定。各种方式的波特率计算由以下公式确定：

$$方式 0 的波特率 = f_{osc}/12$$
$$方式 2 的波特率 = (2^{SMOD}/64) \times f_{osc}$$
$$方式 1 的波特率 = (2^{SMOD}/32) \times (T1 溢出率)$$
$$方式 3 的波特率 = (2^{SMOD}/32) \times (T1 溢出率)$$

当 T1 作为波特率发生器时，常使 T1 工作在自动重装初值的 8 位定时器方式，并禁止 T1 中断，这种方式可避免重新设定定时初值而产生波特率误差。TH1 从初值计数到产生溢出，它每秒溢出的次数称为溢出率。

$$T1 溢出率 = f_{osc}/\{12 \times [256-(TH1)]\}$$

在单片机的应用中，相同机种单片机的波特率很容易达到一致，只要晶振频率相同，则可以采用完全一致的设置参数。异机种单片机的波特率设置较难达到一致，这是由于不同机种的波特率产生的方式不同，计算公式不同，只能产生有限的离散的波特率值，即波特率值是非连续的。这时的设计原则应使两个通信设备之间的波特率误差小于 2.5%。例如，在计算机与单片机进行通信时，常选择单片机晶振频率为 11.0592MHz，两者容易匹配波特率。常用的串行接口波特率、晶振频率以及各参数的关系如表 4-4 所示。

表 4-4　常用波特率、晶振频率与定时器(T1)的参数关系

串口工作方式及波特率/(bit/s)		f_{osc}/MHz	SMOD	定时器(T1)		
				C/$\overline{T}$	工作方式	初值
方式 0	1MHz	12	无关			
方式 2	375kHz	12	1	无关		
方式 1 和方式 3	62.5 kHz	12	1	0	2	FFH
	19.2 kHz	11.0592	1	0	2	FDH
	9600Hz	11.0592	0	0	2	FDH
	4800Hz	11.0592	0	0	2	FAH
	2400Hz	11.0592	0	0	2	F4H
	1200Hz	11.0592	0	0	2	E8H

4.3.4 用串行接口扩展并行 I/O 接口

由 4.3.3 节可知,MCS-51 单片机的串行接口有 4 种工作方式,为计算机间的通信提供了极为便利的条件,利用单片机的串行接口的方式 0 还可以方便地进行 I/O 接口的扩展。

如 4.3.3 节所述,串行接口工作在方式 0 时为同步移位寄存器的输入/输出方式,用于扩展并行 I/O 接口。图 4.20 为一个串行接口扩展并行 I/O 接口方案。74LS164 为一个 1 位串行输入 8 位并行输出的移位寄存器,TXD 引脚输出的移位脉冲将 RXD 引脚输出的数据(低位在先)逐位移入 74LS164,扩展 8 个 LED 指示灯。74LS165 为一个 8 位并行输入 1 位串行输出的移位寄存器,TXD 引脚输出的移位脉冲将 74LS165 的 8 位并行输入的数据(低位在先)逐位移入 RXD 引脚,扩展 8 个按键,$S/\bar{L}=1$ 时,允许串行移位,$S/\bar{L}=0$ 时,允许并行读入按键。通过级连多片移位寄存器,可扩展更多的并行 I/O 接口,而不必增加与单片机之间的连线,但扩展越多,接口的操作速度也就越慢。

【例】

【功能】 如图 4.20 所示的 8 个 LED 指示灯,指示 8 个按键闭合状态,有键按下时对应的指示灯亮。

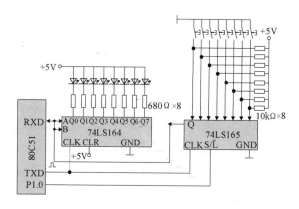

图 4.20 串行接口扩展并行 I/O 接口方案

【实现程序】

```
SIO:    MOV    SCON,#10H    ;REN=1,RI=0,SM0=0,SM1=0,串行口工作在方式 0
                           ;且启动接收过程
LOOP:   CLR    P1.0         ;允许并行读入按键到 74LS165,S/L=0
                           ;有按键的位读数为 0
        SETB   P1.0         ;允许串行移位,S/L=1
        CLR    RI           ;启动接收
        JNB    RI,$         ;若 RI=0,8 位数据未接收完,等待
        MOV    A,SBUF       ;若 RI=1,8 位数据接收完,读入 A
        CLR    TI           ;清发送标志,准备发送
        MOV    SBUF,A       ;启动发送,输出数据位 0,将点亮对应位 LED
        JNB    TI,$         ;8 位数据未发送完,等待
        SJMP   LOOP         ;8 位数据发送完,循环
```

4.3.5 串行通信接口标准

除了满足 4.3.4 节约定的波特率、工作方式和特殊功能寄存器的设定外,串行通信双方必须采用相同的接口标准,才能进行正常的通信。由于不同设备串行接口的信号线定义、

电气规格等特性都不尽相同，因此要使这些设备能够互相连接，需要统一的串行通信接口。下面介绍常用的 RS-232C 和 RS-485 串行通信接口标准。

1. RS-232C 接口

RS-232C 接口标准的全称是 EIA-RS-232C 标准，其中，EIA(Electronic Industry Association)代表美国电子工业协会,RS(Recommended Standard)代表 EIA 的"推荐标准"，232 为标识号。

RS-232C 定义了数据终端设备(DTE)与数据通信设备(DCE)之间的物理接口标准。接口标准包括引脚定义、电气特性和电平转换几方面内容。

1) 引脚定义

RS-232C 接口规定使用 25 针"D"型口连接器，连接器的尺寸及每个插针的排列位置都有明确的定义。在微型计算机通信中，常常使用的有 9 根信号引脚，所以常用 9 针"D"型口连接器替代 25 针连接器。连接器引脚定义如图 4.21 所示。RS-232C 接口的主要信号线的功能定义如表 4-5 所示。

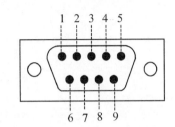

图 4.21 "D"型 9 针连接器定义

表 4-5 RS-232C 标准接口主要引脚定义

插针序号	信号名称	功 能
1	DCD	载波检测
2	RXD	接收数据(串行输入)
3	TXD	发送数据(串行输出)
4	DTR	DTE 就绪(数据终端准备就绪)
5	SGND	信号接地
6	DSR	DCE 就绪(数据建立就绪)
7	RTS	请求发送
8	CTS	允许发送
9	RI	振铃指示

2) 电气特性

RS-232C 采用负逻辑电平，规定 DC(-3～-15V)为逻辑"1"，DC(+3～+15V)为逻辑"0"。通常 RS-232C 的信号传输最大距离为 30m，最高传输速率为 20kbit/s。

RS-232C 的逻辑电平与通常的 TTL 和 MOS 电平不兼容，为了实现与 TTL 或 MOS 电路的连接，要外加电平转换电路。

3) RS-232C 电平与 TTL 电平转换驱动电路

如上所述，80C51 单片机串行口与 PC 的 RS-232C 接口不能直接对接，必须进行电平转换。常见的 TTL 到 RS-232C 的电平转换器有 MC1488、MC1489 和 MAX 202/232/232A 等芯片。

由于单片机系统中一般只用+5V 电源，MC1488、MC1489 需要双电源供电(±12V)，增加了体积和成本，因此生产厂商推出了芯片内部具有自升压电平转换电路，可在单+5V 电源下工作的接口芯片 MAX232 如图 4.22 所示，它能满足 RS-232C 的电气规范，内置电子泵电压转换器将+5V 转换成-10～+10V，该芯片与 TTL/CMOS 电平兼容，片内有 2 个发送器，2 个接收器，在单片机应用系统中得到了广泛使用。

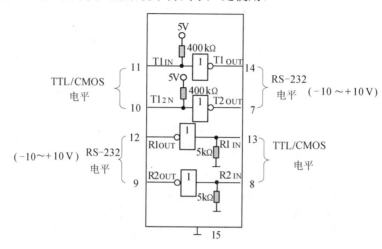

图 4.22　MAX 202/232/232A 内部逻辑功能

2. RS-485 接口

由于 RS-232C 推出的时间较早，传输速率慢，传输距离短，无法满足许多工业现场的使用要求，因此 EIA 相继公布了 RS-449、RS-423、RS-422 和 RS-485 等替代标准，其中 RS-485 以其优秀的特性、较低的成本在工业控制领域得到了广泛的应用。

1) 引脚定义

RS-485 使用两种标准接口连接器，37 针"D"型口连接器和 9 针"D"型口连接器，常用 9 针连接器引脚定义如图 4.21 所示。RS-485 接口的主要信号线的功能定义如表 4-6 所示。

表 4-6　RS-485 标准接口主要引脚定义

插针序号	信号名称	功　　能
1	Shield	屏蔽地
2	RTS+	请求发送+
3	RTS-	请求发送-
4	TXD+	发送数据+
5	TXD-	发送数据-
6	CTS+	允许发送+
7	CTS-	允许发送-
8	RXD+	接收数据+
9	RXD-	接收数据-

2) 电气特性

RS-485 工作于半双工方式，采用一对平衡差分信号线。RS-485 是一种多发送器标准，在通信线路上最多可以使用 32 对差分驱动器/接收器。如果在一个网络中连接的设备超过 32 个，还可以使用中继器。总线两端连接匹配电阻(100Ω 左右)。驱动器输出电平 DC(-1.5～-6V)为逻辑"1"，DC(+3～+15V)为逻辑"0"。接收器输入差分电压在-200mV 以下时为逻辑"1"，在+200mV 以上时为逻辑"0"。通常 RS-485 的信号传输最大距离为 1200m，最高传输速率为 10Mbit/s。

3) RS-485 电平与 TTL 电平转换驱动电路

RS-485 的驱动接口部分通常有 Maxim 公司生产的差分平衡器收发芯片 MAX 481/483/485/487/489 等，每种型号的芯片内部均集成了一个驱动器和一个接收器。MAX 481/483/485/487 为 8 引脚封装，其引脚分布与典型工作电路如图 4.23 所示，引脚功能说明如下。

(1) RO：接收器输出。

(2) $\overline{\text{RE}}$：接收器输出使能，引脚为"0"，允许接收器工作；引脚为"1"，接收器输出被禁止。

(3) DE：驱动器输出使能，引脚为"1"，允许驱动器工作；引脚为"0"，驱动器工作被禁止。

(4) DI：驱动器输入。

(5) GND：接地端。

(6) A：接收器非反相输入和驱动器非反相输出端。

(7) B：接收器反相输入和驱动器反相输出端。

(8) V_{CC}：电源端，电压范围可以是 4.75～5.25V。

RS-485 是一点对多点的通信接口，一般采用双绞线的结构。普通的 PC 一般不带 RS-485 接口，因此要使用 RS-232C/RS-485 转换器；如果工业用 PC，即 IPC，本身自带 RS-485 接口，不需接 RS-232C/RS-485 转换器。对于单片机，可以通过芯片 MAX485 来完成 TTL/RS-485 的电平转换。在计算机和单片机组成的 RS-485 通信系统中，下位机由单片机系统组成，主要完成工业现场信号的采集和控制，上位机为普通的 PC，负责监视下位机的运行状态，并对其状态信息进行集中处理，以图文方式显示下位机的工作状态以及工业现场被控设备的工作状况。系统中各结点(包括上位机)的识别是通过设置不同的站地址来实现的。

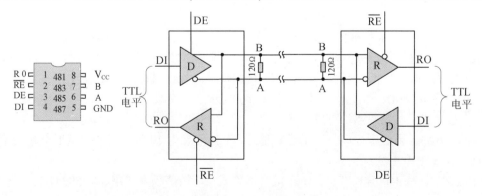

图 4.23　MAX 481/ 483/ 485/487 引脚分布与典型工作电路

4.3.6　单片机串行接口通信技术举例

在计算机分布式测控系统中，经常要利用串行通信方式实现单片机与单片机、单片机与 PC 之间的数据传输。

1. 单片机与单片机之间的双机通信

单片机和单片机之间可根据应用场合不同构成双机通信和多机通信，本节重点介绍双机通信。双机之间通信应考虑接口电路、通信协议和程序实现等几个方面问题。

1) 接口电路

双机通信根据通信距离和抗干扰性，可选择 TTL 电平直连，RS-232C 和 RS-485 等接口方法如图 4.24 所示。

(1) TTL 电平通信接口：两个通信系统之间的距离在 1m 范围之内。

(2) RS-232C 通信接口：两个通信系统之间的距离在 30m 范围之内。

(3) RS-485 通信接口：两个通信系统之间的距离在 1200m 范围之内。

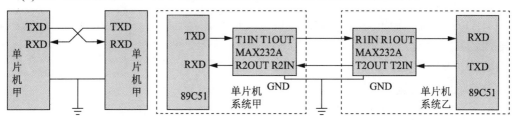

(a) TTL 电平传输通信接口电路　　　　(b) RS-232C 通信接口电路

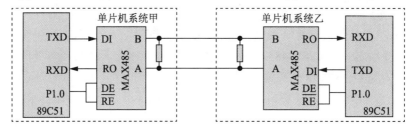

(c) RS-485 通信接口电路

图 4.24　双机通信接口电路

2) 通信协议

TTL 电平直连和 RS-232C 双机通信的软件设计方法是一样的。RS-485 双机通信是半双工方式，在单片机系统发送或接收数据前，应先将 MAX485 的发送门或接收门打开。当 P1.0=1 时，发送门打开，接收门关闭；当 P1.0=0 时，接收门打开，发送门关闭。

下面以图 4.24(a)、(b)为接口电路，规定双机通信协议如下：

(1) 通信的甲、乙双方均可发送和接收。

(2) 双方约定采用串行口方式 1 进行通信，1 帧信息为 10 位，其中，有 1 个起始位、8 个数据位和 1 个停止位。

(3) 波特率为 2400Bd，T1 工作在定时器方式 2，振荡频率选用 11.0592MHz，查表可得 TH1=TL1=0F4H，PCON 寄存器的 SMOD 位为"0"。

(4) 设甲机是发送方，乙机是接收方。当甲机发送时，先发送一个 "0AAH" 联络信号，乙机收到后回答一个 "55H" 应答信号，表示同意接收。

(5) 假定数据块长度为 100B，数据放在起始地址为 1000H 的片外 RAM 中，一个数据块发送完毕后立即发送 "校验和"。

(6) 若两者相等，说明接收正确，乙机回答 "0FH"；若两者不相等，说明接收不正确，乙机回答 "0F0H"，请求重发。

归纳联络信号，握手信号伪指令定义如表 4-7 所示。

表 4-7　握手信号伪指令定义

信号名称	伪指令	信号常量	说明
READY	EQU	0AAH	主机开始通信，发出呼叫信号
OK	EQU	55H	从机准备好，表示同意接收数据
SUCC	EQU	0FH	数据发送成功
ERRO	EQU	0F0H	数据传送错误
LENTH	EQU	64H	发送/接收数据块长度
ADDR	EQU	1000H	发送/接收数据，存储起始地址

3) 程序实现

收发数据采用的是查询方式，程序实现如下。

【甲机发送程序】

```
START:    CLR   EA
          MOV   TMOD,#20H        ;定时器 1 置为方式 2
          MOV   TH1,#0F4H        ;装载定时器初值，波特率 2400
          MOV   TL1,#0F4H
          MOV   PCON,#00H
          SETB  TR1              ;启动定时器
          MOV   SCON,#50H        ;设定串口方式 1，且准备接收应答信号
TLP1:     MOV   SBUF,#READY      ;发联络信号 "0AAH"
          JNB   TI,$             ;等待 1 帧发送完毕
          CLR   TI               ;允许再发送
          JNB   RI,$             ;等待乙机的应答信号
          CLR   RI               ;允许再接收
          MOV   A,SBUF           ;乙机应答后，读至 A
          XRL   A,#OK            ;判断乙机是否准备完毕
          JNZ   TLP1             ;乙机未准备好，继续联络
TLP2:     MOV   DPTR,#ADDR       ;乙机准备好，设定数据块地址指针初值
          MOV   R7,#LENTH        ;设定数据块长度初值
          MOV   R6,#00H          ;清校验和单元
TLP3:     MOVX  A,@DPTR
          MOV   SBUF,A           ;发送一个数据字节
          ADD   A,R6             ;求校验和
          MOV   R6,A             ;保存校验和
          INC   DPTR
```

```
      JNB   TI,$
      CLR   TI
      DJNZ  R7,TLP3        ;整个数据块是否发送完毕
      MOV   SBUF,R6        ;发送校验和
      JNB   TI,$
      CLR   TI
      JNB   RI,$           ;等待乙机的应答信号
      CLR   RI
      MOV   A,SBUF         ;乙机应答,读至A
      XRL   A,#SUCC        ;判断乙机是否接收正确
      JNZ   TLP2           ;乙机应答"错误",转重新发送
      RET                  ;乙机应答"正确",返回
```

【乙机接收程序】

```
START:    CLR   EA
          MOV   TMOD,#20H
          MOV   TH1,#0F4H
          MOV   TL1,#0F4H
          MOV   PCON,#00H
          SETB  TR1
          MOV   SCON,#50H      ;设定串口方式1,且准备接收
RLP1:     JNB   RI,$           ;等待甲机的联络信号
          CLR   RI
          MOV   A,SBUF         ;收到甲机信号
          XRL   A,#READY       ;判断是否为甲机联络信号
          JNZ   RLP1           ;不是甲机联络信号,再等待
          MOV   SBUF,#OK       ;是甲机联络信号,发应答信号
          JNB   TI,$
          CLR   TI
          MOV   DPTR,#ADDR     ;设定数据块地址指针初值
          MOV   R7,#LENTH      ;设定数据块长度初值
          MOV   R6,#00H        ;清校验和单元
RLP2:     JNB   RI,$
          CLR   RI
          MOV   A,SBUF
          MOVX  @DPTR,A        ;接收数据存储
          INC   DPTR
          ADD   A,R6           ;求校验和
          MOV   R6,A
          DJNZ  R7,RLP2        ;判断数据块是否接收完毕
JNB       RI, $                ;完毕,接收乙机发来的校验和
          CLR   RI
          MOV   A,SBUF
          XRL   A,R6           ;比较校验和
          JZ    GOOG           ;校验和相等,跳至发正确标志
          MOV   SBUF,#ERRO     ;校验和不相等,发错误标志
JNB       TI, $                ;转重新接收
          CLR   TI
GOOD:     MOV   SBUF,#SUCC
          RET
```

2. 单片机与 PC 的通信

随着工控技术的发展，搭建工控系统逐渐走向标准化、通用化、多元化，降低成本、提高性能是设计系统时所遵循的基本原则。单片机与 PC 组合构成的分布控制系统是工控系统的一个重要发展方向。以城市集中供热的分布控制系统为例，了解单片机和 PC 在工控系统基于 RS-232C/RS-485 转换通信的应用。

在系统中，单片机一般称为下位机，通常用来完成数据的采集和上传，因为 51 子系列单片机具有价格低、功能强、抗干扰能力强、适应温度范围宽和丰富的控制端口等优点。由 PC、网络设备、数据库服务器组成的后台应用部分则统称为上位机，对下位机的上传数据进行分析并处理，现在的 PC 普及、功能强，采用视窗操作系统，具有多任务、自动内存管理、硬盘容量大、应用软件丰富等特点。分布式控制系统充分发挥了单片机在实时数据采集和 PC 对图形处理、显示以及数据库管理上的优势，使得单片机的应用不局限于自动监测或控制，形成了向以 PC 网络为核心的分布式多点工控系统发展的趋势，图 4.25 所示的是热表控制分布式工控系统。

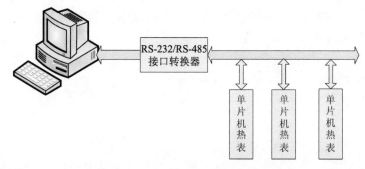

图 4.25　热表控制分布式工控系统

1) 硬件的接口电路

MAX485 的使能端 $\overline{RE}$、DE 由 AT89C51 的 P2.7 控制。为了得到准确的传输速率，单片机的晶振选用 11.0592MHz，如图 4.26 所示，PC 的接口直接接到 RS-232 串口即可。

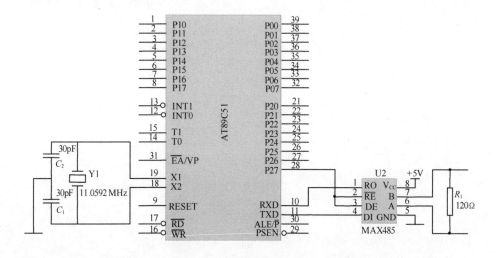

图 4.26　单片机与 MAX485 接口电路

2) 软件设计

完整的热量工控管理软件设计内容复杂，包括结构、通信协议、数据的管理等。这里不完全介绍。本节仅介绍基本通信程序的编制。PC 应用软件在视窗 Windows 系统下采用简单易学的 Visual Basic(简称 VB)编程。目前，VB 已成为 Windows 系统开发的主要语言，其以高效、简单易学及功能强大等特点越来越为广大程序设计人员及用户所青睐。VB 支持面向对象的程序设计，具有结构化的事件驱动编程模式并可以使用无限扩增的控件，而且可以十分简便地做出良好的人机界面。在标准串口通信方面，VB 提供了具有强大功能的通信控件 MSCOMM，文件名为 MSCOMM.vbx。该控件可设置串行通信的数据发送和接收，对串口状态及串口通信的信息格式和协议进行设置。

假设每台 PC 管理 4 块热表，仅作为主机呼叫，单片机应答判断后，向上传输热量值的通信协议如下：

(1) 通信的甲、乙双方均可发送和接收。

(2) 单片机约定采用串行接口方式 3 进行通信，波特率为 9600Bd。

(3) 待机时热表单片机为接收状态，接收到呼叫后判断是否呼叫本机；是，向主机传输热量值，否，不做响应。主机接收到返回值在界面显示，超时提示自动退出。

【PC 程序实现(VB 程序语言)】

```
      Public dealy As string              ;定义延时参数
  Sub  Form_Load()
      MSComm.CommPort=1                   ;设置接口数
      MSComm.PortOpen=TURE                ;开接口
      MSComm.Settings=" 9600,N,8,1 "      ;设置通信参数
      Timer.interval=1000                 ;设置定时时间
    End  Sub
    Sub  Send_Click1()                    ;读取热表1的主机程序
                                          ;读其他3个热表的程序相似

  Dim Istring as string
          MSComm.InBufferCount=0          ;输入缓冲区置零
      MSComm.Output=" 1 "                 ;呼叫热表1
      Timer.Enabled=true                  ;使能定时器
      Do
      DoEvents()                          ;等待接收数据
      If dealy="dl"  then                 ;判断是否超时
      Goto  exitsub
      End if
      Loop Until(MSComm.InBufferCount>=6)
      TxtReceive.text=MSComm.Input        ;接收到数据显示
      Timer.Enabled=FALSE
      MSComm.InBufferCount=0
  Exitsub:
      MsgBox " 超时！无数据返回！ "
      Timer1.Enabled=FALSE
    End  Sub
    Sub  Exit_Click()
      MSComm.PortOpen=FALSE
      UnLoad Me
    End  Sub
```

【热表 1 单片机程序实现】

【说明】热量值以 ASCII 码存储于 40H～45H。

```
              ORG      2000H
   MAIN:      MOV      SP,60H
              MOV      TMOD,#20H          ;在 11.0592MHz 下,串行接口波特率
              MOV      TH1,#0FDH                ;9600bit/s,方式 3
              MOV      TL1,#0FDH
              MOV      PCON,#00H
              SETB     TR1
              MOV      SCON,#0D8H
   LOOP:      JBC      RI,RECEIVE         ;接收到数据后立即发出去
              CLR      P2.7               ;MAX485 接收使能端有效
              NOP
              SJMP     LOOP
   RECEIVE:   MOV      A,SBUF
              CJNE     A,"1",LOOP         ;判断是否呼叫本机
              SETB     P2.7               ;MAX485 发送使能端有效
              NOP
              MOV      R1,#06H
              MOV      R0,#40H
   SCYCLE:    LCALL    SDATA              ;发送热量值,调用发送子程序
              INC      R0
              DJNZ     R1,SCYCLE          ;发送完毕
              LJMP     LOOP
   SDATA:     MOV      A,@R0              ;发送子程序
              MOV      SBUF,A
   SWAIT:     JBC      TI,SEXIT
              SJMP     SWAIT
   SEXIT:     RET
```

4.4　本章小结

本章介绍了内部标准功能单元中断系统、定时/计数器和串行通信接口的逻辑结构、功能和应用设计方法。在单片机系统设计中,应首先考虑使用内部标准功能单元,对简化电路设计、减小体积和提高可靠性等均有重要意义。

中断是计算机应用中的一种重要技术手段,在自动检测、实时控制、应急处理等方面都要用到。MCS-51 单片机中断系统提供了 5 个中断源,即外部中断 0 和外部中断 1、定时/计数器(T0)和(T1)的溢出中断、串行接口的接收和发送中断。这 5 个中断源可分为 2 个优先级,由中断优先级寄存器 IP 设定它们的优先级。CPU 对所有中断源以及某个中断源的开放和禁止,是由中断允许寄存器(IE)管理的。中断系统的设计包括中断初始化、中断服务子程序入口地址设置、中断服务子程序现场保护和恢复、中断返回等。

MCS-51 单片机内有 2 个可编程定时/计数器(T0)和(T1),不论作为定时器,还是作为计数器,它们都有 4 种工作方式,即方式 0 为 13 位计数器;方式 1 为 16 位计数器;方式 2

为具有自动重装初值功能的 8 位计数器；方式 3 为 T0 分为 2 个独立的 8 位计数器，T1 停止工作。

定时/计数器的启、停由 TMOD 中的 GATE 位和 TCON 中的 TR1、TR0 位控制，或由 $\overline{INT0}$、$\overline{INT1}$ 引脚输入的外部信号控制。

MCS-51 单片机内部有一个全双工的异步串行接口，有 4 种工作方式，其中，方式 0 为同步移位寄存器输入/输出方式，可用于并行 I/O 接口扩展；方式 1 为 8 位数据异步通信方式及波特率是可变的，常用于双机通信，方式 2 和方式 3 为 9 位数据异步通信方式，不同在于方式 2 的波特率是固定的，方式 3 的波特率是可变的，常用于多机通信。

4.5 本章习题

1. MCS-51 单片机有哪些中断源？有几个优先级？

2. 中断系统的功能是什么？什么是中断嵌套？

3. 简述 MCS-51 单片机的中断入口地址及与中断源的对应关系。

4. MCS-51 单片机的外部中断有几种触发方式？如何控制？

5. 试写一段对中断系统初始化的程序，使其允许 $\overline{INT0}$、T0、T1 和串行接口中断，且使串行口中断为最高优先级中断。

6. 定时器有哪几种工作方式？各有何特点？

7. 定时/计数器用做定时器使用时，计数脉冲由谁提供？定时时间与哪些因素有关？

8. 如果采用的晶振的频率为 3MHz，定时/计数器(T0)工作在方式 1、2 下，其最大的定时时间各为多少？

9. 试编制程序，使定时器(T0)定时 100ms 产生一次中断，使接在 P1.0 引脚的 LED 间隔 1s 亮一次，每次持续 1s，连续亮 10 次后停止工作。设晶振频率为 6MHz。

10. 采用定时/计数器(T0)对外部脉冲进行计数，每计数 100 个脉冲后，T0 转为定时工作方式，定时 1ms 后，又转为计数方式，如此循环不止。假定 MCS-51 单片机的晶振频率为 6MHz，计数使用方式 2 实现，定时使用方式 1 实现，要求编写出程序。

11. 如何用 T0 来测试 30Hz～1kHz 方波信号的周期，又如何测试频率为 0.5MHz 左右的脉冲频率？设晶振频率为 12MHz。

12. 试编写一段中断方式的发送程序：将片内 RAM 50H 起始单元的 16 个数由串行接口发送。要求发送波特率为系统时钟的 32 分频，并进行奇偶校验。

13. 将习题 12 改为查询方式。

14. 试编写一段接收程序：串行输入 16 个字符，存入片内，RAM 50H 为起始单元。串行口波特率为 2400Bd(设晶振为 11.0592MHz)，并进行奇偶校验。

15. 什么是串行通信中的单工方式、半双工方式和全双工方式？

第 5 章　MCS-51 单片机外部并行接口扩展技术

教学提示： MCS-51 单片机外部并行接口扩展技术是单片机应用的重要部分。并行接口扩展主要包括系统扩展、键盘及显示器原理和应用、A/D 及 D/A 转换电路的设计与实现和开关量 I/O 通道的设计。了解并行接口扩展技术的工作原理和特点，并在实际中使用它们，是单片机设计与应用的重要组成部分。

教学要求： 本章介绍了单片机并行接口扩展技术的工作原理、特点及应用实例。要求掌握系统扩展方法、键盘及显示器原理、A/D 和 D/A 转换电路的原理及扩展应用；了解常用典型并行接口器件应用，在实际中使用它们。

5.1　系统总线扩展及编址技术

由于 MCS-51 单片机片内存储器的容量较小，因此在实际使用时常常需要由片外扩展，其中包括片外 ROM 的扩展、片外 RAM 的扩展和 I/O 接口的扩展。本节介绍采用并行总线结构的单片机扩展 ROM、RAM 及超大容量存储器的应用技术。

5.1.1　系统总线扩展

采用 MCS-51 系列单片机的最小系统只能使用于一些很简单的应用场合，在此情况下，直接使用单片机片内 ROM、RAM、定时功能、中断功能、I/O 接口，可使应用系统的成本较低。但在许多场合，仅靠单片机的内部资源不能满足要求，因此，系统扩展是单片机系统应用过程中常常遇到的问题。

MCS-51 系列单片机系统扩展主要包括存储器扩展和 I/O 接口的扩展。存储器扩展分为 ROM 的扩展和 RAM 的扩展。它们的扩展能力如下：

(1) ROM 可扩展至 64KB。

(2) RAM 可扩展至 64KB。

(3) I/O 接口的扩展：MCS-51 单片机的片外 RAM 和扩展 I/O 接口是统一编址的，即每一个扩展的 I/O 接口相当于外部 RAM 的一个存储单元，所以，对 I/O 接口的访问与对片外 RAM 的读/写操作一样。

单片机的扩展能力是由地址总线来决定的。图 5.1 给出了 MCS-51 系统扩展的结构图。

单片机的扩展问题，就是将各扩展部件采用适当的方法"挂"在总线上，但单片机与通用微型计算机不同，由于受引脚限制，MCS-51 单片机本身没有提供专用的地址线和数据线，地址线和数据线是复用的，而且是借助 I/O 线经过改造而成的。因此，单片机存储器的扩展过程中使用的外部总线有以下 3 种。

(1) 地址总线：P0 口(A0～A7)，P2 口(A8～A15)。

(2) 数据总线：P0 口(D0～D7)。

(3) 控制总线：控制信号的定义如表 5-1 所示。

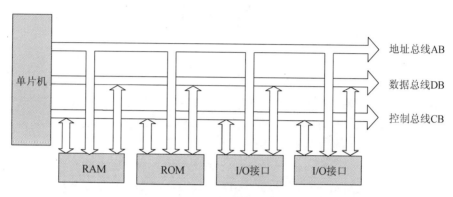

图 5.1 MCS-51 系统扩展结构图

表 5-1 控制信号的定义

控制信号	方　向	定　义
ALE	输出	P0 口的地址锁存信号，用于低 8 位地址锁存控制
$\overline{PSEN}$	输出	片外 ROM 读选通信号
$\overline{EA}$	输入	片内/片外 ROM 访问的控制信号。$\overline{EA}$ =1 时，在片内存储器范围内访问片内 ROM，当超过片内存储器范围时，自动访问片外 ROM；当 $\overline{EA}$ =0 时，只能访问片外 ROM
$\overline{WR}$	输出	片外 RAM 或扩展 I/O 接口写信号
$\overline{RD}$	输出	片外 RAM 或扩展 I/O 接口读信号

具体总线构造情况如图 5.2 所示。从图中可以看出，单片机的 P0 口是地址低 8 位和数据总线的复用线。因为 P0 口具有地址线和数据线的双重功能，所以在构造地址总线时，先把低 8 位地址送锁存器暂存，然后由地址锁存器给系统提供低 8 位地址线。这时，就可以把 P0 口作为数据总线使用。通过这种分时操作的方法，对地址和数据进行了分离。

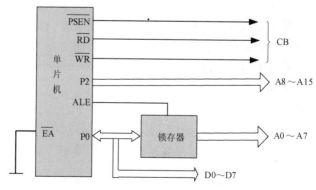

图 5.2 单片机扩展总线结构图

单片机的 P2 口提供了全部的地址高 8 位，再加上 P0 口分时提供的地址低 8 位信息，构成了完整的 16 位地址信息，使单片机的寻址范围达到 2^{16} =64KB，即可访问 64KB 存储单元。

除了地址总线和数据总线，还有控制总线。控制总线是扩展系统的核心，正确使用这 5 个控制信号，才能实现对片外存储器和 I/O 接口的正确使用。

在扩展片外存储器时，应注意以下几个问题。

1. 地址锁存器的选用

通过图 5.2 可以看出，单片机用 P2 口作为片外存储器(含 ROM 和 RAM 及 I/O 接口)地址高 8 位输出口，用 P0 口作为地址低 8 位的输出口，并分时兼做数据传输线。为了能有效地利用 P0 上的地址信息和数据信息，需要外接地址锁存器，将 P0 口上的地址信息锁存到地址锁存器中。

由访问片外存储器的时序可知，在 ALE 下降沿，P0 口输出的地址是有效的。因此，在选择地址锁存器时，还应注意 ALE 信号与锁存器选通信号的配合，即应选择高电平触发或下降沿触发的触发器。用做单片机地址锁存器的芯片一般有两类：一类是 8D 触发器，如 74LS273、74LS377 等；另一类是 8 位锁存器，如 74LS373、8282 等。74LS273、74LS377 内部由 8 个边沿触发的 D 触发器组成，在时钟信号的正跳变完成输入信号的锁存。因此用 74LS273、74LS377 作为外接触发器时，应将 ALE 反向后再加到它们的时钟端。而 74LS373 和 8282 的内部结构和用法相似，但引脚不一致。74LS373 的使能端 G 有效时，输出直接跟随输入变化，当使能端由高变低时，才将输入状态锁存，直到下一次使能信号变高为止。因此在选用 74LS373 或 8282 作为单片机地址锁存器时，可直接将单片机的 ALE 加到它们的使能端。这两种芯片带有三态输出功能，但用做地址锁存时，无需三态功能，因此，它们的输出控制端 $\overline{OC}$ 或 $\overline{OE}$ 可以直接接地。

2. 存储空间冲突问题

CPU 在访问片外 ROM(即执行 MOVC 指令)时，在 ALE 的正脉冲期间，P2 口输出存储单元高 8 位地址，P0 口输出低 8 位地址。当 ALE 下降为低电平后，P2 口输出的高 8 位地址不变，而 P0 口转为输入状态，用来传送来自 ROM 的数据。在访问片外 ROM 时，每一个机器周期 CPU 置 $\overline{PSEN}$ 为低电平 2 次，ALE 为高电平 2 次。ALE 控制地址锁存器，而 $\overline{PSEN}$ 的低电平信号则作为片外 ROM 的读选通信号。

CPU 在访问片外 RAM(执行 MOVX 指令)时，当 ALE 为高电平时，P2 口输出片外 RAM 单元地址的高 8 位，P0 口输出低 8 位地址。当 ALE 下降为低电平时，P2 口输出的高 8 位地址不变，而 P0 用来传送数据。在访问片外 RAM 时，每个机器周期 CPU 置 ALE 为高电平 1 次。如果是对片外 RAM 的读操作，CPU 发 $\overline{RD}$ 为低电平信号脉冲，将此作为片外 RAM 的读选通信号(接 $\overline{RD}$ 端)；如果是对片外 RAM 的写操作，CPU 写 $\overline{WR}$ 为低电平，信号作为片外 RAM 的写选通信号(接 $\overline{WR}$ 端)。

MCS-51 单片机片外 ROM 和 RAM 的寻址空间都是 64KB，即可扩展为 64KB，地址范围为 0000H～FFFFH。由于访问片外 ROM 时，$\overline{PSEN}$ 为低电平有效，而 $\overline{WR}$ 和 $\overline{RD}$ 都无效；访问片外 RAM 时，$\overline{WR}$ 为低电平或 $\overline{RD}$ 为低电平，而 $\overline{PSEN}$ 总无效。因此不会发生两种空间的冲突。

3. 存储器容量的确定与地址线的连接

用户根据系统设计的要求来选择存储器芯片的型号和数量，然后与单片机的 3 种总线相连。如何才能确定存储单元的地址呢？这就涉及单片机的编址技术。

5.1.2 编址技术

所谓编址，就是使用单片机地址总线，通过适当的连接，最终达到一个地址唯一对应一个选中单元的目的。

编址技术有两种方法，一种是先找到该存储单元或 I/O 单元所在的芯片，称为"片选"法；另一种是通过对芯片本身所具有的地址线进行译码，然后确定唯一的存储单元或 I/O 接口，称为"字选"法。

"片选"法保证每次读或写时，只选中某一片存储器芯片或 I/O 接口芯片。常用的方法有"线选法""译码器法"等。这里介绍常用的线选法和译码器法。

线选法：一般是利用单片机的最高几位空余的地址线中的一根作为某一片存储器芯片或 I/O 接口芯片的"片选"控制线。采用线选法时，一般用高位地址线作为片选信号，用低位地址线作为片内存储单元寻址。由于受地址总线根数的限制，线选法常用于应用系统中扩展芯片较少的场合。

译码器法：当应用系统中扩展芯片较多时，单片机空余的高位地址线不够用。这时常用译码器对空余的高位地址线进行译码，而译码器的输出作为"片选"控制线。常用的译码器有 3/8 译码器 74LS138，双 2/4 译码器 74LS139，4/16 译码器 74LS154 等。

74LS138 是 3/8 译码器，即对 3 个输入信号进行译码，得到 8 个输出状态。74LS138 的引脚排列如图 5.3 所示。其中，G1、$\overline{G2A}$ 和 $\overline{G2B}$ 为数据允许输入端，$\overline{G2A}$ 和 $\overline{G2B}$ 低电平有效，G1 高电平有效；A、B、C 为译码信号输入端；Y0～Y7 为译码输出端，低电平有效。74LS138 的真值表如表 5-2 所示。

表 5-2　74LS138 真值表

输入端						输出端							
允　许			选　择			Y0	Y1	Y2	Y3	Y4	Y5	Y6	Y7
G1	$\overline{G2A}$	$\overline{G2B}$	C	B	A								
1	0	0	0	0	0	0	1	1	1	1	1	1	1
1	0	0	0	0	1	1	0	1	1	1	1	1	1
1	0	0	0	1	0	1	1	0	1	1	1	1	1
1	0	0	0	1	1	1	1	1	0	1	1	1	1
1	0	0	1	0	0	1	1	1	1	0	1	1	1
1	0	0	1	0	1	1	1	1	1	1	0	1	1
1	0	0	1	1	0	1	1	1	1	1	1	0	1
1	0	0	1	1	1	1	1	1	1	1	1	1	0
0	X	X	X	X	X	1	1	1	1	1	1	1	1
X	1	X	X	X	X	1	1	1	1	1	1	1	1
X	X	1	X	X	X	1	1	1	1	1	1	1	1

74LS139 是双 2/4 译码器，其引脚排列图如图 5.4 所示。其中，$\overline{G}$ 为使能端，低电平有效；A 和 B 为选择端，即译码输入；Y0、Y1、Y2 和 Y3 为译码输出信号，低电平有效。74LS139 对两个输入信号译码后得到 4 个输出状态。其真值表如表 5-3 所示。

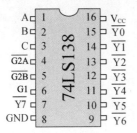

图 5.3　74LS138 的引脚图　　　　　图 5.4　74LS139 的引脚图

表 5-3　74LS139 真值表

输 入 端			输 出 端			
使　能	选　择		Y0	Y1	Y2	Y3
$\overline{G}$	B	A				
1	X	X	1	1	1	1
0	0	0	0	1	1	1
0	0	1	1	0	1	1
0	1	0	1	1	0	1
0	1	1	1	1	1	0

译码法又分为全译码和部分译码。全译码是将所余的高位地址线译码，译码器的输出作为片选信号。每块芯片的地址是唯一的，不存在地址冲突问题。部分译码方式是取所余高位地址线中部分线参与译码，译码器的输出作为片选线，电路简单，但由于没有参与译码的高位地址线是任意状态，使得芯片的地址存在重叠区。

5.2　存储器扩展

目前市场上存储器芯片品种规格多，大容量存储器芯片价格并不高，甚至低于用量趋少的小容量存储器芯片，因此在单片机应用系统设计中，尽量选择单片大容量存储器芯片，从而减少电路板面积，这不仅降低了成本，也提高了系统的可靠性。

5.2.1　程序存储器(ROM)的扩展

MCS-51 系列单片机中，51 子系列芯片内部驻留有 4KB 的 ROM，52 子系列芯片内有 8KB 的 ROM。如果片内 ROM 的容量不能满足要求，用户可以扩展片外 ROM。

用 EPROM 作为单片机片外 ROM 是目前最常用的 ROM 扩展方法。扩展常用的 EPROM 芯片有 Intel2716(2KB×8)、2732(4KB×8)、2764(8KB×8)、27128(16KB×8)、27256(32KB×8)、27256(64KB×8)等。常用的几种 EPROM 芯片引脚如图 5.5 所示。

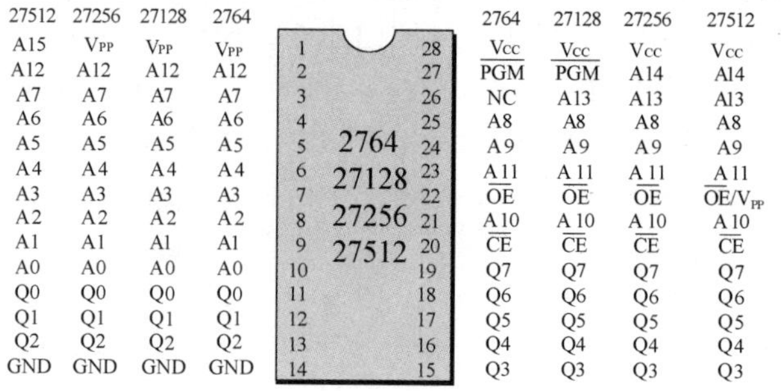

27512	27256	27128	2764			2764	27128	27256	27512
A15	V_{PP}	V_{PP}	V_{PP}	1	28	V_{CC}	V_{CC}	V_{CC}	V_{CC}
A12	A12	A12	A12	2	27	$\overline{PGM}$	$\overline{PGM}$	A14	A14
A7	A7	A7	A7	3	26	NC	A13	A13	A13
A6	A6	A6	A6	4	25	A8	A8	A8	A8
A5	A5	A5	A5	5	24	A9	A9	A9	A9
A4	A4	A4	A4	6	23	A11	A11	A11	A11
A3	A3	A3	A3	7	22	$\overline{OE}$	$\overline{OE}$	$\overline{OE}$	$\overline{OE}/V_{PP}$
A2	A2	A2	A2	8	21	A10	A10	A10	A10
A1	A1	A1	A1	9	20	$\overline{CE}$	$\overline{CE}$	$\overline{CE}$	$\overline{CE}$
A0	A0	A0	A0	10	19	Q7	Q7	Q7	Q7
Q0	Q0	Q0	Q0	11	18	Q6	Q6	Q6	Q6
Q1	Q1	Q1	Q1	12	17	Q5	Q5	Q5	Q5
Q2	Q2	Q2	Q2	13	16	Q4	Q4	Q4	Q4
GND	GND	GND	GND	14	15	Q3	Q3	Q3	Q3

中间芯片标注: 2764 27128 27256 27512

图 5.5 几种 EPROM 芯片引脚

图 5.5 中涉及的引脚符号功能如下。

(1) A0~A15：地址输入线。

(2) Q0~Q7：双向三态数据线。

(3) $\overline{CE}$：片选信号输入线，低电平有效，接地(单片扩展)与高位地址相连(多片扩展)。

(4) $\overline{OE}$：选通信号输入线，低电平有效，与读出控制信号 $\overline{PSEN}$ 相连。

(5) $\overline{PGM}$：编程脉冲端。

(6) NC：未连接端。

(7) V_{PP}：编程电压端。

(8) V_{CC}：+5V 电源。

(9) GND：接地。

图 5.6 是用一片 27256 扩展 32KB EPROM 的方案。27256 是 32KB×8 的 EPROM 芯片，需 15 位地址线，A14~A0 分别接 P2 口的 P2.6~P2.0 和 P0.7~P0.0，地址范围为 0000H~7FFFH，片选 $\overline{CE}$ 接地。

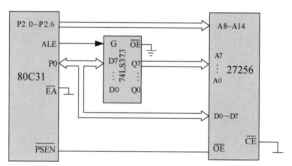

图 5.6 扩展 32KB 的 EPROM 的方案

在进行 ROM 扩展时，应注意 $\overline{EA}$ 信号的用法。对于片内无 ROM 的单片机，如 80C31，在进行片外扩展 EPROM 时，$\overline{EA}$ 应接地；而对于片内带有 EPROM 的单片机如 80C51、87C51 及 89C51 等，在外部扩展 EPROM 时，这时应将 $\overline{EA}$ 接+5V。当地址在片内 EPROM 的范围之内，单片机自动选用片内 ROM、EPROM 或 Falsh。当地址大于片内 ROM 范围时，单片机又自动选用片外扩展的 EPROM，这种倒换是自动进行的。

【实用技术】由于近年来集成电路制造技术、生产工艺的不断进步，内置 EPROM、OTP ROM 以及 FlashROM 等存储器芯片的成本已大大下降，目前市场上见到的 MCS-51 兼容单片机芯片几乎都带有不同种类、不同容量的片内存储器，且价格低廉(如含有 OTP

ROM 的 87C51、87C52、87C54、87C58，以及含有 FlashROM 的 89C51、89C52、89C54、89C58 等 MCS-51 兼容 CPU 不仅价格低廉，而且同系列不同品种 CPU 之间的价差很小。尽管 89C58 片内存储器容量为 32KB，是 89C54 片内存储器容量的两倍，但售价仅高几元)，编程设备多，价格也不高。因此，在工作频率不高的 MCS-51 单片机控制系统中，几乎不用不带片内存储器 80C31、80C32 芯片(在研发阶段，使用可反复擦写的 89C5X/89C5XX2 芯片，在批量生产阶段换上价格较低的以 OTP ROM 作为 ROM 的 87C5X/87C5XX2 芯片)，无需外接 ROM 芯片，仅需考虑 RAM 和 I/O 接口的扩展即可。

5.2.2　数据存储器(RAM)的扩展

MCS-51 系列单片机内部带有 128B 或 256B 的 RAM，可用做工作寄存器、堆栈、数据缓冲器及软件标志等。对于一般而又简单的应用场合，片内 RAM 用于暂存数据处理过程中的中间结果等，已经完全足够了，无需扩展片外 RAM。但是，在诸如实时数据采集和处理成批数据的场合，仅片内提供的 RAM 往往不够使用，可利用单片机的扩展功能，外接 RAM 电路，作为片外 RAM。由于面向控制，实际需要扩展容量并不大，所以一般采用静态 RAM(Static RAM，又称 SRAM)较方便。

SRAM 具有存取速度快、使用方便等特点，但系统一旦掉电，内部所存数据便会丢失。所以，要使内部数据不丢失，必须不间断地供电。但 SRAM 不需要刷新电路，使用简单方便。常用的 SRAM 型号有 6116(2KB×8)、6264(8 KB×8)、62128(16 KB×8)和 62256(32 KB×8)。常用的几种常用 SRAM 芯片引脚如图 5.7 所示。

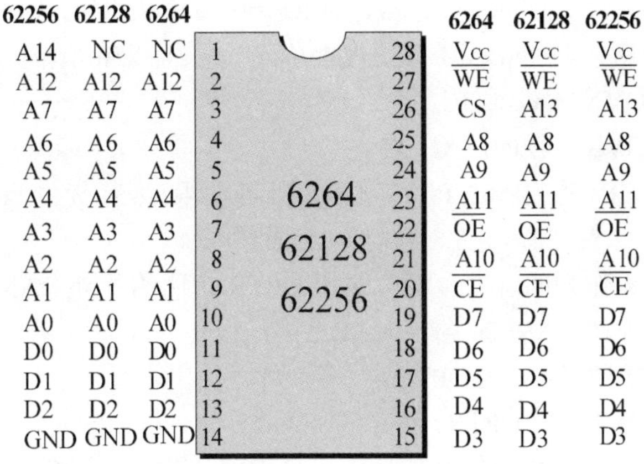

图 5.7　几种常用 SRAM 芯片引脚

图 5.7 中涉及的引脚符号功能如下。

(1) A0～A14：地址输入线。

(2) D0～D7 ：三态双向数据线。

(3) $\overline{CE}$：片选信号输入线，低电平有效，与高位地址相连。

(4) $\overline{OE}$：读选通信号输入线，低电平有效，与读出控制信号 $\overline{RD}$ 相连。

(5) $\overline{WE}$：写选通信号输入线，低电平有效，与写入控制信号 $\overline{WR}$ 相连。

(6) CS：6264 的片选信号输入线，高电平有效，可用于掉电保护。

图 5.8 是 RAM 的基本扩展电路。从图 5.8 中可以看出，RAM 的扩展电路中的控制信

号是 $\overline{WE}$ 和 $\overline{OE}$。单片机的 $\overline{RD}$ 和 $\overline{WR}$ 分别接 RAM 的读允许 $\overline{OE}$ 和写允许 $\overline{WE}$，实现读/写控制。$\overline{CE}$ 是 RAM 的片选端，在只有一个芯片的情况下，$\overline{CE}$ 不宜接地(理论上可行)，因为 $\overline{CE}$ 接地时，芯片处于常选通状态，功耗较大；另外，当负脉冲干扰信号窜入写控制端 $\overline{WE}$ 时，SRAM 的存储单元会被意外改写，造成数据丢失。图 5.8 中 RAM 编址方式采用的是线选法，地址范围为 0000H～7FFFH。

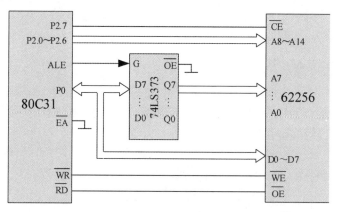

图 5.8　RAM 的基本扩展电路

对 RAM 的访问采用专门的指令 MOVX。采用寄存器间接寻址方式，一共有 4 条指令，分为两类：

一类是以 Ri (i=0，1)作为间址寄存器，对 Ri(i=0，1)所指明的片外 RAM 存储单元进行读/写操作。该类指令寻址片外 RAM 页内地址单元(一页有 256 个单元)。

读操作指令：MOVX　A，@Ri。

写操作指令：MOVX　@Ri，A。

执行这类指令时，Ri 的内容由 P0 口输出，即向片外 RAM 提供低 8 位地址，访问页内 256 个单元。而 P2 口保持原态，高 8 位地址(页面)不变。

另一类是以 DPTR 作为间址寄存器，对由 DPTR 指明的片外 RAM 存储单元进行读/写操作。该类指令寻址外部 RAM 的整个 64KB 空间。

读操作指令：MOVX　A，@DPTR。

写操作指令：MOVX　@DPTR，A。

执行这类指令时，P0 口输出低 8 位地址信息(DPL 的内容)，P2 口输出高 8 位地址信息(DPH 的内容)，向片外 RAM 提供 16 位地址信息。

实际操作中，根据具体情况使用这两类指令。扩展容量为 256B 的 RAM，可采用以 Ri 为间址寄存器的这类指令，只用 P0 口传送 8 位地址，节省 I/O 接口线；当扩展容量大于 256B 而小于 64KB 的 RAM，应采用以 DPTR 为间址寄存器的这类指令，同时用 P0 口和 P2 口传送 16 位地址；当需要在片外存储器间进行数据块传递时，同时用这两种指令非常方便。

CPU 对扩展的片外 SRAM 进行读/写操作的时序如图 5.9 所示，从图中可见，在第 1 个机器周期内，$\overline{WR}$ 或 $\overline{RD}$ 始终为高电平，此时片外 RAM 不能进行读/写操作，地址锁存控制信号 ALE 上升为高电平后，P2 口输出高 8 位地址 PCH，P0 口输出低 8 位地址 PCL；ALE 下降为低电平后，P2 口信息保持不变，而 P0 口将用来读取片外 ROM 中的指令，因此，低 8 位地址必须在 ALE 降为低电平之前由外部地址锁存器锁存起来。在 $\overline{\text{PSEN}}$ 输出负跳变选通片外 ROM 后，P0 口转为输入状态，读入片外 ROM 的指令字节，P2 口输出片外 RAM 的高 8 位地址(DPH 或 P2 寄存器中的内容)，P0 口输出片外 RAM 的低 8 位地址(DPL 或 Ri 中的内容)并由 ALE 的下降沿锁存在地址锁存器中；在第 2 个机器周期内，如果接下来是读操作，则 P0 口变为数据输入方式，在读信号 $\overline{\text{RD}}$ 有效时，片外 RAM 中相应单元的内容出现在 P0 口上，由 CPU 读入累加器(A)中；若接下来是写操作，则 P0 口变为数据输出方式，在写信号 $\overline{\text{WR}}$ 有效时，将 P0 口上出现的累加器(A)中的内容写入相应的片外 RAM 单元中。

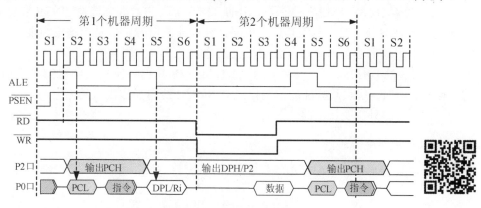

图 5.9　片外 SRAM 读/写操作的时序

5.2.3　非易失数据存储器 NVRAM 的扩展(DS1230Y/AB)

NVRAM(Nonvolatile RAM)是一种断电后信息不丢失的 RAM。在实际使用中，常希望将现场的工艺测量值保留相当长的一段时间，以备运行过程进行工艺过程性能分析或故障诊断分析，这就要求一旦断电，现场数据能够保存下来，具有读/写频繁和掉电保护双重性，能完成这个功能的存储器就是非易失随机存储器。

目前 NVRAM 主要有两种形式：电池式 NVRAM 和形影式 NVRAM。

电池式 NVRAM 由 CMOS 静态随机存储器(SRAM)、备用电池和切换电路构成。备用电池在外接电源断开或下降至 3V 时自动接入电路继续供电，以免信息丢失。CMOS 电路用电省，功耗小，故可用电池供电。电源切换电路在外电源断开或下降时检测电压变化，投入备用电池，并对 RAM 进行写保护，以防止意外数据写入。这种 NVRAM 一般把 CMOS 的 SRAM 与一块锂电池封装在一起，电池容量为 35mA·h，存储期限至少 10 年。

电池式 NVRAM 芯片的引脚与 SRAM 芯片兼容，其容量有 2KB×8、4KB×8、8KB×8、32KB×8 和 128KB×8 等，读/写周期时序与一般微处理器兼容，存储器的写周期次数无限制；闲置等待时功耗低，温度变化允许范围有限，因此，常温下，可以取代 SRAM，工作温度不宜太宽，一般在 0～70℃以内。由于 NVRAM 内含锂电池，因此整个芯片体积略大一些。

形影式 NVRAM 由静态读/写随机存储器(SRAM)和电可擦除、可编程只读存储器(E^2PROM)构成。SRAM 和 E^2PROM 两部分存储器容量和组织均相同，且逐位一一对应，通常的读/写只与 SRAM 交换信息。E^2PROM 中的信息必须首先调出后存放在 SRAM(有些芯片上电后自动调出)，才能与 CPU 交换信息。调出结束后，SRAM 中的内容与 E^2PROM 完全相同。SRAM 中的信息也可以存入 E^2PROM 中，存入结束后，SRAM 与 E^2PROM 的信息完全相同。这两种操作只需单一的+5V 电源，都是以 SRAM 和 E²PROM 的全部信息为操作对象，而不是按字节单个进行。操作中所有地址线、数据线和控制线均为 TTL 电平，读/写时序与一般微处理器兼容，存入和调出两种操作仅在芯片内部进行，数据总线呈高阻态。形影式 NVRAM 的引脚与 SRAM 不兼容，SRAM 部分的写操作次数无限制，而 E²PROM 部分的存入操作至少为 10^5 次。NVRAM 访问速度快，但容量小，价格贵。

下面介绍一种电池式 NVRAM—32KB 非易失性随机存储 DS1230Y/AB 的操作模式及具体使用方法。

DS1230Y/AB 是 DALLAS 公司推出的 32KB 非易失性静态储器 NVSRAM(Nonvolatile SRAM)。器件内部含有锂电池和控制电路，连续监测电源电压是否超出容限。一旦超出正常工作范围，锂电池自动接通，启动写保护功能，以防止数据丢失。

DIP 封装的 DS1230 可以替代通用 32KB SRAM。其引脚与 SRAM 62256 的引脚相匹配，可直接取代，但会引起某些性能的变化。NVSRAM 的写操作次数是无限的，与微处理器接口方便，不需要外部支持电路。

1. 引脚排列与功能

图 5.10 是 DS1230Y/AB DIP 封装形式的引脚排列图，各引脚功能参见 5.2.2 节。

图 5.10　DS1230Y/AB 的引脚排列图

2. 数据保护模式

DS1230AB 正常运行时，V_{CC} 不得低于 4.75V；当 V_{CC} 降至 4.5V 时，启动写保护。DS1230Y 正常运行时，V_{CC} 不得低于 4.5V；当 V_{CC} 降至 4.25V 时，启动写保护。

NVSRAM 能在掉电状态下保存数据，而不需要任何附加电路。NVSRAM 不断监测 V_{CC}，一旦发现电源电压下降，便自动进入写保护，关闭所有输入通道，输出变为高阻抗。这有效地防止了掉电过程中对存储器的误写入。当 V_{CC} 降到低于 3.0V 时，片内电源开关线路接通锂电池，以确保数据不丢失。若 NVSRAM 加电，则当 V_{CC} 上升到高于 3.0V 时，片内电源开关线路接通 V_{CC}，并断开锂电池。当 V_{CC} 上升到 4.75V 后，DS1230AB 恢复正常运行；当 V_{CC} 上升到 4.5V 后，DS1230Y 恢复正常运行。

3. 接口电路

接口电路和工作原理与图 5.8 完全相同，此处不再赘述。

5.3　并行口扩展

MCS-51 单片机共有 4 个 8 位并行接口，共 32 根 I/O 接口线。但 P3 口是多用途的，用做第二功能时，就不能作为一般 I/O 接口使用。在接有片外 ROM 或 RAM 时，P0 口作为地址/数据线，P2 口全部或部分作为专用地址线，提供给用户使用的只有 P1 口或 P3 口的部分。因此，在实际应用系统中，往往还要扩展 I/O 接口。

在 MCS-51 中，扩展的 I/O 接口采取与 RAM 相同的寻址方法。所有扩展的 I/O 接口均与片外 RAM 统一编址，所以对片外 I/O 接口的输出操作指令与访问片外 RAM 的指令相同。

扩展 I/O 接口常用的芯片有 TTL、CMOS 锁存器、缓冲器电路和可编程的 I/O 芯片。

5.3.1　简易 8 位并行口扩展

在许多应用系统中，有些开关量或并行数据需要直接输入/输出，可以利用 74LS 系列 TTL 电路或 CMOS 电路锁存器、三态门电路作为 I/O 扩展芯片，这种 I/O 接口一般都是通过 P0 口扩展，具有电路简单、成本低、配置灵活的特点，在扩展单个 8 位输入/输出口时，十分方便。

P0 口是数据总线口，通过 P0 口扩展 I/O 接口时，P0 口只能分时使用，因此使用时，接口电路应具有锁存功能；输入时，视输入数据是常态还是暂态的不同，接口电路应能三态缓冲或锁存选通等。数据的输入、输出用读/写信号控制。

1. 用锁存器 74LS377 扩展 16 位并行输出口

图 5.11 所示为利用两片 74LS377 扩展 16 位并行输出口，74LS377 是一种 8D 锁存器，8 个 Q 输出端，8 个 D 输入端，1 个时钟输入端 CLK，1 个锁存允许信号 $\overline{E}$。当 $\overline{E}$ 为低电平且时钟 CLK 端电平正跳时，D0～D7 端的数据被锁存到 8D 锁存器中。系统中扩展一片 8KB 的 EPROM27C64，地址为 0000H～1FFFH，这里采用线选法。当 P2.5 为低电平时，选中 74LS373(1)，地址为 0DFFFH；当 P2.6 为低电平时，选中 74LS373(2)，地址为 0BFFFH。

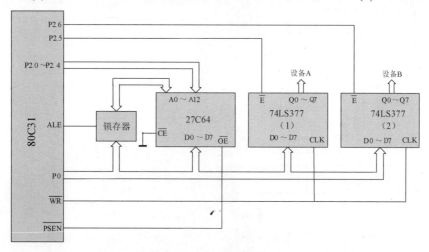

图 5.11　用 74LS377 扩展 16 位并行输出口

2. 用三态门 74LS244 扩展 8 位并行输入口

74LS244 是一种三态输出的 8 总线缓冲驱动器，无锁存功能，如图 5.12 所示。当 $\overline{EN}$ 为低电平时，Ai 信号传送到 Yi；当 $\overline{EN}$ 为高电平时，Yi 处于禁止高阻状态。图 5.12 是用 74LS244 通过 P0 口扩展的 8 位并行常态输入接口。三态门由 P2.6 和 $\overline{RD}$ 相互控制。

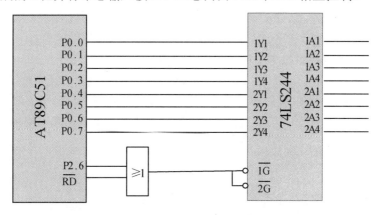

图 5.12　用 74LS244 扩展 8 位并行输入口

其程序如下：

```
        MOV DPTR,#0BFFFH        ;指向 74LS244 端口地址
        MOVX    A, @DPTR        ;读入数据
```

3. 扩展简单输入/输出电路

图 5.13 是采用 74LS244 作为扩展输入，74LS273 作为扩展输出的简单 I/O 扩展电路。P0 口为双向数据线，既能从 74LS244 输入数据，又能把数据传送给 74LS273 输出。

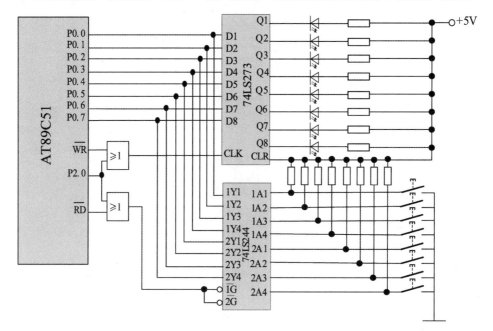

图 5.13　简单 I/O 接口扩展电路

输出数据时，输出控制信号由 P2.0 和 $\overline{\text{WR}}$ 合成，当 P2.0=0 且 $\overline{\text{WR}}$=0 时，使或门输出"0"，将 P0 口的数据锁存到 74LS273 中，其输出控制发光二极管(LED)。当某线输出"0"电平时，该线上的 LED 发光。

输入数据时，输入控制信号由 P2.0 和 $\overline{\text{RD}}$ 合成，当 P2.0=0 且 $\overline{\text{RD}}$=0 时，或门输入"0"，选通 74LS244，将外部输入信息输入总线。当与 74LS244 相连的开关无键按下时，输入全为"1"，若某键按下，则相应的输入为"0"。

图 5.13 中，74LS244 和 74LS273 的片选信号都受 P2.0 控制，因此，它们的口地址为 0FEFFH，即占有相同的地址空间，但由于分别用 $\overline{\text{RD}}$ 和 $\overline{\text{WR}}$ 信号控制，因此在总线上不会发生冲突，当从 0FEFFH 地址读取数据，即读取 74LS244 中数据，当向 0FEFFH 地址输出数据，即将数据输出到 74LS273 中锁存。对图 5.13 编程，实现读入开关状态，然后送输出显示，程序如下。

【例】

【功能】 由 LED 显示开关闭合状态。

```
LOOP:   MOV  DPTR, #0FEFFH      ;0FEFFH 为扩展 I/O 接口地址
        MOVX A,@DPTR            ;输入数据,将 74LS244 中开关状态读入
        MOVX @DPTR,A            ;读入数据输出,送 74LS273 驱动 LED
        SJMP LOOP               ;循环测试
```

5.3.2 可编程 RAM/IO 芯片 8155 接口设计

8155 是一种通用的多功能可编程 RAM/IO 扩展器，可编程是指其功能可由计算机的指令来加以改变。8155 片内不仅有 3 个可编程并行 I/O 接口(A 口、B 口为 8 位、C 口为 6 位)，而且还有 256B SRAM 和一个 14 位定时/计数器，常用做单片机的外部扩展接口，与键盘、显示器等外围设备连接。

1. 8155 的结构及引脚

8155 内部结构和引脚示意图如图 5.14 所示。

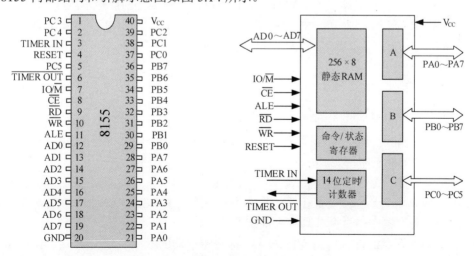

图 5.14 8155 内部结构和引脚示意图

从图 5.14 所示的 8155 的内部结构图可知，8155 内部共有以下几部分：

(1) 256B SRAM，最快存取时间为 400ns。

(2) 有 3 个可编程的通用 I/O 接口，分别是 A 口、B 口和 C 口。其中，A 口和 B 口是 8 位口，C 口是 6 位口，可用做控制和状态口，可选择 4 种不同的工作方式。

(3) 有一个 14 位的可编程定时/计数器。

(4) 有一个地址公用、物理空间独立的命令/状态寄存器。

(5) 内部有地址锁存器，地址/数据多路转换开关，单一+5V 电源，40 条引脚。

8155 各引脚功能如下：

(1) AD0～AD7：三态地址/数据线，8 位。是低 8 位地址与数据复用线引脚。地址可以是 8155 片内 RAM 单元地址或是 I/O 接口地址。AD0～AD7 上的地址由 ALE 的下降沿锁存到 8155 片内地址锁存器。也就是由 ALE 信号来区别 AD0～AD7 上出现的是地址信息还是数据信息。

(2) ALE：地址锁存允许信号。在 ALE 信号的下降沿把 AD0～AD7 上的 8 位地址信息、$\overline{CE}$ 片选信号及 I/O/$\overline{M}$(I/O 接口/RAM 选择)信号都锁存到 8155 内部锁存器中。

(3) IO/$\overline{M}$：I/O 接口和 RAM 选择信号。当 IO/$\overline{M}$=1 时，AD0～AD7 的地址为 8155I/O 接口地址，选择 I/O 接口；当 IO/$\overline{M}$=0 时，AD0～AD7 的地址为 8155 片内 RAM 单元地址，选择 RAM 存储单元。

(4) $\overline{CE}$：片选信号线，低电平有效。由 ALE 信号的下降沿锁存到 8155 内部锁存器。

(5) $\overline{RD}$：读选通信号，低电平有效。当 $\overline{RD}$=0，且 $\overline{CE}$=0 时，开启 AD0～AD7 的缓冲器，被选中的片内 RAM 单元(IO/$\overline{M}$=0)或 I/O 接口(IO/$\overline{M}$=1)的内容送到 AD0～AD7 上。

(6) $\overline{WR}$：写选通信号，低电平有效。当 $\overline{CE}$、$\overline{WR}$ 都有效时，CPU 输出到 AD0～AD7 上的信息写到 8155 片内 RAM 单元或 I/O 接口。

(7) PA0～PA7：A 口的 I/O 线(8 位)。

(8) PB0～PB7：B 口的 I/O 线(8 位)。

(9) PC0～PC5：C 口的 I/O 线(6 位)。

(10) TIMER IN：定时器输入。定时器工作所需的时钟信号由此端输入。

(11) $\overline{TIMER\ OUT}$：定时器输出。根据定时器工作方式，TIMER OUT 端可输出方波或脉冲。

(12) V_{CC}：+5V 电源。

(13) GND：接地。

2. 命令/状态寄存器

在 8155 的控制逻辑电路中设置有一个命令寄存器和一个状态寄存器，其工作方式由写入命令寄存器中的控制字决定。

1) 命令寄存器

8155 片内有一个 8 位命令寄存器，只能写入不能读出。8155 I/O 接口的工作方式是由 CPU 写入命令寄存器中的命令控制字来决定的。

8155 命令寄存器的格式如图 5.15 所示。命令寄存器的低 4 位定义 A 口、B 口和 C 口的工作方式，D4 和 D5 两位确定 A 口和 B 口以选通 I/O 方式工作时是否允许申请中断，D6 和 D7 两位定义定时器的操作命令。

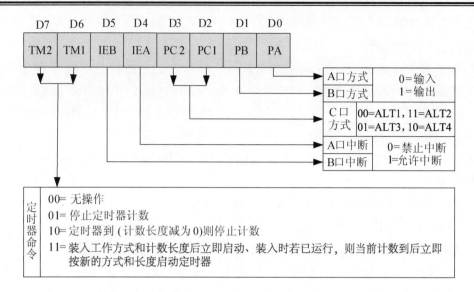

图 5.15 8155 命令寄存器的格式

8155 的 A 口和 B 口都可以工作在输入或输出方式。但 A 口和 B 口是工作在基本 I/O 方式(无条件传送)还是工作在选通方式(如中断传送)却不是由 A 口和 B 口的方式确定的，而由 C 口的方式确定。

C 口有 4 种工作方式，分别称为 ALT1、ALT2、ALT3 和 ALT4。其中，ALT1 为输入方式，ALT2 为输出方式。ALT3 方式中 PC0~PC2 作为 A 口的联络线，PC3~PC5 为输出。ALT4 方式中 PC0~PC2 作为 A 口的联络线，PC3~PC5 为 B 口联络线。

表 5-4 给出了 8155 各种 ALT 方式下 A、B、C 口的工作方式。

表 5-4 8155 各种 ALT 方式下 A、B、C 口工作方式

方式 端口	ALT1	ALT2	ALT3	ALE4
PC0	输入	输出	AINTR(A 口中断)	AINTR(A 口中断)
PC1			ABF(A 口缓冲器满)	ABF(A 口缓冲器满)
PC2			$\overline{ASTB}$ (A 口选通)	$\overline{ASTB}$ (A 口选通)
PC3			输出	BINTR(B 口中断)
PC4				BBF(B 口缓冲器满)
PC5				$\overline{BSTB}$ (B 口选通)
A 口	基本 I/O	基本 I/O	选通 I/O	选通 I/O
B 口			基本 I/O	

从表 5-4 可知，8155 在 ALT1 或 ALT2 方式下，A 口、B 口和 C 口均可工作于基本 I/O 方式；在 ALT3 方式下，A 口定义为选通 I/O 方式，由 C 口低 3 位作为 A 口联络线，C 口

其余位作为输出线；在 ALT4 方式下，A 口、B 口都为选通 I/O 方式，C 口为之提供对外的联络线。这 3 种联络线的具体定义如下。

INTR：中断请求输出信号。高电平有效，作为 CPU 的中断源。当 8155 的 A 口或 B 口缓冲器接收到外设送来的数据或外设从缓冲器中取走数据时，中断请求 INTR 变为高电平(仅当命令寄存器相应中断允许位为"1")，向 CPU 申请中断，CPU 响应此中断后对 8155 的相应 I/O 接口进行一次读/写操作，使 INTR 信号恢复为低电平。

BF：I/O 接口缓冲器标志输出信号，高电平有效。缓冲器有数据时，BF 为高电平，否则为低电平。

$\overline{STB}$：由外设提供的选通信号。输入，低电平有效。

2) 选通输入/输出方式操作过程

输入时，$\overline{STB}$ 是外设送来的选通信号，当 $\overline{STB}$ 有效后，把输入数据装入 8155，然后 BF 变为高电平，说明缓冲器已装满。当 STB 恢复高电平时，INTR 变高，向 CPU 申请中断，当 CPU 开始读取输入数据时($\overline{RD}$ 信号下降沿)，INTR 恢复低电平。读取数据完毕($\overline{RD}$ 信号上升沿)，使 BF 恢复低电平，一次数据输入结束。

在输出时，当外设取走并处理完数据后，向 8155 发出 $\overline{STB}$ 负脉冲，在 STB 变为高电平后使 INTR 有效，开始申请中断，即要求 CPU 发出下一个数据。当 CPU 把数据写到 8155 后，使 BF 变为高电平，以通知外设可以再来取下一个数据。

3) 状态寄存器

8155 状态寄存器的口地址和命令寄存器的口地址相同,状态寄存器只能读不能写。CPU 可通过读状态寄存器来查询 I/O 接口和定时器的状态。状态寄存器的格式如图 5.16 所示。

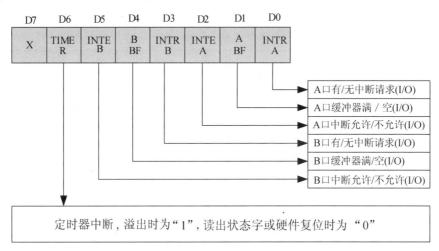

图 5.16　状态寄存器的格式

状态寄存器只定义了 7 位，其中低 6 位表示 A 口、B 口的状态，D6 用来表示定时器的状态，D7 未定义。

4) 8155 的 RAM 单元和 I/O 接口寻址

IO/$\overline{M}$ 是 8155 的内部和 I/O 选择信号。当 IO/$\overline{M}$ =0 时，选中 8155 片内 RAM，这时 AD0～

AD7 是 RAM 地址，对 256 字节 RAM 寻址，地址范围 00H～FFH。

当 IO/$\overline{M}$ =1 时，则对 8155 I/O 接口寻址。8155 共有 A 口、B 口、C 口、命令/状态寄存器、定时器低 8 位和定时器高 8 位 6 个接口，因此要用 3 位地址(A0、A1 和 A2)来编址，其地址如表 5-5 所示。

表 5-5　8155 端口寻址表

AD0～AD7								寻址端口
A7	A6	A5	A4	A3	A2	A1	A0	
×	×	×	×	×	0	0	0	命令/状态寄存器
×	×	×	×	×	0	0	1	A 口
×	×	×	×	×	0	1	0	B 口
×	×	×	×	×	0	1	1	C 口
×	×	×	×	×	1	0	0	定时器低 8 位
×	×	×	×	×	1	0	1	定时器高 8 位

3. 定时/计数器

8155 提供的定时器实际上是一个 14 位的减法计数器，它的功能主要用于定时或计数。在 TIMER IN(第 3 引脚)端输入计数脉冲，每输入一个脉冲，计数器减"1"，当计数器减到"0"时，向 $\overline{\text{TIMER OUT}}$ (第 6 引脚)端输出一个脉冲或方波信号。

对定时器的使用分两层管理，首先由写入命令寄存器的控制字(D7、D6 位)确定定时器的启动、停止或装入常数。第二层由写入定时器的两个寄存器的内容确定计数长度和输出方式。

首先，命令寄存器的控制字 D7 和 D6 两位决定定时器的操作，共有以下 4 种操作方式：

00：无操作，不影响定时/计数器操作。

01：停止定时器操作。

10：定时时间到(计数长度减为 0)则停止计数。

11：装入工作方式和计数长度后立即启动。装入时，若已运行，则当前计数到后立即按新的方式和长度启动定时器。

在对命令寄存器写入控制字后，再通过对定时器的两个寄存器写入初值确定定时长度和输出方式。定时器本身占用两个接口地址。A2 A1 A0 =100 为定时器低 8 位 TL，A2 A1 A0 =101 为定时器高 8 位 TH。它们的用法如下：

位	D7	D6	D5	D4	D3	D2	D1	D0	端口地址
TL	T7	T6	T5	T4	T3	T2	T1	T0	×××××100B
TH	M2	M1	T13	T12	T11	T10	T9	T8	×××××101B

TL 低 8 位(T0～T7)和 TH 的高 6 位(T8～T13)组成 14 减"1"计数器，计数长度为 0002H～

3FFFH。TH 的高 2 位(M1，M2)用于选择定时器的 4 种不同输出方式，如表 5-6 所示。

表 5-6　定时器输出方式

M2 M1	输出方式
00	单次方波
01	连续方波
10	单次脉冲
11	连续脉冲

在计数长度为偶数时，方波的输出是对称的；当计数长度为奇数时，方波的输出是不对称的，高电平的半个周期比低电平的半个周期多计一个数。

8155 复位后，定时器停止工作，因此必须注意重新发启动命令。

4. 8155 与单片机连接方法

8155 与单片机的连接极为简单。由于 8155 有内部锁存器，并且有 ALE 控制信号，因此 8155 的 AD0～AD7 可以直接和单片机的 P0.0～P0.7 连接，其余的各输入控制端(ALE、$\overline{\text{RD}}$、$\overline{\text{WR}}$ 和 RESET)直接和单片机的各同名端相连即可。需要注意的是 IO/$\overline{\text{M}}$ 控制信号和 $\overline{\text{CE}}$ 片选信号，产生 IO/$\overline{\text{M}}$ 和 $\overline{\text{CE}}$ 信号的方法很多，主要是考虑扩展 I/O 接口和扩展 RAM 的地址分配问题。选择的原则是使用方便，并且尽可能少用附加的硬件。

图 5.17 中给出了 8155 和 AT89C51 连接的一种方案。图 5.17 中 AT89C51 的 P2.7 和 8155 的 $\overline{\text{CE}}$ 连接，P2.6 和 IO/$\overline{\text{M}}$ 连接，P0.0～P0.7 与 AD0～AD7 直接相连。

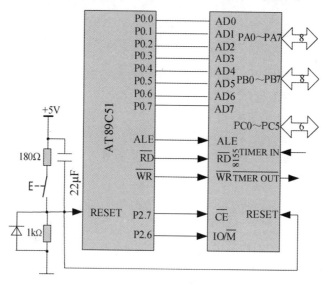

图 5.17　8155 与 AT89C51 连接

根据接口地址分布原则，该 8155 的 256B RAM 和各接口地址分配如表 5-7 所示。

表 5-7　8155 的 256B RAM 和各接口地址分配表

P2.7, P2.6	P0.0～P0.7	片内 RAM 或 I/O 接口或寄存器	地　址
0, 0	00H～FFH	片内 RAM	0000H～00FFH
0, 1	××××000	命令/状态寄存器	4000H
0, 1	××××001	A 口	4001H
0, 1	××××010	B 口	4002H
0, 1	××××011	C 口	4003H
0, 1	××××100	定时器低 8 位	4004H
0, 1	××××101	定时器高 8 位	4005H

【例】

【功能】将 8155 片内 RAM 中 0070H 单元中的数据送至 8155 的 A 口输出。

【入口参数】输出数据→(0070H)。

```
    CLR     P2.7            ;使 CE=0,选中 8155
    SETB    P2.6            ;使 IO/M=1,对接口操作
    MOV     A,    #01H      ;命令控制字,A 口为输出
    MOV     R0,   #00H      ;指向命令寄存器
    MOVX    @R0,  A         ;写入命令控制字
    CLR     P2.6            ;使 IO/M=0,对 RAM 操作
    MOV     R1,   #70H      ;指向 RAM70H 单元
    MOVX    A ,   @R1       ;取出 RAM 中数据
    SETB    P2.6            ;使 IO/M=1,对接口操作
    INC     R0              ;指向 A 口
    MOVX    @R0,  A         ;从 A 口输出
```

对 8155 的操作也如同访问片外 RAM 一样,也用 "MOVX @R0" 或 "MOVX @DPTR" 指令访问 8155。上例中也可以用 16 位的数据传送指令完成程序功能,只不过这时 DPTR 的值取 A 口地址 4001H 即可。

利用 8155 接口芯片,就可以很方便地为 MCS-51 单片机扩充接口电路了。

【实用技术】　数据 I/O 执行过程中的几个问题。

1. I/O 接口编址方式

为了便于单片机与外围设备的连接,往往需要在单片机外部扩展多个 I/O 接口。有的 I/O 接口还有状态寄存器和命令寄存器(如 8155、8255)等,在用这些接口芯片与外设连接,构成计算机应用系统时,芯片中的这些数据 I/O 接口、状态寄存器、控制命令寄存器应分配地址,以便 CPU 访问。这些数据 I/O 接口常称为数据端口,状态寄存器称为状态端口,控制命令寄存器称为控制端口或命令端口。每一个端口实际上就是 CPU 可访问的一个地址单元。

I/O 端口的编址方式取决于计算机系统的系统结构和指令系统。在 MCS-51 系统中,I/O 端口与存储器统一编址,即每一个 I/O 端口占用一个存储器单元地址。CPU 使用传送指令,可访问每一个端口。因此,对 I/O 端口的访问也只能用寄存器间接寻址方式,共有 4 条指

令，它们以 DPTR 作为间址寄存器，对由 DPTR 指明的端口进行读、写操作。分别是

读操作指令：MOVX　A，@DPTR。

写操作指令：MOVX　@DPTR，A。

或是以 Ri(i=0，1)作为间址寄存器，分别是

读操作指令：MOVX　A，@Ri。

写操作指令：MOVX　@Ri，A。

2. I/O 控制方式

外围设备的数据与 CPU 之间如何交换信息和数据，是 I/O 控制的关键。由于外围设备的工作速度相差很大，因此 CPU 对不同的数据 I/O 应采用不同的控制方式。控制方式主要有 3 种：程序控制方式、中断控制方式和直接存储器读取(DMA)方式。

(1) 程序控制方式。程序控制方式是指在程序的控制下进行数据传送，又可分为直接传送方式和查询方式。直接传送方式是指 CPU 直接执行 I/O 指令，由外设的某一个端口读取数据或写入数据。这种方式要求外设的数据时刻处于已准备好的状态。查询方式是 CPU 在执行数据传送指令之前先执行一条查询指令，询问外部 I/O 接口是否准备好。如果准备好，则进行数据传送，否则，继续查询等待。

(2) 中断控制方式。查询方式中，CPU 要执行查询指令，若外设速度很慢，就会影响 CPU 效率。这时，可考虑中断控制方式。中断控制方式是指当外部数据端口准备好后，向 CPU 发出中断请求，CPU 这时可能在执行其他功能，接到中断请求后，响应中断(如果没有其他优先级更高的中断在处理)执行中断服务程序，进行数据的输入或输出。

(3) 直接存储器读取(DMA)方式。采用中断控制方式进行数据传送可以提高 CPU 的效率。但对于高速外设，如磁盘、数传机等，数据传送时频繁的中断请求会使 CPU 应接不暇。为了解决这一问题，可使高速外设直接与 CPU 进行数据传递，即 DMA 方式。DMA 方式传送即将总线从 CPU 借出，通过地址总线传送存储器和 I/O 接口的地址，通过数据总线传送数据，通过控制总线发读/写命令等。为此，需要由专门的电路组成 DMA 控制器，完成 DMA 传送中的控制工作。

由于 MCS-51 单片机没有 DMA 控制中的总线请求和总线响应信号线，因此，在简单的应用系统中不支持 DMA 传递。

5.4　键盘/显示器接口扩展技术

在单片机应用系统中，键盘和显示器是很关键的部件，是构成人机对话的一种基本方式。键盘能向计算机输入数据、传送命令，是人工干预计算机的主要手段。显示器则显示控制过程或结果。本节讲述键盘和显示器的工作原理、键盘按键的识别过程及识别方法、LED 显示器的编码显示原理以及它们与单片机的接口技术。

5.4.1　显示器及其接口

显示器是计算机的主要输出设备，它把运算结果、程序清单等以字符的形式显示出来，以供用户查阅。目前常用的显示器有数码管显示器(LED 显示器)、液晶显示器(LCD 显示器)及 CRT 显示器等。下面详细介绍 LED 显示器的结构与工作原理。

LED 显示器的结构如图 5.18(a)所示，由 8 个发光二极管按"日"字形排列，其中 7 个发光二极管组成"日"字形的笔画段，另一个发光二极管为圆点形状，安装在显示器的右下角作为小数点使用，分别控制各笔画段的 LED，使其中的某些发亮，从而可以显示出 0～9 的阿拉伯数字符号以及其他能由这些笔画段构成的各种字符。LED 显示器根据内部结构不同分为两种，一种是把所有发光二极管的阳极连在一起，称为共阳极数码管，如图 5.18(b)所示；另一种是 8 个发光二极管的阴极连在一起，称为共阴极数码管，如图 5.18(c)所示。

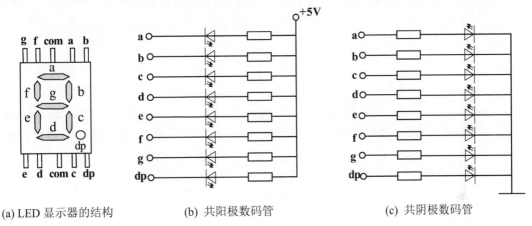

(a) LED 显示器的结构　　　　(b) 共阳极数码管　　　　(c) 共阴极数码管

图 5.18　LED 显示器原理图

当某一二极管导通时，相应的字段发亮。这样，若干个二极管导通，就构成了一个字符。在共阴极数码管中，导通的二极管用"1"表示，其余的用"0"表示。这些"1""0"数符按一定的顺序排列，就组成了所要显示字符的显示代码。例如，对于共阴极数码管来说，阳极排列顺序为 h、g、f、e、d、c、b、a。这样，字符 1 的显示代码为 00000110，字符 F 的显示代码为 01110001，用十六进制表示分别为 06H 和 71H。若要显示某一个字符，就在二极管的阳极按显示代码加高电平，阴极加低电平即可。显示七段码表如表 5-8 所示。

表 5-8　显示七段码表

D7 h	D6 g	D5 f	D4 e	D3 d	D2 c	D1 b	D0 a	共阴 七段码	共阳 七段码	显示 字符
0	0	1	1	1	1	1	1	3FH	C0H	0
0	0	0	0	0	1	1	0	06H	F9H	1
0	1	0	1	1	0	1	1	5BH	A4H	2
0	1	0	0	1	1	1	1	4FH	B0H	3
0	1	1	0	0	1	1	0	66H	99H	4
0	1	1	0	1	1	0	1	6DH	92H	5
0	1	1	1	1	1	0	1	7DH	82H	6
0	0	0	0	0	1	1	1	07H	F8H	7
0	1	1	1	1	1	1	1	7FH	80H	8
0	1	1	0	1	1	1	1	6FH	90H	9

续表

D7 h	D6 g	D5 f	D4 e	D3 d	D2 c	D1 b	D0 a	共阴七段码	共阳七段码	显示字符
0	1	1	1	0	1	1	1	77H	88H	A
0	1	1	1	1	1	0	0	7CH	83H	B
0	0	1	1	1	0	0	1	39H	C6H	C
0	1	0	1	1	1	1	0	5EH	A1H	D
0	1	1	1	1	0	0	1	79H	86H	E
0	1	1	1	0	0	0	1	71H	8EH	F
0	1	1	1	0	0	1	1	73H	8CH	P
0	1	1	1	0	1	1	0	76H	89H	H

从前面的学习知道,单片机的 P0～P3 口具有输入数据可以缓冲,输出数据可以锁存的功能,并且有一定的带负载能力。但一般 I/O 接口芯片的驱动能力是很有限的。在 LED 显示接口电路中,若输出口所能提供的驱动电流或吸收电流不能满足要求时,就需要增加 LED 驱动电路,特别是多段 LED 显示器更是如此。有两种形式的驱动电路:低电平有效驱动电路和高电平有效驱动电路。

在低电平有效驱动电路中,当驱动管导通而使集电极处于低电平时,LED 被正向导通而发光,驱动电路吸收 LED 工作电流。在高电平有效驱动电路中,当驱动管截止而使集电极处于高电平时,LED 导通而发光,驱动电路为 LED 提供工作电流。驱动电路中的 R 为限流电阻,通常取数百欧。

现在已很少采用分立元件来驱动 LED,常用的是 TTL 或 MOS 集成电路驱动器,且多为用集电极或漏极开路的驱动器。

图 5.18 中所示电阻为限流电阻,在电路中起到分压、限流的作用。

限流电阻 R 的计算公式如下:

$$R = \frac{V_i - V_f - V_{cs}}{I_f}$$

式中,V_i 为输入信号电平;V_f 为输入端发光二极管的压降,通常是 1.2～2.5V;V_{cs} 为驱动器的压降,通常是 0.1～0.5V;I_f 为发光二极管的工作电流,通常是 5～20mA。

在单片机应用系统中,LED 显示器的显示方法有两种:静态显示法和动态扫描显示法。

1) 静态显示法接口设计

所谓静态显示,就是每一个显示器各笔画段都要独占具有锁存功能的输出口线,CPU 把要显示的字形代码送到输出口上,就可以使显示器显示所需的数字或符号,此后,即使 CPU 不再去访问它,因为各笔画段接口具有锁存功能,显示的内容也不会消失。

静态显示法的优点是显示程序十分简单,显示亮度大,由于 CPU 不必经常扫描显示器,因此节约了 CPU 的工作时间。但静态显示也有其缺点,主要是占用的 I/O 接口线较多,硬件成本较高。所以静态显示法常用在显示器数目较少的应用系统中。

LED 采用静态显示与单片机接口时,共阴极或共阳极点连接在一起接地或高电平。每个显示位的段选线与一个 8 位并行口线对应相连,只要在显示位上的段选线上保持段码电平不变，则该位就能保持相应的显示字符。这里的 8 位并行口可以直接采用并行 I/O 接口芯片，也可以采用串入/并出的移位寄存器或是其他具有三态功能的锁存器等。考虑到若采用并行 I/O 接口，占用 I/O 资源较多，因此静态显示器接口中通常采用串行口，设置为方式 0 输出方式，外接 74LS164 移位寄存器，构成显示器接口电路。

下面介绍采用 BCD/7 段显示译码驱动芯片构成的静态显示接口电路，其特点是一个 LED 显示器仅占 4 条 I/O 线，当一个并行 I/O 接口经过该译码显示驱动器时，可以连接两个 LED 显示器。

常用的 BCD 数码显示译码驱动芯片有两种类型，一种是适用于共阳极显示器，如 74LS47；另一种适用于共阴极显示器，如 74LS49。图 5.19 是采用共阳极显示器的静态显示器接口电路。单片机输出控制信号由 P2.0 和 $\overline{WR}$ 合成，当二者同时为 "0" 时，或门输出为 0，将 P0 口数据锁存到 74LS273 中，口地址为 FEFFH。输出线的低 4 位和高 4 位分别接 BCD/7 段显示译码驱动器 74LS47。74LS47 能使显示器显示出由 I/O 接口送来的 BCD 码数和某些符号。

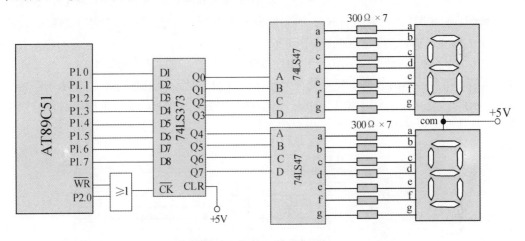

图 5.19　静态显示器接口电路

具体显示程序也非常简单，如欲在两个显示器上显示两位十进制数 35，仅需将该数送往显示口地址即可。

【例】

【功能】　静态显示两位十进制数。

【程序实现】

```
    MOV     A, #35H             ;将显示数的 BCD 码送累加器(A)
    MOV     DPTR, #0FEFFH       ;取显示口地址
    MOVX    @DPTR,A             ;送显示数
```

2) 动态扫描显示法接口设计

动态扫描显示法是单片机应用系统中最常用的显示方法之一。它是把所有显示器的 8 个笔画段 a～h 的各同段名端互相并接在一起，并把它们接到字段输出接口上。为了防止各个显示器同时显示相同的数字，各个显示器的公共端 COM 还要受控制信号控制，即把它们接到位输出接口上。这样，对于一组 LED 显示器需要有两组信号来控制，一组是字段

输出口输出的字形代码，用来控制显示的字形，称为段码；另一组是位输出接口输出的控制信号，用来选择第几位显示器工作，称为位码。在这两组信号的控制下，可以 1 位 1 位地轮流点亮各个显示器，显示各自的数码，以实现动态扫描显示。例如，要显示一组数字，即利用循环扫描的方法，各位显示器依次从左到右(或从右到左)轮流点亮一遍，过一段时间再使之显示一遍，如此不断重复。在轮流点亮一遍的过程中，每位显示器点亮的时间则是极为短暂的(约 1ms)，但由于 LED 具有余辉特性以及人眼的惰性，尽管各位显示器实际上是分时断续地显示，但只要适当选取扫描频率，给人眼的视觉印象就会是在连续稳定地显示，并不察觉有闪烁现象。

图 5.20 所示为典型的动态扫描显示器接口电路。图 5.20 中共有 6 个共阴极 LED 显示器，并行接口 8155 的 A 口为字段口，输出字形码，再经 8 路反相驱动器变反后加到每个显示器 a～h 对应的笔画段上；C 口为字位口，输出位码，经 6 路反相驱动器变反后加到各个显示器的共阴极端。

在图 5.20 中，设 8155 的命令/状态寄存器地址为 4000H，而 A 口、B 口和 C 口的地址分别为 4001H、4002H、4003H。8155 的工作方式设置为 A 口为输出，禁止中断；C 口也为输出，即 ALT2 方式。根据这些设置，8155 工作方式控制字为 05H。

AT89C51 片内 RAM 的 6 个单元 30H～35H 用做显示缓冲区，分别对应 6 个显示器 LED0～LED5。要显示的数据事先存放在显示缓冲区中。显示从最右边 1 位显示器开始，即 30H 单元的内容在最右边 1 位 LED0 显示，此时的位码为 01H。显示 1 位以后，位码中的数据左移 1 位，从右至左逐位显示出对应缓冲区单元的数。当显示最左边 1 位时，位码为 20H，一次扫描结束。

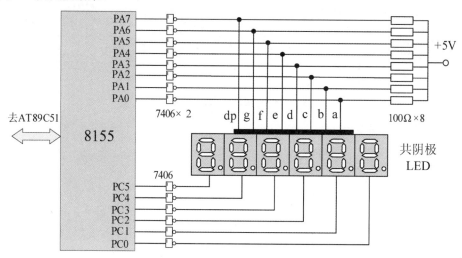

图 5.20 动态扫描显示器接口电路

动态扫描子程序流程图如图 5.21 所示。

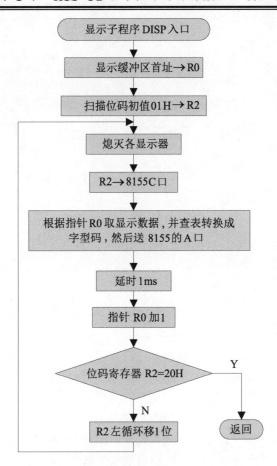

图 5.21　动态扫描子程序流程图

【例】

【功能】实现动态扫描显示。

【程序实现】

```
MODE:   MOV    A,      #05H        ;8155 方式控制字
        MOV    DPTR,   #4000H      ;指向 8155 命令寄存器
        MOVX   @DPTR,  A           ;写入方式字,A、C 口为输出
DISP:   MOV    R0,     #30H        ;指向显示缓冲区首单元
        MOV    R2,     #01H        ;位码,从最右 1 位开始显示
LOOP:   MOV    A,      #0FFH       ;准备熄灭所有显示器
        MOV    DPTR,   #4001H      ;指向 8155A 口(字段口)
        MOVX   @DPTR,  A           ;关显示
        MOV    A,      R2
        MOV    DPTR,   #4003H      ;指向 8155C 口(字位口)
        MOVX   @DPTR,  A           ;输出位码
        MOV    DPTR,   # 4001H     ;指向字段口
        MOV    A,      @R0         ;从缓冲区取得显示的数
        ADD    A,      #13H        ;查表修正量
        MOVC   A,      @A+PC       ;查表取字形码
        MOVX   @DPTR,  A           ;显示 1 位数
        ACALL  D1MS               ;延时 1ms
```

```
              INC     R0                                 ;修改显示缓冲区指针
              MOV     A,      R2                         ;取位码
              JB      ACC.5,  EXIT                       ;6位数已显示完,则结束
              RL      A                                  ;未扫描完,位码左移1位
              MOV     R2,     A                          ;暂存位码
              AJMP    LOOP                               ;循环,继续显示下一位数
    EXIT:     RET
    SEGPT:    DB      0C0H,   0F9H,   0A4H,   0B0H,   99H
                                                         ;由于为反向驱动,所以使用
              DB      92H,    82H,    0F8H,   80H,    90H
                                                         ;共阳极七段码表
              DB      88H,    83H,    0C6H,   0A1H,   86H
              DB      8EH,    8CH,0BFH,0FFH
    D1MS:     MOV     R7,     #02H                       ;延时1ms程序
    DL0:      MOV     R6,     #0FFH
    DL1:      DJNZ    R6,     DL1
              DJNZ    R7,     DL0
              RET
```

5.4.2　键盘接口工作原理

在单片机应用系统中,除了复位键有专门的复位电路以及专一的复位功能以外,其他的按键或键盘都是以开关状态来控制功能或输入数据的。键盘是人机交互的一个重要工具。键盘有两种基本类型:编码键盘和非编码键盘。

编码键盘本身除了按键以外,还包括产生键码的硬件电路。这种键盘使用非常方便,但价格相对较高。非编码键盘是靠软件来识别键盘上的闭合键,由此计算出编码。非编码键盘几乎不需要附加硬件逻辑,在单片机应用系统中被普遍使用。

下面介绍非编码键盘的工作原理。

1. 简单的按键结构

如果应用系统仅需要几个键,可采用如图5.22所示的按键输入电路。按键直接用I/O接口线构成单个按键电路。每个独立式按键单独占有一根I/O接口线,每根I/O接口线的工作状态不影响其他I/O接口线的工作状态,是最简单的一种按键结构。

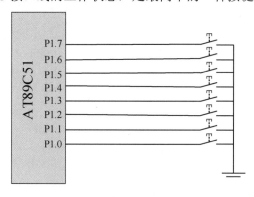

图5.22　简单按键接口电路

当某一个按键 Sn(n=0~7)闭合时,P1.n输入为低电平,释放时P1.n输入为高电平。实

际上，在按下一次 S_n 时，机械按键的簧片存在着轻微的弹跳现象，P1.n 的输入波形在键闭合和释放过程中存在抖动现象，呈现一串抖动脉冲波，其时间长短与按键的机械特性有关，一般为 5～20ms。为了确保 CPU 对键的一次闭合仅做一次处理，必须去除抖动。

按键为输入开关量，所以 P1 口事先写入"1"，当无键按下时，P1.n 端由内部上拉电阻上拉为高电平，而有键按下时，P1.n 端与地相连，输入电压值为低电平。若为 P0 口，内部无上拉电阻，需外加上拉电阻。

2. 行列式键盘

当按键数较多时，简单按键电路占用较多的 I/O 接口线，因此通常多采用行列式(也称矩阵式)键盘电路。

图 5.23 表示一个 5×5 的行列式键盘阵列。键盘中共有 25 个键，每个键都给与编号，键号按从上到下、从左到右的规律，分别为 0，1，2，…，24。在应用系统中，键盘上的按键可按需要定义其按键的功能。

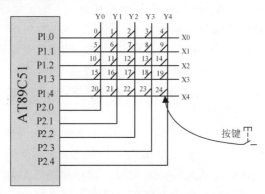

图 5.23　行列式键盘阵列

X0、X1、X2、X3、X4 分别代表第 0 行、第 1 行、第 2 行、第 3 行、第 4 行。Y0、Y1、Y2、Y3、Y4 分别代表第 0 列、第 1 列、第 2 列、第 3 列、第 4 列。在不需要外接并行扩展芯片的情况下，代表各个行的 5 根引出线分别和 CPU 的通用 I/O 接口 P1 的 5 个引脚连接(这 5 个引脚是单向输入，芯片内无上拉电阻，需外加上拉电阻)。代表各个列的 5 根线分别和 P2 的 5 个引脚连接。矩阵键盘工作时首先要确定有无按键按下，其次确定键值、键码，分述如下。

1) 有无按键的确认

由行线或列线输出低电平，然后读取列线或行线电平，如果读取值不全是高电平则有键按下，否则没有。其中要有键盘消抖措施。

2) 按键的识别

扫描算法：逐行置低电平，其余各行为高电平，检查各列电平的变化，如果某列线电平为低电平，即可确定此行列线交叉点处的按键被按下。交换行列线的输出读取关系也可以实现。

线反转法：首先将行线编程为输入线，列线编程为输出线，然后使列线全输出低电平，读取行线电平，行线从高电平转为低电平的行线为按下按键所在行；然后将列线编程为输入线，行线编程为输出线，然后使行线全输出低电平，读取列线电平，列线从高电平转为低电平的列线为按下按键所在列。

3) 扫描算法的键号确定

矩阵式键盘中按键的物理位置唯一，按键由行号和列号唯一确定，所以可以由行列号对按键编码，如 0 行 0 列的按键编码为 00H，2 行 3 列为 13，编码时以处理问题方便为准。根据识别的行列号可以确定键号：

$$键号=所在行号×键盘列数+所在列号$$

编制程序时可以把键号制成表，查表实现键功能的处理或直接用来散转程序的处理。

4) 按键消抖问题

上述的流程虽然能够反映键盘扫描的基本原理及其实现，但是还有遗留的问题没有解决，那就是消抖问题。目前无论是按键还是键盘大部分都是利用机械触点的合、断作用。机械触点由于弹性作用的影响，在闭合及断开瞬间均有抖动现象，从而使电压信号也出现抖动，抖动时间长短与开关的机械特性有关，一般为 5～10ms。按键的稳定闭合时间，由操作人员的按键动作决定，一般为十分之几秒至几秒时间。为了保证 CPU 对键的一次闭合仅做一次键输入处理，必须消除抖动现象。

通常消抖的方法有硬件和软件两种。在硬件上采取的措施是在键的输出端加 R-S 触发器或单稳态电路构成消抖电路。在软件上采取的措施是在检测到有键按下时，执行一个10ms 左右的延时程序，再确认该键是否仍保持闭合状态，若仍保持为闭合状态，则确认该键处于闭合状态，从而消除抖动影响。

消抖算法的状态机的迁变过程如图 5.24 所示，首先键盘扫描程序检测有无按键按下，若有键按下，则保存键值，否则键值置为 0xFF，间隔 20ms 再次调用键盘扫描程序，比较当前检测的键值与前次的键值是否相同，若相同，则存储键值，并等待按键弹起，然后上报键值，并进入下轮询检测机制。此状态机在主程序中周而复始地执行。

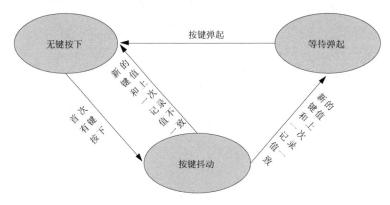

图 5.24   按键状态机的迁变过程

5.4.3   键盘/显示器专用接口芯片 8279 的工作原理及使用方法

Intel 公司的 8279 是可编程的键盘和显示接口器件。单个芯片可以实现键盘输入和 LED显示控制两种功能。使用它可以简化系统的软、硬件设计，充分提高 CPU 的工作效率。本节介绍 8279 的工作原理及使用方法。

8279 的内部结构如图 5.25 所示。下面分别介绍各部分电路的功能及工作原理。

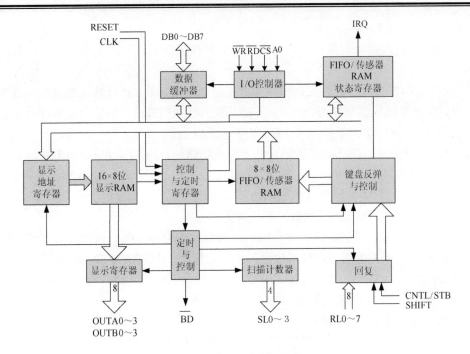

图 5.25　8279 内部结构

1. 电路工作原理

8279 包括 I/O 控制及数据缓冲器部分、键盘/传感器部分、显示器部分 3 部分。

键盘部分提供扫描方式，可以与具有 64 个按键或传感器阵列相连，能自动消除按键开关抖动并具有几个键同时按下的保护。

显示器部分按动态扫描方式工作，是可以驱动 8 位或 16 位的 LED 显示器。

1) I/O 控制及数据缓冲器部分

I/O 控制线是 CPU 对 8279 进行控制的控制信号输入线。片选信号 $\overline{CS}=0$ 时，8279 才被访问。$\overline{WR}$ 和 $\overline{RD}$ 为 CPU 发来的读/写控制信号，用于控制 8279 的读/写操作。

数据缓冲器(双向)是 8279 内部总线与外部总线的接口部分，用于传送 CPU 与 8279 之间的命令、数据及状态信息。

A0 通常接 CPU 地址总线的 A0 位，用于区别信息特性。A0=1 时，表示数据缓冲器输入为指令，输出为状态字；A0=0 时，输入、输出皆为数据。

2) 键盘/传感器部分

键盘/传感器部分提供的扫描方式可以和有 64 个按键或传感器的阵列相连，与该部分有关的寄存器和控制电路有：

(1) 控制与定时寄存器及定时控制电路。

控制与定时寄存器是键盘与显示器共用部分，用来寄存键盘及显示的工作方式控制字，在初始化 8279 时由 CPU 编程写入操作方式控制字，从而产生相应的控制功能。

定时控制包含一个可编程的 N 级计数器。N 可以在 2～31 内由编程选定，它用于对外界输入的时钟 CLK 分频得到内部所需要的 100kHz 时钟信号，然后再经分频，为键盘提供必要的逐行扫描频率和显示扫描时间。

(2) 扫描计数器。

扫描计数器也为键盘与显示器共用部分，提供键盘和显示器的扫描信号线，有两种工作方式。

① 编码工作方式：计数器提供一种 4 位二进制计数，4 位计数状态通过扫描线 SL0～SL3 输出，经外部译码后最多可产生 16 条键盘显示器的扫描线，但键盘最多只用 8 条扫描线，此种方式下，外部可以接 16 个 LED 和 8×8 的键盘。

② 译码工作方式：扫描计数器的最低 2 位被译码后，经 SL0～SL3 输出 4 选 1 的译码信号，作为键盘和显示器的扫描线。此种方式下，外部只能接 4 个 LED 和 4×8 的键盘。

(3) 返回缓冲器和键盘消抖及控制电路。

8 位返回线 RL0～RL7 被返回缓冲器缓冲并锁存。

在键盘工作方式中，返回线 RL0～RL7 作为键盘的列输入线。在传感器开关矩阵方式中，它的内容反映开关的状态，被直接送往相应的传感 FIFO RAM 中。通过检查返回线可以找出在该行中闭合的键。如果有一键闭合，反弹电路被置位，等待延时 10ms，然后重新检测该键是否闭合。如果仍然闭合，那么该键在矩阵中的行列地址与附加的移位、控制状态一起形成键盘数据被送入内部 FIFO(先进先出)存储器。键盘数据的格式如下：

位	D7	D6	D5	D4	D3	D2	D1	D0
FIFO	CNTL	SHIFT	扫描(闭合键行号)			回送(闭合键列号)		

控制和移位(D7，D6)的状态由两个独立的附加开关决定。D5～D3 来自扫描线计数器，D2～D0 来自返回线计数器。扫描线计数器和返回线计数器反映出被按下键的列、行值。

在选通输入方式中，返回线内容在 CNTL/STB 线脉冲上升沿被送入 FIFO RAM 中。

(4) FIFO/传感器 RAM 及状态寄存器。

FIFO/传感器 RAM 是一个双重功能的 8×8 位 RAM。它是按先进先出原则组织起来的 8 字节的堆栈存储器，用来保存输入的数据或传感器开关量状态信息。

在键盘或选通方式时，它是 FIFO 存储器。其输入或输出遵循先入先出的原则。FIFO 状态寄存器用来存放 FIFO 的工作状态，例如，RAM 是满还是空，其中存有多少数据，是否操作出错等。当 FIFO 存储器不空，状态逻辑将产生 IRQ=1 信号，向 CPU 申请中断。

在传感矩阵方式时，这个存储器又是传感器存储器，存放着传感器矩阵中的每一个传感器状态。在此方式中，若检索出传感器的变化，IRQ 信号变为高电平，向 CPU 申请中断。

3) 显示器部分

(1) 显示 RAM。

显示 RAM 用来存储待显示的数据，容量为 16×8 位。在显示过程中，存储的显示数据轮流从显示寄存器输出。显示寄存器分为 A、B 两组，即 OUTA0～OUTA3 和 OUTB0～OUTB3。它们可以单独送数，也可以组成一个 8 位字。显示寄存器的输出与显示扫描配合，不断从显示 RAM 中读出显示数据，同时轮流驱动被选中的显示器件，以达到多路复用的目的，使显示器件呈现稳定的显示状态。

(2) 显示寄存器和显示地址寄存器。

显示寄存器暂存显示 RAM 中取出的数据，并直接由 OUTA0～OUTA3、OUTB0～

OUTB3 输出到 LED 上显示出来。显示寄存器分为两组，A 组由 OUTA0～OUTA3 输出，B 组由 OUTB0～OUTB3 输出，它们可以单独送数，即只输出 A 组或 B 组数据，也可组成 8 位的字，即 A、B 组同时输出。显示寄存器的输出是与显示扫描配合工作的，不断从显示 RAM 中读出显示数据，同时轮流驱动被选中的 LED，以达到多路复用的目的。

显示地址寄存器用来寄存由 CPU 进行读/写显示 RAM 的地址。它可以由命令设定，也可以设置成每次读出或写入后自动递增。

2. 8279 引脚、引线与功能

8279 采用 40 引脚封装，其引脚排列如图 5.26 所示。

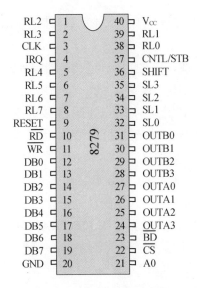

图 5.26　8279 引脚排列图

1) 与 CPU 总线接口部分

(1) DB0～DB7：双向、三态数据总线，与系统数据总线相连，用于 CPU 与 8279 之间传送控制、状态和数据信息。

(2) CLK：系统的时钟输入线，用于产生内部时钟。

(3) RESET：复位信号，输入线，高电平有效。当 RESET 为 "1" 时，8279 复位。其复位状态为 16 字符显示，编码扫描键盘，双键锁定，程序时钟编程为 "31"。

(4) $\overline{\text{CS}}$：片选输入线，低电平有效，即 $\overline{\text{CS}}$ = 0 时，8279 才能工作。

(5) A0：数据选择输入线。当 A0=0 时，表示传送的是数据；当 A0=1 时，表示 I/O 命令或状态。

(6) $\overline{\text{RD}}$：读控制信号，低电平有效。当 $\overline{\text{RD}}$ =0 时，CPU 从 8279 读数据。

(7) $\overline{\text{WR}}$：写控制信号，低电平有效。当 $\overline{\text{WR}}$ = 0 时，CPU 向 8279 写数据。

(8) IRQ：中断请求信号，高电平有效。在键盘工作方式中，当 FIFO/传感器 RAM 存有数据时，IRQ 为高电平。CPU 每次从 RAM 中读出数据时，IRQ 变为低电平。若 RAM 中仍有数据，则 IRQ 再次恢复为高电平。在传感器工作方式中，每当检测到传感器状态变化时，IRQ 就出现高电平。

(9) V_{CC}：电源，+5V。

(10) GND：地线。

2) 数据显示接口部分

(1) OUTA0～OUTA3：A 组显示信号输出线。

(2) OUTB0～OUTB3：B 组显示信号输出线。

(3) $\overline{BD}$：显示器消隐指示输出线。用于在数字转换时指示消隐，或用于由显示消隐命令控制下的消隐指示。

3) 键盘接口部分

(1) SL0～SL3：用于键盘/传感器矩阵或显示器的扫描输出线，可编程设定为编码工作方式或译码工作方式。

(2) RL0～RL7：返回输入线，是键盘阵列或传感器阵列的列(或行)的输入线。平时保持为"1"，当矩阵结点上有开关闭合时变为"0"。

(3) SHIFT：移位输入线。在键盘工作方式时，当按键按下闭合时，该输入信号是 8279 键盘数据的次高位(D6)，通常用来扩充键功能，可以用做键盘上、下挡功能键。在传感器方式或选通 SHIFT 无效。

(4) CNTL/STB：控制/选通输入线。在键盘工作方式时，该信号是键盘数据的最高位，通常用来扩充键开关的控制功能，作为控制功能键使用。在选通输入工作方式时，该信号的上升沿可将来自 RL0～RL7 的数据存入 FIFO RAM 中。在传感器工作方式下，该信号无效。

3. 8279 工作方式

8279 根据应用需要，可设置多种工作方式。

1) 键盘工作方式

通过对键盘方式命令字的设置，可将 8279 设置为双键互锁方式和 N 键巡回方式。

(1) 键盘扫描方式，双键互锁。在这种方式下，如果只有一个键被按下，则此键值连同 CTRL 和 SHIFT 的状态一起送到 FIFO RAM 中，如果 FIFO 空，IRQ=1；如果 FIFO 满，便置错误标志，键值不会送入 FIFO RAM 中。若有两个或两个以上键同时被按下，则不管这些键是以什么次序按下的，它只识别最后一个释放的键，并把此键值送入 FIFO RAM 中。

(2) 键盘扫描方式，N 键巡回。在这种方式下，一次可以按下任意个键，这些键均被识别，并按键扫描的顺序把键值送入 FIFO RAM 中。

2) 显示器工作方式

CPU 将显示数据写入显示缓冲器时有左端送入和右端送入两种方式。

左端送入为依次填入方式。例如，选择 8 个显示器，从左边依次输入 1，2，…，10 这十个字符，若 RAM 的地址从 0000H 开始。从左端送入数据，输入方式的过程如下：

显示 RAM 的地址	0	1	2	3	4	5	6	7
第 1 次送入	1							
第 2 次送入	1	2						
第 3 次送入	1	2	3					
…								
…								
第 8 次送入	1	2	3	4	5	6	7	8
第 9 次送入	9	2	3	4	5	6	7	8
第 10 次送入	9	10	3	4	5	6	7	8
显示器位置	1	2	3	4	5	6	7	8

这种方式的特点是写入数据总是从左端开始向右端依次填入,当 8 个数据写完后,又从左端 0 单元开始从左至右依次写入。

右端送入为移位方式。数据总是从最右边的显示缓冲器写入。每写入一个数据,原来缓冲器中内容左移一个字节。例如,选择 8 个显示器,从右端输入,其写入过程如下:

显示 RAM 的地址	1	2	3	4	5	6	7	0	备注
第 1 次送入								1	
	2	3	4	5	6	7	0	1	显示 RAM 地址
第 2 次送入							1	2	
…									
…									
第 8 次送入	1	2	3	4	5	6	7	8	
	1	2	3	4	5	6	7	0	显示 RAM 地址
第 9 次送入	2	3	4	5	6	7	8	9	
	2	3	4	5	6	7	0	1	显示 RAM 地址
第 10 次送入	3	4	5	6	7	8	9	10	
显示器位置	1	2	3	4	5	6	7	8	

这种显示方式,显示 RAM 地址与实际显示器位置不相对应,因而在使用时为避免不必要的差错,应尽可能从 0000H 地址开始写入。

3) 传感器矩阵方式

在这种方式下,传感器的开关状态直接送到传感器 RAM,CPU 对传感器阵列扫描时,如果检测到某个传感器状态发生变化,则使中断申请信号 IRQ 变为高电平。如果 AI(自动加"1"标志)为"0",则对传感器 RAM 的第一次操作时即将 IRQ 清"0",如果 AI 标志为"1"，则用中断结束命令清除 IRQ。

4) 内部译码和外部译码方式

在键盘、显示器工作方式中，SL0～SL3 为键盘的列扫描线和动态显示器的位选线。当选择内部译码方式时，SL0～SL3 每一时刻只能有一位为低电平输出，此方式外部只能接 4 个 LED 和 4×8 的键盘。

当选择外部译码方式时，此种方式下，外部可以接 16 个 LED 和 8×8 的键盘。

4. 8279 命令格式与命令字

8279 的操作方式是通过 CPU 对 8279 写入命令来实现编程的。当 $\overline{CS}=0$，A0 = 1 时，CPU 对 8279 写入的数据为命令字，读出的数据为状态字。8279 共有 8 条命令，下面分述其功能及命令字定义。

1) 键盘/显示器方式设置命令字

此命令用于设置键盘和显示器的工作方式，命令格式如下：

位	D7	D6	D5	D4	D3	D2	D1	D0
定义	0	0	0	D	D	K	K	K

各位定义如下：

(1) (D7，D6，D5)=000：方式设置命令特征位。

(2) (D4，D3)=DD：用设定显示方式，共有 4 种显示方式，其定义为

00：8 个字符显示，从左端送入；

01：16 个字符显示，从左端送入；

10：8 个字符显示，从左端送入；

11：16 个字符显示，从右端送入。

(3) (D2，D1，D0)=KKK：用来设定 7 种键盘，显示工作方式为

000：编码扫描键盘，双键锁定；

001：译码扫描键盘，双键锁定；

010：编码扫描键盘，N 键巡回；

011：译码扫描键盘，N 键巡回；

100：编码扫描传感器矩阵；

101：译码扫描传感器矩阵；

110：选通输入，编码显示扫描；

111：选通输入，译码显示扫描。

2) 程序时钟命令字

此命令用来设置分频系数，命令格式如下：

位	D7	D6	D5	D4	D3	D2	D1	D0
定义	0	0	1	P	P	P	P	P

各位定义如下：

(1) (D7，D6，D5)=001：时钟命令特征位。

(2) (D4，D3，D2，D1，D0)=PPPPP：用来设定对外部输入 CLK 端的时钟进行分频的分频数 N，N 取值 2～31。例如，外部时钟频率为 2 MHz，PPPPP 被置成 10100(N=20)，则对外部输入的时钟进行 20 分频，以获得 8279 内部要求的 100kHz 的基本频率。

3) 读 FIFO/传感器 RAM 命令

此命令用来设置读 FIFO /传感器 RAM，命令格式如下：

位	D7	D6	D5	D4	D3	D2	D1	D0
定义	0	1	0	AI	X	A	A	A

各位定义如下：

(1) (D7，D6，D5)=010：读 FIFO/传感器 RAM 命令特征位，该命令字可在传感器方式时使用。在 CPU 读传感器 RAM 之前，必须用这条命令来设定传感器 RAM 中的 8 个地址(每个地址一个字节)。

(2) (D4)=AI：自动增量(加"1")特征位。当 AI=1 时，每次读出传感器 RAM 后地址自动加"1"，使地址指针指向下一个存储单元。

(3) (D3) =X：没有定义，可为任意值。

(4) (D2，D1，D0)=AAA：在传感器方式及选通输入方式时 FIFO RAM 的地址。

在传感器阵列方式中，AAA 选择传感器 RAM 的 8 行中的一行。若 AI=1，则下次读取便读自传感器中的下一行。

在键盘工作方式中，由于读出操作严格按照先入先出顺序，都是读自 FIFO，直到写入新命令为止。因此，读键盘阵列值的命令字为 0100 0000B，即 40H。

4) 读显示 RAM 命令

此命令用来设置读显示 RAM，命令格式如下：

位	D7	D6	D5	D4	D3	D2	D1	D0
定义	0	1	1	AI	A	A	A	A

各位定义如下：

(1) (D7，D6，D5)=011：读显示 RAM 命令字特征位。

(2) (D4)=AI：自动增量特征位。当 AI=1 时，每次读出后地址自动加"1"，指向下一个地址；当 AI=0 时，读出后地址不变。

(3) (D3，D2，D1，D0)=AAAA：用来寻址显示 RAM 中的存储单元。由于显示 RAM 中有 16B 单元，故需要 4 位寻址。

5) 写显示 RAM 命令

此命令用来设置写显示 RAM，命令格式如下：

位	D7	D6	D5	D4	D3	D2	D1	D0
定义	1	0	0	AI	A	A	A	A

各位定义如下：

(1) (D7，D6，D5)=100：写显示 RAM 命令字特征位。在写显示 RAM 之前，用这个命

令来设定将要写入的显示 RAM 的地址。

(2) (D4)=AI：定义同读显示 RAM 命令。

(3) (D3，D2，D1，D0)=AAAA：定义同读显示 RAM 命令。

6) 显示禁止写入/消隐命令特征字

此命令用来禁止数据写入显示 RAM 或向显示 RAM 写入空格(即熄灭)，命令格式如下：

位	D7	D6	D5	D4	D3	D2	D1	D0
定义	1	0	1	X	IW/A	IW/B	BL/A	BL/B

各位定义如下：

(1) (D7，D6，D5)=101：显示禁止写入/消隐命令特征位。

(2) (D4)=X：没有定义，可为任意值。

(3) (D3，D2)=IW/A，IW/B：A、B 组显示 RAM 写入屏蔽位。由于显示寄存器分成 A、B 两组，可以单独送数，因此用两位分别屏蔽。当 A 组的屏蔽位 D3=1 时，A 组的显示 RAM 禁止写入。因此，从 CPU 写入显示 RAM 数据时，不影响 A 的显示。这种情况通常在采用双 4 位显示器时使用。因为两个 4 位显示器是相互独立的，为了给其中一个 4 位显示器输入数据而又不影响另一个 4 位显示器，因此必须对另一组的输入实行屏蔽。

(4) (D1，D0)=BL/A，BL/B：消隐设置位。若 BL=1，对应组 A 和 B 显示输出被消隐；若 BL=0，则恢复显示。

7) 清除命令

此命令用来清除显示器 RAM 和 FIFO RAM 格式，命令格式如下：

位	D7	D6	D5	D4	D3	D2	D1	D0
定义	1	1	0	C_D	C_D	C_D	C_F	C_A

各位定义如下：

(1) (D7，D6，D5)=110：清除命令特征位。

(2) (D4，D3，D2)=$C_D C_D C_D$：用来设定清除显示 RAM 方式，如表 5-9 所示。

表 5-9 显示 RAM 的清除格式

D4	D3	D2	清除方式
1	0	X	将显示 RAM 全部清"0"
	1	0	将显示 RAM 全部清成 20H(A 组=0010，B 组=0000)
	1	1	将显示 RAM 全部置"1"
0			若 C_A=0，则不清除；若 C_A=1，则 D3 和 D2 仍有效

(3) (D1)=C_F： 用来置空 FIFO 存储器。当 C_F=1 时，执行清除命令后，FIFO RAM 被清"0"，使中断输出线复位，同时传感器 RAM 的读出地址也被清"0"。

(4) (D0)=C_A：总清特征位。它相当于 C_D 和 C_F 的合成。当 C_A=1 时，利用 C_D 指示清除格式(仅由 D3 和 D2 决定，D4 状态可任意)，清除显示 RAM，并清除 FIFO 状态。

在显示器 RAM 被清除期间(约 $100\,\mu s$)，CPU 不能向显示器 RAM 写入数据。在此期间，FIFO 状态字的最高位 $D_U=1$，表示显示无效。

8) 结束中断/错误方式设置命令

此命令用来设置中断结束及出错方式，命令格式如下：

位	D7	D6	D5	D4	D3	D2	D1	D0
定义	1	1	1	1	X	X	X	X

各位定义如下：

(1) (D7，D6，D5)=111：该命令的特征位。此命令有两种不同的作用。

① 作为结束中断命令。在传感器工作方式中，每当传感器的状态出现变化时，扫描检测电路就将其状态写入传感器 RAM，启动中断逻辑，使 IRQ 变高，向 CPU 发出中断，并且禁止写入传感器 RAM。此时，若传感器 RAM 读出地址的自动递补增特征位 AI=0，则中断请求 IRQ 在 CPU 第一次从传感器 RAM 读出数据时就被清除。若自动递补增特征位 AI=1，则 CPU 对传感器 RAM 的读出并不能清除 IRQ，而必须通过给 8279 写入结束中断/错误方式设置命令才能使 IRQ 变低。因此，在传感器方式中，此命令用来结束传感器 RAM 的中断请求。

② 作为特征错误方式设置命令。在 8279 已被设定为键盘扫描 N 键巡回方式以后，如果 CPU 给 8279 又写入结束中断/错误方式设置命令(E=1)，则 8276 将以一种特定的错误方式工作。这种方式的特点是：在 8279 的消抖周期内，如果发现多个按键同时按下，则 FIFO 状态字中的错误特征位 S/E 将置"1"，并产生中断请求信号和阻止写入 FIFO RAM。

(2) (D4)=1 时：对 N 键依次读出方式可工作在特殊出错方式(多重按键按下时出错)。对于传感器工作方式，此命令使 IRQ 变低，而结束中断，并允许对 FIFO RAM 的再次写入。

(3) (D3，D2，D1，D0)=XXXX：没有定义，可任意。

上述 8 条命令用于确定 8279 操作方式的命令字皆由 D7、D6、D5 特征位确定，输入8279 后能自动寻址相应的命令寄存器。因此，写入命令字时唯一的要求是使数据选择信号A0=1。

5. 状态格式与状态字

8279 的 FIFO 状态字，主要用于键盘和选通工作方式，以指示 FIFO RAM 的字符数和有无错误发生。

若使 8279 的 $\overline{RD}$ 和 $\overline{CS}$ 为低电平，A0 为高电平，则读出此状态。其格式如下：

位	D7	D6	D5	D4	D3	D2	D1	D0
定义	D_U	S/E	O	U	F	N	N	N

各位定义如下：

(1) (D7)=D_U：显示无效特征位。当 $D_U=1$ 时，表示显示无效，当显示 RAM 由于清除显示或全清命令尚未完成时，$D_U=1$。

(2) (D6)=S/E：传感器信号结束/错误特征位。该特征位在读出 FIFO 状态字时被读出，而在执行 $C_F=1$ 的清除命令时被复位。S/E 有两种含义：在传感器扫描方式时，S/E=1 表示在传感器 RAM 中少包含了一个传感器闭合指示；当 8279 工作在特定错误方式时，S/E=1 则表示发生了多种同时闭合错误。

(3) (D5)=O：FIFO RAM 溢出标志。当 FIFO RAM 已经充满时，其他键盘数据还试图写入 FIFO RAM，则出现溢出错误，D5 置"1"。

(4) (D4)=U：FIFO RAM 空标志。当 FIFO RAM 已经空时，CPU 还试图读出，则出现 RAM 空错误，使特征位 D4 置"1"。

(5) (D3)=F：FIFO RAM 满标志。F=1 表示 FIFO RAM 中已装满数据。

(6) (D2，D1，D0)=NNN：表示 FIFO RAM 中的字符个数。

6. 8279 的数据输入/输出

对 8279 输入/输出数据(如显示数据、键输入数据、传感器矩阵灵敏度等)时，要选择数据输入/输出接口地址。8279 的数据输入/输出接口地址由 $\overline{CS}$ = 0 、A0=0 确定。

在键扫描方式中，键输入数据格式如下：

位	D7	D6	D5	D4	D3	D2	D1	D0
定义	CNTL	SHIFT	扫描(闭合键行号)			回送(闭合键列号)		

各位定义如下：

(1) (D7)=CNTL：控制键 CNTL 的状态位。

(2) (D6)=SHIFT：控制键 SHIFT 的状态位。

(3) (D5，D4，D3)=SCAN：键所在的行号，由 SL0～SL2 的输出扫描状态确定。

(4) (D2，D1，D0)=RETURN：键所在的列号，由 RL0～RL7 的返回输入状态确定。

控制键 CNTL 和 SHIFT 为单独开关键。CNTL 与其他键联用作为特殊命令键，SHIFT 可作为上、下挡键。

在传感器方式或选通方式中，8 位输入数据为 RL0～RL7 的状态，格式如下：

位	D7	D6	D5	D4	D3	D2	D1	D0
定义	RL7	RL6	RL5	RL4	RL3	RL2	RL1	RL0

8279 可接 8 位或 16 位 LED 显示器，每位显示器对应一个 8 位(段选码)显示缓冲器。CPU 将显示数据写入缓冲器时有左端送入和右端送入两种方式。左端送入为依次填入方式，显示缓冲区 RAM 地址 0～15 分别对应于显示器的 0～15 位、CPU 依次从 0 地址或某一地址开始将段选数据写入显示缓冲区。地址大于 15 时，再从 0 地址写入。右端送入为移位方式，输入数据总是写入右边的显示缓冲器。数据写入显示缓冲器后，原来缓冲器内容左移一个字节。在右端送入方式中，显示器位置和缓冲器 RAM 地址不相对应。

写显示 RAM 时，应先写入写显示 RAM 命令，然后再将数据写入显示 RAM。

读键值时，应先写入读 FIFO RAM 命令字，再读键值。

5.4.4 键盘/显示器接口实例

【实例一】8279 扫描键盘/显示器接口实例

图 5.27 所示是一个实际的 8279 键盘与显示接口电路。采用 16 个键盘输入，8 位 LED 显示。

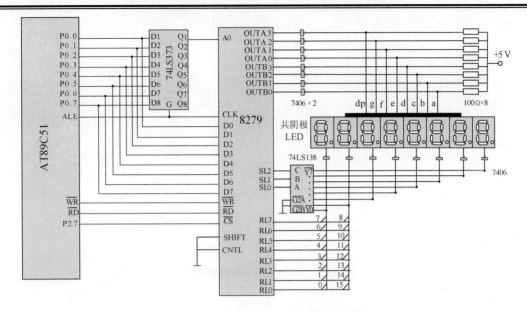

图 5.27　8279 键盘与显示接口电路

采用 8279 设计键盘显示电路时，8279 芯片中设有先入先出 RAM，可储存 8 个键值。当有键按下时，8279 可先将按下键的键值读入 FIFO RAM 中，然后向 CPU 发出中断申请或等待 CPU 查询，取走数据。

8279 的显示输出部分设有 16B 的显示 RAM，可接 16 位 LED 显示器。CPU 先指定显示 RAM 的地址，再对其写入或读出。该 RAM 地址可自动加"1"，供 CPU 依次写入或读出。CPU 向显示器写入显示字符可以从左进入，也可以从右进入，还可以进入指定显示位置。

8279 命令/状态口地址为 7FFFH，数据口地址为 7FFEH。键盘采用查询方式读出。LED 的段选码放在 AT89C51 片内 RAM 30H～37H；16 个键的键值读出后存放在 40H～4FH 单元中。AT89C51 的晶振为 6MHz。

1. 初始化

(1) 清除功能。用来清除 8279 显示 RAM 和 FIFO RAM 格式。具体命令为 D3H。

(2) 设置键盘/显示器工作方式。具体命令为 00H，其中，(D7，D6，D5)=000 为特征位，(D4，D3)=00 为 8 个字符显示，从左端送入，(D2，D1，D0)=000 为编码扫描键盘，双键锁定。

(3) 选取分频系数。具体命令为 2AH，其中(D7，D6，D5)=001 为特征位，分频系数为"10"。

8279 初始化程序流程图如图 5.28 所示。

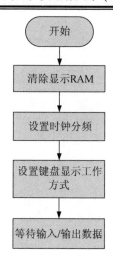

图 5.28　8279 初始化程序流程图

【例】

【功能】8279 初始化。

```
        START:  MOV     DPTR, #7FFFH        ;指向命令/状态口地址
                MOV     A, #0D3H            ;清除显示 RAM 命令
                MOVX    @DPTR, A
        WAIT:   MOVX    A,@DPTR             ;读入状态字
                JB      ACC.7,WAIT          ;清除等待
                MOV     A,#2AH              ;程序时钟分频
                MOVX    @DPTR, A
                MOV     A,#00H              ;设置键盘显示方式
                MOVX    @DPTR, A
                MOV     R0,#30H             ;段选码存放单元首地址
                MOV     R7,#08H             ;显示 8 位
                MOV     A,#90H              ;写显示 RAM 命令
                MOVX    @DPTR, A
```

2. 查询实现键盘及显示器输入/输出功能

【例】

【功能】键盘及显示器输入/输出。

【入口参数】显示位数→(R7)，显示数据地址指针→(R0)。

【出口参数】读出的键值→40H～4FH。

```
        KEY_DR: MOV     DPTR,   #7FFEH      ;指向数据口地址
        LOOP1:  MOV     A,      @R0         ;向显示 RAM 中写入显示段选码
                MOVX    @DPTR,  A
                INC     R0
                DJNZ    R7,     LOOP1
                MOV     R0,     #40H
                MOV     R7,     #10H
        LOOP2:  MOV     DPTR,   #7FFFH      ;指向命令/状态口地址
        LOOP3:  MOVX    A,      @DPTR       ;读状态字
```

```
         ANL    A,      #0FH      ;取低 4 位
         JZ     LOOP3             ;FIFO RAM 中无键值等待输入
         MOV    A,      #40H      ;读 FIFO RAM 命令
         MOVX   @DPTR,  A
         MOV    DPTR,   #7FFEH    ;指向数据口地址
MOVX    A,      @DPTR
ANL     A,      #3FH              ;屏蔽 CNTL、SHIFT 位
         MOV    @R0,    A         ;键值存于 40H~4FH
         INC    R0
         DJNZ   R7,     LOOP2
HERE:    SJMP   HERE
```

【实例二】动态扫描键盘/显示器接口实例

如图 5.29、图 5.30 所示是键盘/显示器接口电路图。键盘矩阵占用单片机 P1 口，显示器为共阳极，显示器位选端占用单片机的 P2 口，段选端占用单片机的 P0 口。

【例】

【功能】键盘查询并读键号，读出的键号值→30H。

键值	0EEH	0EDH	0EBH	0E7H	0DEH	0DDH	0DBH	0D7H
键号	0	1	2	3	4	5	6	7
键值	0BEH	0BDH	0BBH	0B7H	7EH	7DH	7BH	77H
键号	8	9	A	B	C	D	E	F

键扫描程序：

```
KEY_SCAN: MOV   P1,  #0F0H     ;设置行列式矩阵键盘的 4 行为零
          MOV   A,   P1        ;读列键值
          ANL   A,   #0F0H     ;保存列键值
          MOV   B,   A
          MOV   P1,  #0FH      ;设置行列式矩阵键盘的 4 列为零
          MOV   A,   P1
          ANL   A,   #0FH      ;保存行键值
          ORL   A,   B
          RET
```

读键值并转键号程序：

```
          MOV   B,   A           ;键值送入 B 保存
          MOV   DPTR, #KEYTAB     ;键码首地址
          MOV   R2,#0FFH
KEY_NEXT:INC   R2
          MOV   A,   R2
          MOVC  A,   @A+DPTR      ;查表
          CJNE  A,   B,KEY_NEXT
          MOV   30H,R2
          RET
KEYTAB:  DB 0EEH,0EDH,0EBH,0E7H,0DEH,0DDH,0DBH,0D7H,0BEH,0BDH,0BBH
          DB 0B7H,7EH,7DH,7BH,77H
```

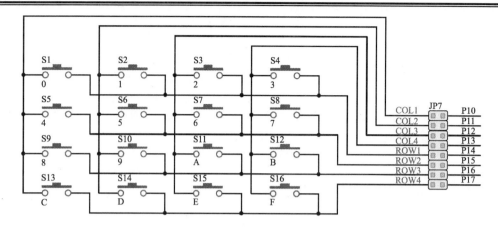

图 5.29　4*4 矩阵式键盘接线图

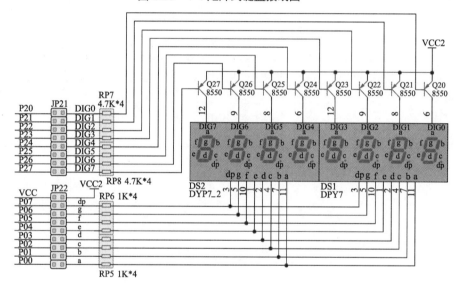

图 5.30　显示器与单片机接线图

【例】

【功能】显示器输出程序。

【入口参数】循环次数→(R4)，显示位数→(R7)显示数据地址指针→(R0)。

【出口参数】显示值→40H～4FH。

```
显示程序:
    DIR: MOV   R0,  #40H        ;显示缓冲区首地址
         MOV   R4,  #08H        ;循环显示次数
         MOV   R7,  #7FH        ;第几位显示
   DIR1: MOV   A,   @R0
         MOV   DPTR,#DIRTAB
         MOVC  A,   @A+DPTR
         MOV   P0,  A
         MOV   A,   R7
         MOV   P2,  A
         RR    A
```

```
            MOV   R7, A
            INC   R0
            MOV   R5, #0FFH              ;延时
            DJNZ  R5,$
            DJNZ R4,DIR1
            MOV P2,#0FFH
            RET
DIRTAB: DB 0C0H,0F9H,0A4H,0B0H,99H,92H,82H,0F8H
        DB 80H,90H,88H,83H,0C6H,0A1H,86H,8EH;//0-FINC R0
```

5.5 模拟量 I/O 通道

D/A 转换器(Digital to Analog Converter)是一种能把数字量信号转换成模拟量信号的电子器件，A/D 转换器(Analog to Digital Converter)则是一种能把模拟量信号转换成数字量信号的电子器件。在单片机控制的应用系统中经常需要用到模/数转换器(A/D 转换器)和数/模转换器(D/A 转换器)，如图 5.31 所示。被控对象的过程信号可以是电量(如电流、电压和开关量等)，也可以是非电量(如温度、压力、速度和密度等)，其数值是随时间连续变化的。通常情况下，过程信号由变送器和各类传感器变换成相应的模拟电量信号(多为电流信号)，然后经图中的多路电子开关汇集，再经过信号调理电路传给 A/D 转换器，由 A/D 转换器转换成相应的数字量信号送给单片机。单片机对过程信息进行运算和处理，把过程信息进行输出(如显示、打印等)，或输出被控对象的工作状况或故障状况。另外，单片机还把处理后的数字量信号送给 D/A 转换器，再经过 V/I 转换(电压/电流转换)，驱动执行器对被控系统实施控制和调整，使之始终处于最佳工作状态。

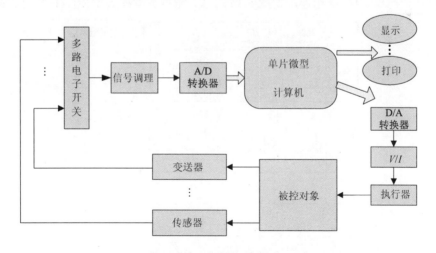

图 5.31 单片机控制系统

A/D 转换器在单片机控制系统中主要用于数据采集，向单片机提供被控对象的各种实时参数，以便单片机对被控对象进行监视；D/A 转换器用于模拟控制，通过机械或电气手段对被控对象进行调整和控制。因此，A/D 转换器和 D/A 转换器是架设在单片机和被控对象之间的桥梁，在单片机控制系统中具有极为重要的作用。

5.5.1 D/A 转换器的原理及主要性能指标

1. D/A 转换器的原理

一般情况下，由于执行机构都是电流驱动的，因此 D/A 转换器输出的模拟量必须经过电压/电流转换才能驱动执行机构动作，以此控制被控实体的工作。D/A 转换器的输出模拟量能随输入数字量正比地变化，使输出模拟量 V_{out} 能直接反映数字量 B 的大小，即有如下关系式：

$$V_{out} = B \times V_R \tag{5.5.1}$$

式中，V_R 为常量，由 D/A 转换器的参考电压 V_{REF} 决定；B 为从 MCS-51 输入的数字量，一般为二进制数；n 位 D/A 转换器芯片对应的 B 值为

$$B = b_{n-1}b_{n-2} \cdots b_1 b_0 = b_{n-1} \times 2^{n-1} + b_{n-2} \times 2^{n-2} + \cdots + b_1 \times 2^1 + b_0 \times 2^0 \tag{5.5.2}$$

式中，b_{n-1} 为 B 的最高位；b_0 为 B 的最低位。

根据转换原理的不同，D/A 转换器(DAC)可分为权电阻 DAC、T 型电阻 DAC、倒 T 型电阻 DAC、电容型 DAC、权电流 DAC、脉宽调制(PWM)DAC 等。按数据输入类型的不同，DAC 又可分为串行 DAC 和并行 DAC。各种 DAC 的电路结构一般都由基准电源、解码网络、运算放大器和缓冲寄存部件组成。不同 DAC 的差别主要表现在采用不同的解码网络上。其中，T 型和倒 T 型电阻解码网络的 DAC 具有简单、直观、转换速度快、转换误差小等优点，成为最有代表性、最广泛的 DAC。本节采用 T 型电阻网络进行解码。

为了说明 T 型电阻网络原理，现以 3 位二进制数模数转换电路为例加以介绍。图 5.30 所示为其原理框图。图中，阴影内为 T 型电阻网络(桥上电阻均为 R，桥臂电阻为 $2R$)；OA 为运算放大器，A 点为虚拟地(接近 0V)；V_{REF} 为参考电压，由稳压电源提供；S0～S2 为电子开关，受 3 位 DAC 寄存器中 b2 b1 b0 的控制。为了分析问题，设 b2 b1 b0 全为"1"，故 S2 S1 S0 全部和"1"端相连，如图 5.32 所示。根据克希荷夫定律，下列关系成立：

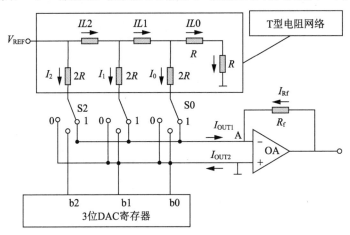

图 5.32 T 型电阻网络型 D/A 转换器

$$I_2 = \frac{V_{REF}}{2R} = 2^2 \times \frac{V_{REF}}{2^3 \times R}$$

$$I_1 = \frac{I_2}{2} = 2^1 \times \frac{V_{REF}}{2^3 \times R}$$

$$I_0 = \frac{I_1}{2} = 2^0 \times \frac{V_{REF}}{2^3 \times R}$$

从图 5.30 可以看出，S0～S2 的状态是受 b2 b1 b0 控制的，并不一定是全"1"。若它们中有些位为"0"，则 S0～S2 中相应开关会因与"0"端相接而没有电流流入 A 点。为此，可以得到：

$$I_{OUT1} = b_2 I_2 + b_1 I_1 + b_0 I_0$$
$$= (b_2 \times 2^2 + b_1 \times 2^1 + b_0 \times 2^0) \times \frac{V_{REF}}{2^3 \times R} \tag{5.5.3}$$

选取 $R_f = R$，并考虑 A 点为虚拟地，故 $I_{Rf} = -I_{OUT1}$。因此，可以得到：

$$V_{OUT} = I_{Rf} R_f = -(b_2 \times 2^2 + b_1 \times 2^1 + b_0 \times 2^0) \times \frac{V_{REF}}{2^3 \times R} \times R_f$$
$$= -B \times \frac{V_{REF}}{2^3} \tag{5.5.4}$$

对于 n 位 T 型电阻网络，式(5.4.4)可变为

$$V_{OUT} = -(b_{n-1} \times 2^{n-1} + b_{n-2} \times 2^{n-2} + \cdots + b_1 \times 2^1 + b_0 \times 2^0) \times \frac{V_{REF}}{2^n \times R} \times R_f$$
$$= -B \times \frac{V_{REF}}{2^n} \tag{5.5.5}$$

从上述讨论中可以得出以下结论：D/A 转换过程主要由解码网络实现，而且是并行工作的。换句话说，D/A 转换器并行输入数字量，每位代码也同时被转换成模拟量。这种转换方式的速度快，一般为微秒级，有的可达几十毫微秒。

2. D/A 转换器的性能指标

D/A 转换器(DAC)的性能指标是选用 DAC 芯片型号的依据，也是衡量芯片质量的重要参数。DAC 性能指标很多，主要有以下 4 个：

1) 分辨率

分辨率(Resolution)是指 DAC 能分辨的最小输出模拟增量，取决于输入数字量的二进制位数。一个 n 位的 DAC 所能分辨的最小电压增量定义为满量程值的 2^{-n} 倍。例如，满量程为 10V 的 8 位 DAC 芯片的分辨率为 $10V \times 2^{-8} = 39mV$，一个同样量程的 16 位的分辨率高达 $10V \times 2^{-16} = 153\mu V$。

2) 转换精度

转换精度(Conversion Accuracy)和分辨率是两个不同的概念。转换精度是指满量程时 DAC 的实际模拟输出值和理论值的接近程度。对于 T 型电阻网络的 DAC，其转换精度与参考电压 V_{REF}、电阻值和电子开关的误差有关。例如，满量程时理论输出值为 10V，实际输出值为 9.99～10.01V，其转换精度为 ±10mV。通常，DAC 的转换精度为分辨率的一半，即 LSB/2。LSB 是分辨率，是指最低 1 位数字量变化引起输出电压幅度的变化量。

3) 偏移量误差

偏移量误差(Offset Error)是指输入数字量为零时，输出模拟量对零的偏移值。这种误差通常可以通过 DAC 的外接 V_{REF} 和电位器加以调整。

4) 线性度

线性度(Linearity)是指 DAC 的实际转换特性曲线和理想直线之间的最大偏差。通常，线性度不应超出 $\pm\dfrac{1}{2}\text{LSB}$。

除上述指标外，转换速度(Conversion Rate)和温度灵敏度(Temperature Sensitivity)也是 DAC 的重要技术参数。不过，因为它们都比较小，通常情况下可以不予考虑。

5.5.2　MCS-51 单片机与 DAC0832 芯片接口设计

目前，市售 DAC 有两大类：一类在电子电路中使用，不带使能端和控制端，只有数字量输入和模拟量输出线；另一类是专为微型计算机设计的，带有使能端和控制端，可以直接与微型计算机接口。

与微型计算机接口的 DAC 芯片也有很多种，有内部含数据锁存器和不含数据锁存器的，也有 8 位、10 位和 12 位的。DAC0832 是这类 DAC 芯片中的一种，由美国国家半导体公司(National Scmiconductor Corporation)研制，其系列芯片还有 DAC0830 和 DAC0831，都是 8 位芯片，可以相互替换。

1. DAC0832 芯片内部结构和引脚功能

1) 内部结构

DAC0832 内部结构由 3 部分电路组成，如图 5.33 所示。"8 位输入寄存器"用于存放 CPU 送来的数字量，使输入数字量得到缓冲和锁存，由 $\overline{\text{LE1}}$ 加以控制。"8 位 DAC 寄存器"用于存放待转换数字量，由 $\overline{\text{LE2}}$ 控制。"8 位 D/A 转换电路"由 8 位 T 型电阻网络和电子开关组成，电子开关受"8 位 DAC 寄存器"输出控制，T 型电阻网络能输出与数字量成正比的模拟电流。因此，DAC0832 通常需要外接运算放大器才能得到模拟输出电压。

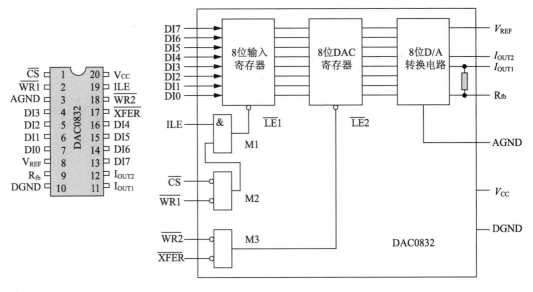

图 5.33　DAC0832 引脚及原理图

2) 引脚功能

DAC0832 共有 20 条引脚,双列直插式封装。引脚连接和命名如图 5.31 所示。

(1) 数字量输入线 DI0~DI7(8 条)。DI0~DI7 常和 CPU 数据总线相连,用于输入 CPU 送来的待转换数字量,DI7 为最高位。

(2) 控制线(5 条)。

① $\overline{CS}$ 为片选线。当 $\overline{CS}$ 为低电平时,本片被选中工作;当 $\overline{CS}$ 为高电平时,本片不被选中工作。

② ILE 为允许数字量输入线。当 ILE 为高电平时,"8 位输入寄存器"允许数字量输入。

③ $\overline{XFER}$ 为传送控制输入线,低电平有效。

④ $\overline{WR1}$ 和 $\overline{WR2}$ 为两条写命令输入线。$\overline{WR1}$ 用于控制数字量输入到输入寄存器:若 ILE 为 "1"、$\overline{CS}$ 为 "0" 和 $\overline{WR1}$ 为 "0" 同时满足,则与门 M1 输出高电平,"8 位输入寄存器"接收信号;若上述条件中有一个不满足,则 M1 输出由高变低,"8 位输入寄存器"锁存 DI0~DI7 上的输入数据。$\overline{WR2}$ 用于控制 D/A 转换的时间:若 $\overline{XFER}$ 和 $\overline{WR2}$ 同时为低电平,则 M3 输出高电平,"8 位 DAC 寄存器"输出跟随输入;否则,M3 输出由高电平变为低电平时"8 位 DAC 寄存器"锁存数据。$\overline{WR1}$ 和 $\overline{WR2}$ 的脉冲宽度要求不小于 500ns,即便 V_{CC} 提高到 15V,其脉宽也不应小于 100ns。

(3) 输出线(3 条)。R_{fb} 为运算放大器反馈线,常常接到运算放大器输出端。I_{OUT1} 和 I_{OUT2} 为两条模拟电流输出线。$I_{OUT1} + I_{OUT2}$ 为一常数:若输入数字量为全 "1",则 I_{OUT1} 为最大,I_{OUT2} 为最小;若输入数字量为全 "0",则 I_{OUT1} 最小,I_{OUT2} 最大。为了保证额定负载下输出电流的线性度,I_{OUT1} 和 I_{OUT2} 引脚线上的电位必须尽量接近地电平。为此,I_{OUT1} 和 I_{OUT2} 通常接运算放大器输入端。

(4) 电源线(4 条)。V_{CC} 为电源输入线,可在 5~15V 范围内;V_{REF} 为参考电压,一般在 -10~+10V 范围内,由精密稳压电源提供;DGND 为数字量地线;AGND 为模拟量地线。通常,两条地线接在一起。

2. MCS-51 单片机与 DAC0832 芯片的接口

DAC0832 是 8 位 DAC 的接口,通常有 3 种连接方式:直通方式、单缓冲方式和双缓冲方式。分别介绍如下:

1) 直通方式

DAC0832 内部有两个起数据缓冲作用的寄存器,分别受 $\overline{LE1}$ 和 $\overline{LE2}$ 控制。如果将 $\overline{LE1}$ 和 $\overline{LE2}$ 都设置为高电平,那么数据总线 DI0~DI7 上的信号便可直通地到达 "8 位 DAC 寄存器",进行 D/A 转换。具体地说,ILE 接 +5V 以及使 $\overline{CS}$、$\overline{XFER}$、$\overline{WR1}$ 和 $\overline{WR2}$ 接地,DAC0832 就可以在直通方式下工作。直通方式下工作的 DAC0832 常用于不带微型计算机的控制系统。

2) 单缓冲方式

单缓冲方式是指 DAC0832 内部的两个数据缓冲器一个处于直通方式,另一个受 MCS-51 控制。MCS-51 和 DAC0832 的单缓冲方式接线如图 5.34 所示。

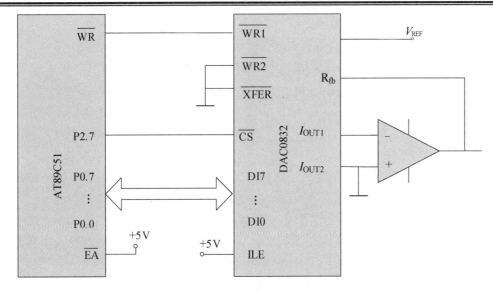

图 5.34　DAC0832 的单缓冲方式接线

由图 5.34 可知，$\overline{WR2}$ 和 $\overline{XFER}$ 都为低电平，所以 DAC0832 的"8 位 DAC 寄存器"处于直通工作方式。"8 位输入寄存器"受 $\overline{CS}$ 和 $\overline{WR1}$ 信号控制，$\overline{CS}$ 由 P2.7 片选，地址为7FFFH。因此，89C51 执行如下两条指令就可在 $\overline{CS}$ 和 $\overline{WR1}$ 上产生低电平信号，使得DAC0832 接收到 89C51 送来的数字量。也就是说，89C51CPU 对 DAC0832 执行一次写操作，则把这个数据直接写入 DAC 寄存器，DAC0832 的模拟量输出随之变化。

```
MOV        DPTR,#7FFFHH
MOVX       @DPTR,A
```

下面举例说明单缓冲方式下 DAC0832 的应用。

【例】

【功能】利用 DAC0832 作为波形发生器。试根据图 5.34 接线，分别编制产生锯齿波、三角波和方波的程序。

【分析】产生上述 3 种波形的参考程序如下：

【锯齿波程序】

```
ORG        0100H
           MOV        A,#00H
           MOV        DPTR,#7FFFH
START:     MOVX       @DPTR,A
           INC        A
           SJMP       START
           END
```

上述产生的锯齿波如图 5.35(a)所示。由于运算放大器的反向作用，图中的锯齿波是负向的，可以把它看做从 0V 线性下降到负的最大值。但是，实际上它分成 256 个小台阶，每个台阶暂留时间为执行一遍该程序所需的时间。如果要改变锯齿波的频率，可以在上述程序中插入 NOP 指令或延时程序。

三角波由线性下降段和线性上升段组成。

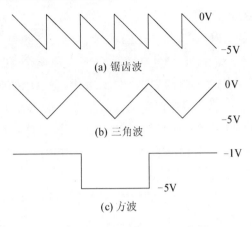

(a) 锯齿波

(b) 三角波

(c) 方波

图 5.35　用 DAC0832 产生的图形

【三角波程序】

```
        ORG     0200H
START:  CLR     A
        MOV     DPTR,#7FFFH
DOWN:   MOVX    @DPTR,A         ;线性下降段
        INC     A
        JNZ     DOWN            ;(A)≠0 时,转 DOWN
        MOV     A,#0FFH
UP:     MOVX    @DPTR,A         ;线性上升段
        DEC     A
        JNZ     UP              ;(A)≠0 时,转 UP
        SJMP    DOWN            ;完成一轮循环后,再次进行循环
        END
```

执行上述程序产生的三角波如图 5.35(b)所示。如果要改变三角波的频率,也可以在上述程序中插入 NOP 指令或延时程序。

【方波程序】

```
    ORG     0300H
START:  MOV     DPTR,#7FFFH
LOOP:   MOV     A,#33H          ;设置为 " -1V "
        MOVX    @DPTR,A         ;设置上限电平为 " -1V "
        ACALL   DELAY           ;形成方波宽度
        MOV     A,#0FFH
        MOVX    @DPTR,A         ;设置下限电平
        ACALL   DELAY           ;形成方波宽度
        SJMP    LOOP            ;完成一个周期循环后,再次进行循环
DELAY:
        ⋮
        RET
        END
```

执行上述程序产生的方波如图 5.35(c)所示。方波频率也可以用同样的方法改变。

3) 双缓冲方式

双缓冲方式是指 DAC0832 内部的"8 位输入寄存器"和"8 位 DAC 寄存器"都不在直通方式下工作。89C51 的 CPU 必须通过 $\overline{\text{LE1}}$ 来锁存待转换的数字量,通过 $\overline{\text{LE2}}$ 启动 D/A 转换。因此,双缓冲方式下,每个 DAC0832 应为 CPU 提供两个 I/O 接口。图 5.34 为 89C51 和两片 DAC0832 在双缓冲方式下的连线图。图 5.36 中,1# DAC0832 的 $\overline{\text{CS}}$ 和 P2.5 相连,故 89C51 控制 1# DAC0832 中 $\overline{\text{LE1}}$ 的接口地址为 DFFFH;2# DAC0832 的 $\overline{\text{CS}}$ 和 P2.6 相连,故控制 2# DAC0832 中的 $\overline{\text{LE1}}$ 的接口地址为 BFFFH;1# 和 2# DAC0832 的 $\overline{\text{XFER}}$ 同 P2.7 相连,所以控制 1# 和 2# DAC0832 中 $\overline{\text{LE2}}$ 的接口地址为 7FFFH。工作时,89C51 可以通过接口地址 0DFFFH 和 0BFFFH 把 1# 和 2# DAC0832 的数字量送入它们相应的 8 位输入寄存器,然后通过接口地址 7FFFH 把输入寄存器的数据同时送入相应的 8 位 DAC 寄存器中,以实现 D/A 转换。

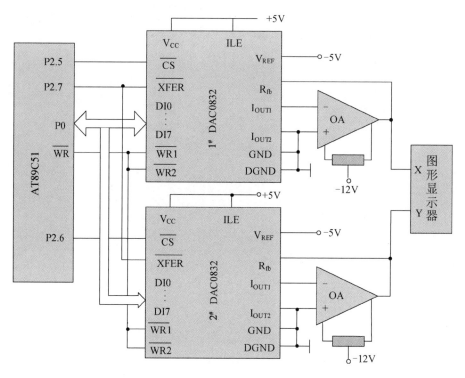

图 5.36 两路同步输出(双缓冲方式)

【例】

【功能】利用 DAC0832 实现两路同步输出。

【实现程序】

```
ORG      0100H
         MOV     DPTR,#0DFFFH      ;DPTR 指针指向 0DFFFH
         MOV     A,#Xdata
         MOVX    @DPTR,A           ;Xdata 写入 1#DAC0832
         MOV     DPTR,#0BFFFH      ;DPTR 指针指向 0BFFFH
         MOV     A,#Ydata
```

MOVX	@DPTR,A	;Ydata 写入 2#DAC0832
MOV	DPTR,#7FFFH	;DPTR 指针指向 7FFFH
MOVX	@DPTR,A	;启动 1#DAC0832 和 2#DAC0832 工作
⋮		
END		

8031 执行上述程序后，图形显示器就会在(Xdata,Ydata)坐标处显示光点。

5.5.3　A/D 转换器的原理及主要性能指标

A/D 转换器是一种能把输入模拟电压变成与它成正比的数字量的器件，即能把被控对象的各种模拟信息转变成计算机可以识别的数字信息。A/D 转换器的种类很多，如计数器式 A/D 转换器、双积分式 A/D 转换器、逐次逼近式 A/D 转换器、并行式 A/D 转换器。

一般来说，计数器式 A/D 转换器结构简单，但转换速度也很慢，所以很少采用；双积分式 A/D 转换器抗干扰能力强，转换精度也很高，但转换速度不够理想，常应用于数字式测量仪表中；计算机中广泛采用逐次逼近式 A/D 转换器作为 A/D 转换的接口电路，因为它结构不太复杂，转换速度也高；并行式 A/D 转换器的转换速度最快，但因其结构复杂而造价很高，故只用于转换速度极高的场合。本节仅介绍逐次逼近式 A/D 转换器。

1. 逐次逼近式 A/D 转换器的原理

逐次逼近式 A/D 转换器也称连续比较式 A/D 转换器，这种 A/D 转换器以 D/A 转换器为基础，加上比较器、逐次逼近式寄存器、置数选择逻辑电路及时钟等组成，如图 5.37 所示。其转换的基本原理如下：

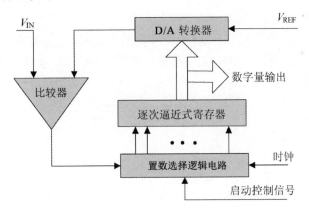

图 5.37　逐次逼近式 A/D 转换结构框图

在启动信号控制下，首先置数选择逻辑电路将逐次逼近式寄存器最高位置"1"，经 D/A 转换成模拟量，与输入的模拟量 V_{IN} 进行比较，电压比较器给出比较结果。如果输入量大于或等于经 D/A 转换输出的量，则比较器输出为"1"，否则为"0"，置数选择逻辑电路根据比较器输出的结果，修改逐次逼近式寄存器中的内容，使其 D/A 转换后的模拟量逐次逼近输入的模拟量。这样一来，经过若干次修改后的数字量，就是 A/D 转换的结果量。

逐次逼近法也称二分搜索法，也就是首先取允许电压最大范围的 1/2 值与输入电压值进行比较，也就是首先最高位为"1"，其余位为"0"。如果搜索值在此范围以内，则再取该范围的 1/2 值，即次高位置 "1"；如果搜索值不在此范围内，则应以搜索值的最大允许输入电压值的另外 1/2 范围，即最高位置 "0"。依次进行下去，每次比较将使搜索范围缩小 1/2。具有 n 位的 A/D 转换，经过 n 次比较，即可得到结果。逐次逼近式 A/D 转换器转换速度较快，所以集成化的 A/D 转换器多采用上述方法。

2. A/D 转换器的主要性能指标

A/D 转换器(ADC)的性能指标是正确选用 ADC 芯片的基本依据，也是衡量 ADC 质量的关键问题。ADC 性能指标很多，如线性度、偏移误差、温度灵敏度和功耗等。下面主要讲几点：

1) 分辨率

分辨率是指转换器所能分辨的被测量的最小值。对 ADC 来讲，分辨率表示输出数字量变化一个相邻数码所需要输入模拟电压的最小变化量。如果数字量的位数为 n，分辨率就等于 $1/2^n$ 满刻度值。

2) 转换速度

转换速度是指完成一次 A/D 转换所需时间的倒数，是一个非常重要的指标。ADC 型号不同，转换速度差别很大。一般情况下，8 位逐次比较式 ADC 的转换时间为 $100\,\mu s$ 左右。选用 ADC 型号时，首先应看现场信号变化的频繁程度是否与 ADC 的速度相匹配，在被控系统控制时间允许的情况下，应尽量选用价格便宜的逐次比较式 ADC。

3) 转换精度

ADC 的转换精度由模拟误差和数字误差组成。模拟误差是比较器、解码网络中的电阻值以及基准电压波动等引起的误差。数字误差主要包括丢码误差和量化误差，前者属于非固定误差，由器件质量确定；后者和 ADC 数字量的位数有关，位数越多，误差越小。

(1) 量化间隔。量化间隔是 ADC 的主要性能指标之一，可以理解为 A/D 转换的 "台阶" "步长"，可由下面的公式求得：

$$\Delta = \frac{满量程输入电压}{2^n - 1} \approx \frac{满量程输入电压}{2^n}$$

式中，n 为 ADC 的位数。

(2) 量化误差。在 A/D 转换过程中，模拟量是一种连续变化的量，数字量是断续的量。因此，在 ADC 位数固定的情况下，并不是所有的模拟电压都能用数字量精确表示。例如，假设 2 位二进制 ADC 的满量程值 V_{AD} 为 3V，即输入模拟电压可以在 0~3V 之间连续变化，但 2 位数字量只能有 4 种组合。如果输入模拟电压为 0V、1V、2V 和 3V，2 位数字量恰好能精确表示，不会出现量化误差。如果输入模拟电压为其余值，则会出现量化误差，输入模拟电压为 0.5V、1.5V、和 2.5V 时量化误差最大，应当是 0.5V，故量化误差的定义为分辨率(ADC 所能分辨的最小模拟电压)的 1/2。

量化误差有两种表示方法：一种是绝对量化误差；另一种是相对量化误差。

绝对量化误差为

$$\varepsilon = \frac{量化间隔}{2} = \frac{\Delta}{2}$$

相对量化误差为

$$\varepsilon = \frac{1}{2^{n+1}}$$

例如，当满量程电压为 5V，采用 10 位 A/D 转换器的量化间隔、绝对量化误差、相对量化误差分别如下：

量化间隔为

$$\Delta = \frac{5}{2^{10}} = 4.88(\text{mV})$$

绝对量化误差为

$$\varepsilon = \frac{\Delta}{2} = \frac{4.88}{2} = 2.44(\text{mV})$$

相对量化误差为

$$\varepsilon = \frac{1}{2^{11}} = 0.00049 = 0.049\%$$

5.5.4　MCS-51 单片机与 ADC0809 芯片接口设计

自动检测与控制是单片机应用的一个重要领域，在工业控制现场，除了数字量之外经常会遇到另一种物理量，即模拟量，如温度、速度、压力、电流、电压、频率等，它们都是连续变化的物理量。

由于计算机直接执行的是机器语言，也就是只能处理数字量，因此计算机系统中凡是遇到模拟量的地方，就要进行模拟量向数字量或数字量向模拟量的转换，由此带来了单片机的 A/D 转换和 D/A 转换的接口问题。一般情况下，大多数的传感器的输出都是电流信号，计算机要对这类传感器的信号进行处理，就要先进行电流/电压转换(I/V)，然后再通过 A/D 转换器进行 A/D 转换。

A/D 转换器有两大类：一类直接在电子线路中使用，不带使能控制端；另一类带有使能控制端，与微型计算机接口相连。

1. 典型 A/D 转换器芯片 ADC0809 简介

ADC0809 是典型的 8 位 8 通道逐次逼近式 A/D 转换器，可以和微型计算机直接接口。ADC0809 转换器的系列芯片是 ADC0808，可以相互替换。

1) ADC0809 的内部逻辑结构

ADC0809 的内部逻辑结构如图 5.38 所示。图 5.36 中 8 路模拟量开关可选通 8 路模拟通道，允许 8 路模拟量分时输入，并共用一个 A/D 转换器进行转换。地址锁存与译码电路完成对 A、B、C 3 个地址位的锁存和译码，如表 5-10 所示。

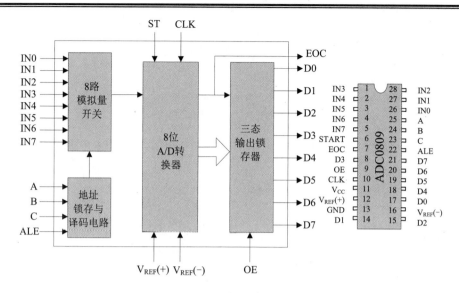

图 5.38　ADC0809 的内部逻辑结构及引脚排列

表 5-10　ADC0809 通道选择表

C(ADDC)	B(ADDB)	A(ADDA)	选择的通道
0	0	0	IN0
0	0	1	IN1
0	1	0	IN2
0	1	1	IN3
1	0	0	IN4
1	0	1	IN5
1	1	0	IN6
1	1	1	IN7

8 位 A/D 转换器为逐次逼近式，由控制与时序电路/逐次逼近式寄存器、树状开关以及 256 个电阻阶梯网络等组成。三态输出锁存器用于存放和输出转换得到的数字量。

2) ADC0809 的引脚

ADC0809 芯片为 28 引脚双列直插式封装，其引脚排列如图 5.36 所示。

(1) IN0～IN7：8 路模拟量输入通道。ADC0809 对输入模拟量的要求主要有：信号为单极性、电压范围 0～5V、若输入信号太小还需要进一步放大。另外，模拟量输入在 A/D 转换过程中其值不应变化，对变化速度快的模拟量，在信号输入前应增加采样保持电路。

(2) A、B、C：模拟通道地址线。这 3 根地址线用于对 8 路模拟通道进行选择，其译码关系表如表 5-10 所示，其中地址线 A 为低位地址，C 为高位地址。

(3) ALE：地址锁存信号。在 ALE 上跳沿时，ADDA、ADDB、ADDC 地址状态送入地址锁存器中。

(4) START：A/D 转换启动信号。在 START 上跳沿时，ADC 所有片内寄存器清"0"；在 START 下跳沿时，开始进行 A/D 转换。在 A/D 转换期间，START 应保持低电平。该信号可简写为 ST。

(5) D0~D7：数据输出线。该数据输出线为三态缓冲输出方式，可以和单片机的数据总线直接相连。

(6) OE：输出允许信号。用于控制三态输出锁存器向单片机输出转换后的数据。OE=0 时，输出数据线呈高阻状态；OE=1 时输出允许。

(7) CLOCK：时钟信号。ADC0809 的内部没有时钟电路，所需时钟信号由外界提供，通常使用频率为 500kHz 的时钟信号。CLOCK 信号可简写为 CLK。

(8) EOC：转换结束状态信号。当 EOC=0 时，表示 ADC0809 正在进行转换；当 EOC=1 时，表示 ADC0809 转换结束。实际使用时，状态信号既可以作为查询的状态标志，还可以作为中断请求信号使用。

(9) V_{CC}：+5V 电源。

(10) GND：地。

(11) V_{REF}：参考电压。参考电压作为逐次逼近的基准，并用来与输入的模拟信号进行比较。其典型值为+5V[$V_{REF}(+) = +5V$、$V_{REF}(-) = 0V$]。

2. MCS-51 单片机与 ADC0809 的接口

ADC0809 与 89C51 单片机的一种常用连接方法如图 5.39 所示。

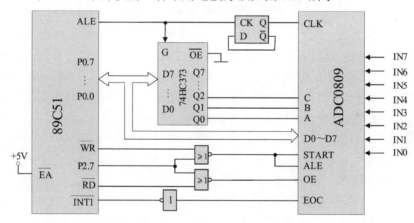

图 5.39　ADC0809 与 89C51 的连接

89C51 与 ADC0809 接口时必须注意处理好 3 个问题：

(1) 在 START 端送一个 100ns 宽的启动正脉冲。

(2) 获取 EOC 端上的状态信息，因为它是 A/D 转换的结束标志。

(3) 给三态输出锁存器分配一个端口地址，也就是给 OE 端送一个地址译码器的输出信号。

1) 8 路模拟通道选择

ADDA、ADDB、ADDC 分别接系统地址锁存器提供的低 3 位地址，只要把这 3 位地址写入 ADC0809 中的地址锁存器，就实现了模拟通道的选择。

从图 5.37 可以看出，ALE 信号和 START 信号连在一起，这样可以在信号的前沿写入地址信号，在其后沿启动 A/D 转换，图 5.40 为 ADC0809 信号的时序配合图。START 和

ALE 互连可以使 ADC0809 在接收模拟量路数地址时启动工作。START 启动信号由 89C51 的 $\overline{WR}$ 和 P2.7 经或非门产生。平时,START 因译码器输入端 P2.7 上的高电平而封锁。当 89C51 执行如下程序后:

```
MOV       DPTR,#7FF8H       ;送入 ADC0809 口地址及路数地址
MOVX      @DPTR, A          ;启动 A/D 转换(IN0)
```

(注意:此处的 A 与 A/D 转换无关,可为任意值,是为配合程序"写"操作而为)START 上下跳沿(此时 P2.7 和 $\overline{WR}$ 线上皆为低电平)启动 ADC0809 工作,ALE 端上跳沿(正脉冲)使得 ADDA、ADDB、ADDC 上的地址得到锁存。

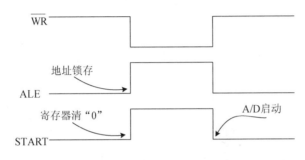

图 5.40 ADC0809 信号的时序配合

2) 转换数据的传送

A/D 转换后得到的数据为数字量,这些数据传送到单片机中进行处理。数据传送的关键是如何确认 A/D 转换已经完成,因为只有确认数据转换完成后,才能进行有效的数据传送。一般情况下可采取以下 3 种方式。

(1) 定时传送方式。对于一种 A/D 转换器来说,转换时间是一项固定不变的技术指标。例如,ADC0809 的转换时间为 128 μs,在 6MHz 的振荡频率下,相当于 MCS-51 单片机的 64 个机器周期。由此可以设计一个延时子程序,A/D 转换启动后调用这个子程序,延时一到,A/D 转换即告结束,接着便进行数据传送。

(2) 查询方式。利用 A/D 转换芯片表示转换结束的状态信号(如 ADC0809 的 EOC 端),在查询方式中,用软件测试 EOC 的状态,来判断转换是否结束,如果判断 ADC 转换已经结束,则接着进行数据传输。

(3) 中断方式。如果把表示转换结束的状态信号(EOC)作为中断请求信号,就可以中断方式进行数据传输。

不管使用上述哪种方式,只要通过转换结束状态信号判断出 A/D 转换已经结束,便可以通过指令进行数据传输。所用的指令为 MOVX 读指令,仍以图 5.37 为例,则有:

```
MOV       DPTR, #7FF8H
MOVX      A, @DPTR
```

该指令在送出有效口地址的同时,发出 $\overline{RD}$ 有效信号,使得 ADC0809 的输出允许信号 OE 有效,从而打开三态门输出,使转换后的数据通过数据总线送入累加器(A)中。

这里需要指出的是,ADC0809 的 3 个地址端 ADDA、ADDB、ADDC 既可以像前述那样与地址线相连,也可以与数据线相连,如与 D2、D1、D0(P0.2、P0.1、P0.0)相连。这时

启动 A/D 转换的指令与上述类似，只不过 A 的内容不能为任意数，而必须和所选输入通道号 IN0~IN7 相一致。例如，当 ADDA、ADDB、ADDC 分别和 D0、D1、D2 相连时，启动 IN5 的 A/D 转换指令如下：

```
MOV     DPTR,#7FFDH          ;送 ADC0809 口地址
MOV     A,#05H               ;D2D1D0=101,选择 IN5 通道
MOVX    @DPTR, A             ;启动 A/D 转换
```

为了加深对所学知识的印象，充分理解和掌握 A/D 转换的相关知识，现举例如下。

【例】

【功能】在图 5.37 中，请编程对 IN0~INT7 上的模拟电压信号进行巡回检测，要求采用中断方式采集数据，并依次存放在片内 RAM 的 60H~67H 单元中。

【分析】本程序分为主程序和中断服务程序两部分。主程序用来对中断初始化(启动 ADC0809 开始转换、送模拟量路数地址等)，中断服务程序用来接收 A/D 转换后的数字量。参考程序如下所示：

【主程序实现】

```
            ORG     0013H
            AJMP    LINT1
            ORG     0100H
            MOV     R0,#60H          ;数据区起始地址送 R0
            MOV     R2,#08H          ;模拟量路数送 R2
            SETB    EA               ;CPU 开中断
            SETB    EX1              ;允许 INT1 中断
            SETB    IT1              ;INT1 为边沿触发
            MOV     DPTR,#7FF8HH     ;送接口地址
            MOVX    @DPTR,A          ;启动 A/D 转换
    LOOP:   SJMP    LOOP             ;等待中断
```

【中断服务程序实现】

```
            ORG     0200H
    LINT1:  MOVX    A,@DPTR          ;输入数字量送 A
            MOV     @R0,A            ;存入数据区
            INC     DPTR             ;模拟路数加 1
            INC     R0               ;数据区指针加 1
            DJNZ    R2,LOOP1         ;8 路未转换完,则继续等待下次转换
            CLR     EA               ;转换完毕,则关中断
            CLR     EX1              ;禁止外部中断 1 中断
            RETI                     ;中断返回
    LOOP1:  MOVX    @DPTR,A          ;再次启动 A/D 转换
            RETI                     ;中断返回
```

5.5.5　A/D 与 D/A 转换电路中的参考电源设计

在设计 A/D、D/A 转换电路时，参考电源的设计很重要，它关系到其测量及输出的精度。在实际应用中，设计人员在为 A/D、D/A 转换器外配基准电源时，应尽量选用品位高的基准电源，如有些系统，往往换用较高档的基准后，电路转换信号的质量就会有较大的改善。当然外配的输出放大器也十分重要。

一般来说，基准源的价格占 A/D、D/A 转换器价格的 10%～20%较为合理，比例太少，则往往是基准不佳，浪费了 A/D、D/A 转换器的性能；比例太多，则基准档次太高，与 A/D、D/A 转换器相配不能充分发挥其潜力。

基准源按其结构可分为 3 类：一是温度补偿型齐纳基准源。它实际上是一只高级稳压管，由于它的特性较差，因此只能用在要求不高的地方，并且外围电路比较复杂，使用不便，如 LM336XX 就是这类器件。二是温度补偿型掩埋齐纳源。它自备恒流源，一般有 3 条引脚，接上电源、地线后，从第 3 端输出所要求的基准电压。其高档产品内置一个发热源(晶体管结构电阻)，使芯片发热并基本恒温，用来减少温漂和时漂。这类基准源价格适中，用得较多，如 LM399、LM399A(带加热源)等。三是带隙式基准源。其采用与前述不同的原理，稳定性好、噪声较低，可获得较低的基准电压。近年来中高档基准源几乎都是这类产品，有 Motorola 公司的 MC1403，AD 公司的 AD580、AD581，国家半导体公司的 LM113/313 等。

国内最常见的基准源是国家半导体公司的 LM 系列，其以掩埋源为主，品种较多，价格也比较低，因此使用广泛。AD 公司的系列基准源性能比较好，国内常见的以带隙源为主，但美中不足的是价格偏高。此外 Motorola 公司也生产少量基准电路，它们的价格介于国家半导体公司与 AD 公司产品之间。

本书采用基准稳压源 LM336 为例进行参考电源的设计。LM336 型基准稳压源是美国国家半导体公司生产的并联调整式带隙基准电压源。

1. LM336 的性能特点

(1) LM336-2.5/5.0 属于三端精密基准电压源，可广泛用于数字电压表、数字欧姆表、稳压电源和运算放大器的电路中。

(2) 基准电压的典型值为 2.490V/5.0V，长期稳定性是 0.00002/℃。

(3) 基准电压值和电压温度系数均可由外部电路调整到最佳特性。通常是用电位器和两只硅二极管构成温度补偿电路，将基准电压调至 2.490V/5.0V，使电压温度系数为最小。

(4) 动态阻抗低，典型值仅为 0.2 Ω。

(5) 工作电流范围宽，为 300 μA ～10mA。

(6) 由于它采用并联调整电路，因此可作为正电压基准或负电压基准。

(7) LM336-2.5/5.0 的同类产品还有 LM236-2.5/5.0、LM136-2.5/5.0，三者的工作温度范围分别为 0～+70℃、−20～+85℃、−55～+125℃。

2. LM336 的引脚及电路符号

LM336 采用 TO-92 型塑料封装或 TO-46 型金属壳封装，其排列引脚及电路符号如图 5.39(a)所示。

3. LM336 的电路设计

【实用技术】不需要温度补偿的一般应用场合可采用图 5.41(b)所示电路；在温度补偿的精密测量场合可采用图 5.41(c)所示电路，RP 为 10 kΩ 精密多圈电位器，两端各串联一只硅二极管 IN9014。因硅二极管有负的电压温度系数，故可对 LM336 的正电压温度系数进行温度补偿。RP 取值范围为 2～20 kΩ。在应用电路设计中，应注意负载 I_L 分流，将 LM336 的工作电流设计在 300 μA ～10mA 范围内，如图 5.41(b)所示的电路 LM336 的工作电流为

I_0 =1mA，而图 5.41(c)所示的电路 LM336 的工作电流为 I_0 =640 μA (设硅二极管压降为 0.7V)，均符合要求，否则得不到稳定的参考电压。需注意的是精密基准电压源的输出电流很小，不能作为一般稳压电源使用。

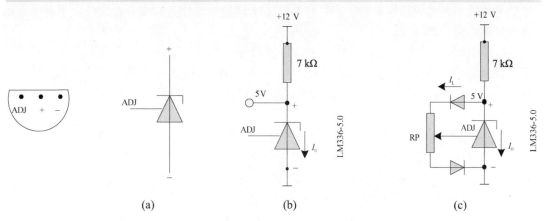

图 5.41　LM336 的引脚、图形符号和应用电路

5.6　开关量 I/O 通道

开关量的输入/输出从原理上讲十分简单，在控制现场经常遇到。CPU 只要通过对输入到端口的信息进行分析，判断其状态是"0"还是"1"，就可得知开关是"闭合"的还是"断开"的。对于软件设计者来说，如果要控制某个执行器的工作状态，只需在编程时送出"0"或者"1"，即可操作执行机构。但是由于工业现场存在着电、磁、振动、温度等各种干扰，再加上各类执行器所要求的开关电压量级及功率不同，因此在接口电路中除根据需要选用不同的元器件来设计电路外，还需要考虑各种缓冲、隔离和驱动电路的设计。

1. 光耦合器

在单片机应用系统中，为了防止上述干扰，一般采用通道隔离技术，I/O 通道的隔离最常采用的是光耦合器。光耦合器是以光为媒介传输信号的器件，它把一个发光二极管和一个光敏晶体管封装在一起，发光二极管加上正向输入电压信号(＞1.1V)就会发光。光信号作用在光敏晶体管基极，产生基极光电流，使晶体管导通，输出信号。光耦合器的输入电路和输出电路是绝缘的，是把"电的联系"转化为"光的传输"，再把"光的传输"转化为"电的联系"，即采用光耦合器后，单片机用的是一组电源，外围器件用的是另一组电源，两者之间完全隔离了电气联系，而通过光的联系来传输信息。一路光耦合器可以完成一路开关量的隔离，如果将 8 路或 16 路一起使用，就能实现 8 位数据或 16 位数据的隔离。

光耦合器的输入侧都是发光二极管，但是输出侧则有多种结构，如光敏晶体管、达林顿晶体管、TTL 逻辑电路及光敏晶闸管等。光电耦合器的具体参数可查阅有关的产品手册，以下列出其主要的技术参数，以供读者设计电路时参考：

(1) 导通电流 I_f 和截止电流：当发光二极管流过一定电流时，光耦合器输出端处于导通状态；当流过发光二极管的电流小于某一值时，光耦合器输出端截止。不同的光耦合器通常有不同的导通电流，一般为 10～20mA。

(2) 频率响应：由于受发光二极管和光敏晶体管响应时间的影响，开关信号传输速度和频率受光耦合器频率特性的影响，普通光耦只能传输 10kHz 以内的脉冲信号。因此，高频信号传输中要考虑其频率特性。在开关量 I/O 通道中，信号频率一般较低，不会受光耦合器频率特性的影响。

(3) 输出端工作电流 I_c：是指光耦合器导通时，流过光敏晶体管的额定电流，它代表了光耦合器的驱动能力，与电流传输比 I_c / I_f 有关。例如，输出端是单个晶体管的光耦合器 4N25 的电流传输比不小于 20%，输出端是达林顿晶体管的光耦合器 4N33 的电流传输比不小于 500%。

(4) 输出端暗电流：是指光耦合器处于截止状态时，流过光敏晶体管的额定电流。对光耦合器来说，此值越小越好，以防止输出端的误触发。

(5) 输入/输出压降：分别指示发光二极管(一般为 1.2～1.5V)和光敏晶体管的导通压降。

(6) 隔离电压：是指光耦合器对电压的隔离能力。

光耦合器二极管侧的驱动电路可采用门电路直接驱动。一般的门电路驱动能力有限，常选用带 OC 门的电路(如 7406 反向驱动器、7407 同向驱动器)进行驱动。根据受光源结构的不同，可以将光耦合器分为晶体管输出型和晶闸管输出型。晶体管输出型光耦合器内部结构如图 5.42 所示。

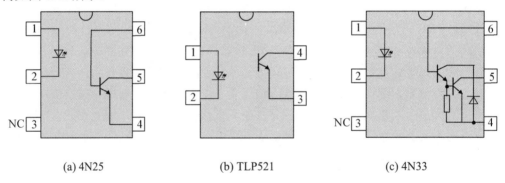

(a) 4N25   (b) TLP521   (c) 4N33

图 5.42　晶体管输出型光耦合器内部结构

在晶体管输出型光耦合器中，受光源为光敏晶体管。光敏晶体管可能有基极[如图 5.40(a)所示的 4N25，此外还有 4N27、4N38 等]，也可能没有基极[如图 5.40(b)所示的 TLP521，此外还有 TLP421、TLP621 等]。部分光偶合器输出回路的晶体管采用达林顿结构 [如图 5.40(c)所示的 4N33，此外还有 H11G1、H11G2、H11G3 等]，用来提高电流传输比。

晶闸管输出型光耦合器内部结构如图 5.43 所示。

晶闸管(俗称可控硅)输出型光耦合器受光源为光敏晶闸管。输入回路驱动电流是发光二极管的工作电流，一般为 10～30mA。输出回路中的光敏晶闸管可耐高压，4N40 和 MOC3041 的输出额定电压高达 400V，MOC3009～MOC3012 的输出额定电压为 250V，工作电流为十到几百毫安，可直接控制小功率负载或作为大功率晶闸管的触发源。

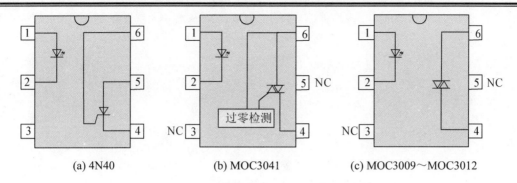

(a) 4N40　　　　　　(b) MOC3041　　　　(c) MOC3009～MOC3012

图 5.43　晶闸管输出型光耦合器内部结构

2. 开关量输入接口

1) 行程开关、继电器触点输入与 MCS-51 单片机的接口

行程开关、继电器触点输入与 MCS-51 单片机的接口如图 5.44 所示。当触点闭合时，光耦合器件的发光二极管因有电流流过而发光，使得右侧光敏晶体管导通，从而向 MCS-51 单片机的一根 I/O 端口线送高电平；而当触点未闭合时，光敏晶体管不导通，送向 MCS-51 单片机的 I/O 端口引脚为低电平。如果用图 5.43 中的按钮开关来代替行程开关、继电器触点，其原理是相同的。所以，可以用此接口电路的原理采集输入按钮开关、行程开关、继电器触点等的状态信息。对于类似上述输入的开关信号，为了屏蔽干扰，都可以通过光耦合器件与 MCS-51 单片机相连。

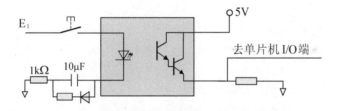

图 5.44　开关、继电器触点输入与 89C51 的接口

2) 扳键开关与 MCS-51 单片机的接口

扳键开关或者钮子开关类器件，可将高电平(或低电平)经单片机的 I/O 引脚置入单片机，对于操作者来说，可以实现操作分挡、参数设置等人机联系的功能。

【例】

【功能】如图 5.45 所示，根据 8 路开关的状态，试编写当开关闭合时程序分别转移至 KT1～KT8 的程序。

【分析】图中 8 路开关通过扩展输入接口 74LS244 与 89C51 的 P0 口相连，开关闭合时产生低电平，当 P3.0 和 $\overline{RD}$ 均为低电平时才能选通 74LS244。

【实现程序】

```
              ORG 0100H
START:    CLR    P3.0          ;准备选通 74LS244 读入开关状态
          MOVX   A,@DPTR       ;读 P0 口数据(只需读操作)
          RRC    A
```

```
              JC      KF1              ;如果 P0.0 为高电平,转 KF1
              LJMP    KT1              ;如果 P0.1 为低电平(开关闭合),转 KT1
    KF1:      RRC     A
              JC      KF2              ;如果 P0.1 为高电平,转 KF2
              LJMP    KT2              ;如果 P0.1 为低电平(开关闭合),转 KT2
                 ⋮
    KF7:      RRC     A
              JC      LOOP             ;如果 P0.1 为高电平,转 KF8
              LJMP    KT8              ;如果 P0.1 为低电平(开关闭合),转 KT8
    LOOP:     ...     ...
```

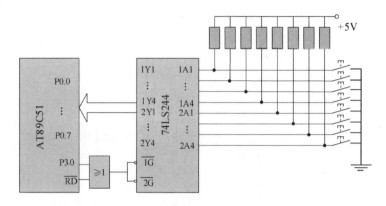

图 5.45　扳键开关与 89C51 的接口

3. 开关量输出接口

1) 继电器输出接口

继电器常用于控制电路的导通和断开,包括电磁继电器、接触器和干簧管。其工作原理是利用线圈产生磁场,吸引内部的衔铁,使动片离开常闭结点,与常开结点连通,实现电路的通断。继电器根据线圈所加电压类型分为直流继电器和交流继电器两大类,其中直流继电器常用于单片机系统的输出接口。在驱动大功率设备时,经常利用继电器作为中间驱动源,通过这个驱动源,可以完成从低压直流到高压交流的过渡。如图 5.46 所示,控制信号经光电隔离后,继电器控制线圈由直流部分控制,而其输出触点则可以直接控制 220V 甚至更高的电压。

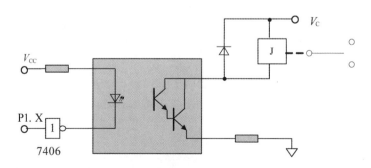

图 5.46　继电器输出接口

在设计时要考虑 3 个方面：

(1) 驱动电压与继电器的额定吸合电压相匹配。例如，额定吸合电压为 12V 的继电器，驱动电压应在 12V 左右。驱动电压太小，将引起继电器抖动，甚至不吸合；驱动电压太大，会因线圈过电流而损坏。

(2) 控制回路的工作电流要小于继电器的额定触点电流。

(3) 由于继电器的控制线圈有一定的电感，在关断瞬间能产生较大的反电势，因此在继电器的控制线圈上反向并联一个二极管用于电感反向放电，用来保护驱动晶体管不会击穿。

(4) 对于驱动电流较大的继电器，可以采用达林顿输出的光耦合器件直接驱动。也可以在光耦合器件与继电器之间再加一级晶体管驱动，如 S8050、S8550、S9012～S9015 等。

2) 双向晶闸管输出接口

图 5.47 为 MOC3041 与双向晶闸管的接线图，双向晶闸管具有双向导通功能，开关无触点，且能在交流、大电流的应用场合使用，在工业领域应用极为广泛。双向晶闸管器件也称光耦合双向晶闸管驱动器，与一般的光耦合器不同，其输出部分是硅光敏双向晶闸管，有的还带有过零触发检测器，用于保证在电压接近为零时触发晶闸管。常用的有 MOC3000 系列等，如 MOC3011 用于 110V 交流、MOC3041 用于 220V 交流。利用此类设计既方便又实用。

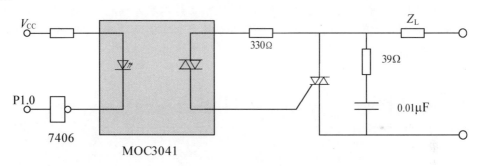

图 5.47　MOC3041 与双向晶闸管的接线图

3) 固态继电器输出接口

固态继电器(SSR)是近年来发展起来的一种新型电子继电器，其输入控制电流小，用 TTL、HTL、CMOS 等集成电路或简单的辅助电路就可以直接驱动，因此特别适宜在控制现场作为输出通道的控制元件。其输出利用晶体管或晶闸管驱动，无触点，与普通的电磁继电器和磁力开关相比，具有无机械噪声、无抖动和回跳、开关速度快、体积小、质量小、寿命长、工作可靠等特点，并且耐冲力、抗腐蚀，因此，目前已经逐步取代传统的电磁式继电器和磁力开关，成为开关量输出控制元件。

图 5.48 是固态继电器内部逻辑图，其由光耦合电路、触发电路、开关电路、过零控制电路和吸收电路 5 部分组成。它被封装成一个整体，外面只有 4 个引脚(图 5.46 中的 A、B、C、D)。图 5.48 中固态继电器为过零型固态继电器，非过零型固态继电器没有"过零控制电路"部分。

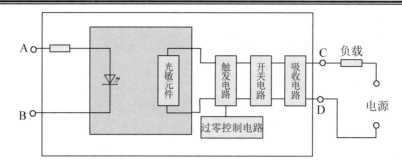

图 5.48　固态继电器内部逻辑图

按负载类型分，固态继电器分为直流型和交流型两类。

(1) 直流型固态继电器：主要用于直流大功率控制场合。其输入为光电耦合电路，可用 OC 门和晶体管直接驱动，驱动电流一般为 3～30mA，输入电压为 5～30V。其输出端为晶体管输出，输出电压为 30～180V。

(2) 交流型固态继电器：分为非过零型和过零型，二者都用双向晶闸管作为开关器件。对于非过零型交流固态继电器，在输入信号时，不管负载电源电压相位如何，负载端应立即导通；图 5.49 为非过零型交流固态继电器的控制波形。而过零型交流固态继电器必须在负载电源电压接近零且输入控制信号有效时，输出端负载电源才导通，可以抑制射频干扰。当输入端的控制电压撤销后，流过双向晶闸管负载电流为零时才关断。图 5.50 为过零型交流固态继电器的控制波形。

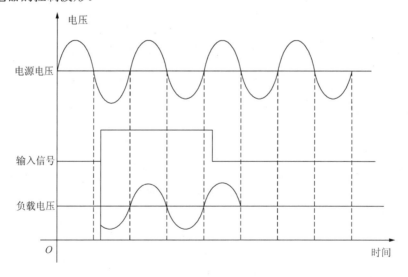

图 5.49　非过零型交流固态继电器的控制波形

对于交流型固态继电器，其输入电压为 3～32V，输入电流为 3～32mA，输出工作电压为交流 140～400V。图 5.51 是采用交流型固态继电器 MP240D3 控制一个小型功率泵的电路图。MP240D3 具备交流 280V，3A 连续电流(80A 浪涌电流)的负载能力。

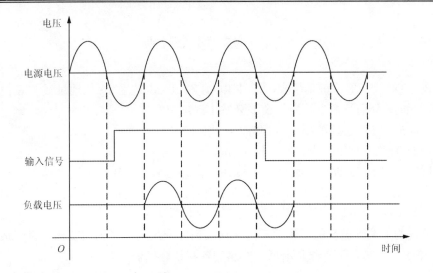

图 5.50　过零型交流固态继电器的控制波形

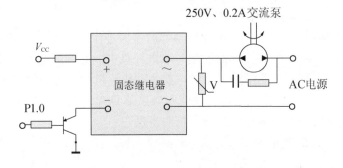

图 5.51　交流型固态继电器控制小型功率泵电路图

5.7　本 章 小 结

　　本章介绍了 51 子系列单片机的并行接口扩展电路，主要包括系统扩展、键盘及显示器原理及应用、A/D 及 D/A 转换电路的设计与实现和开关量 I/O 通道的设计。

　　系统扩展包括片外 ROM 的扩展、RAM 的扩展和 I/O 接口的扩展。存储器的扩展利用的总线有地址总线、数据总线和控制总线。由 P0 口分时提供数据总线和地址低 8 位，P2口提供地址高 8 位，再通过 6 个控制信号实现存储器扩展。存储器容量的确定与地址线的连接应能熟练掌握。

　　并行接口扩展分为常用简单 8 位并行接口扩展和可编程 RAM/IO 芯片 8155 接口的设计。8155 是通用的多功能 RAM/IO 扩展芯片，常用做单片机的外部扩展接口，与键盘、显示器等外围设备连接。

　　在单片机应用系统中，键盘和显示器是构成人机对话的一种基本方式。应重点掌握LED 显示器的工作原理及显示方法：静态显示法和动态扫描显示法，键盘的工作原理及扫描原理。最后介绍了键盘/显示器专用接口芯片 8279 的工作原理及应用。

5.8 本章习题

1. 在 AT89C51 单片机系统中，片外 ROM 和 RAM 共用 16 位地址线和 8 位数据线，它们的扩展能力分别是多少？为什么不会发生地址空间冲突？

2. 访问扩展 I/O 接口的指令有哪些？

3. 8155 有哪几种工作方式？怎样进行选择？

4. 试编程对 8155 进行初始化，使其 A 口为选通输出，B 口为基本输入，C 口作为控制联络信号端。启动定时/计数器，按方式 1 定时工作，定时时间为 6ms，定时器计数脉冲频率为单片机的时钟频率 24 分频后引入，$f_{osc}=12MHz$。

5. 试说明非编码键盘的工作原理。为何要消除键抖动？又为何要等待键释放？

6. LED 显示器有哪两种显示形式？它们各有什么优缺点？

7. 试设计一个用 8155 和 20 个键盘连接的键盘接口电路。每隔 1s 读一次键盘值，将其存入 8155 片内 RAM 中。

8. 试述 8279 的结构和工作原理。

9. D/A 转换器的作用是什么？A/D 转换器的作用是什么？在工业控制现场，传感器的输出一般都是电流信号，要将传感器的信号取进计算机，必须经过哪些转换？在工业控制现场，执行机构一般都是电流信号驱动的，要驱动执行机构，必须经过哪些转换？

10. D/A 转换器的主要性能指标有哪些？如果某 D/A 转换器是 12 位的，满量程模拟输出电压为 10V，试问其分辨率和转换精度各为多少？

11. DAC0832 转换器和 MCS-51 接口时有哪 3 种工作方式？各有何特点？适合在哪些场合下使用？

12. 试编写能在图 5.34 中产生梯形波的程序。

13. A/D 转换器有哪几种类型？各有哪些特点？

14. 按图 5.39 的电路，请编程对 IN0～INT7 上的模拟电压信号进行巡回检测，要求采用中断方式（$\overline{INT0}$）采集数据，并依次存放在片外 RAM 的 2000H～2007H 单元中。

15. 按负载类型分，固态继电器分为哪两类？

16. 双向晶闸管有何特点？

17. 直流型和交流型固态继电器各有哪些特点？

第6章 MCS-51单片机外部串行总线接口技术

教学提示：随着电子技术的发展，很多新型的串行数据传输总线开始出现。相应地，许多新型外围器件都支持这些总线接口。串行总线接口灵活，占用单片机资源少，系统结构简化，极易形成用户的模块化结构。现代单片机应用系统广泛采用串行总线接口技术。

教学要求：本章让学生了解几种常用外部串行总线工作方式。熟悉常用串行接口芯片X5045、HD7279、TLC1543、TLC5165的工作原理、接口电路设计与程序设计。

6.1 外部串行总线工作方式

与并行扩展总线相比，串行总线简化了系统的连线，缩小了电路板的面积，节省了系统的资源，系统具有扩展性好、程序编写方便、易于实现用户系统软硬件的模块化及标准化等优点。目前单片机应用系统中使用的比较常见的串行扩展接口和串行扩展总线有 SPI 串行总线、I^2C 总线、单总线(l-Wire Bus)、Microwire 串行总线。

下面分别介绍各种串行总线接口的工作原理和特性。

6.1.1 SPI 串行总线

串行外设接口 (Serial Peripheral Interface，SPI)是 Motorola 公司提出的一种同步串行外设接口，它可以使 MCU 与各种外围设备以同步串行方式进行通信以交换信息。该总线大量用在与 E^2PROM、ADC、FRAM 和显示驱动器之类的慢速外设器件通信。

1. SPI 串行总线的特点

SPI 串行总线一般使用 4 条线：串行时钟线(SCK)、主机输入/从机输出数据线(MISO)、主机输出/从机输入数据线(MOSI)和低电平有效的从机选择线 SS(有的 SPI 接口芯片带有中断信号线 INT、有的 SPI 接口芯片没有主机输出/从机输入数据线 MOSI)。由于 SPI 系统总线一共只需 3～4 位数据线和控制线即可实现与具有 SPI 串行总线接口功能的各种 I/O 器件进行接口，而扩展并行总线则需要 8 根数据线、8～16 位地址线、2～3 位控制线，因此，采用 SPI 串行总线接口可以简化电路设计，节省很多常规电路中的接口器件和 I/O 接口线，提高设计的可靠性。由此可见，在由 MCS-51 系列等不具有 SPI 接口的单片机组成的智能仪器和工业测控系统中，当传输速度要求不是太高时，使用 SPI 总线可以增加应用系统接口器件的种类，提高应用系统的性能。

2. SPI 串行总线系统的构成

由于 SPI 串行总线系统只需 3 根公共的时钟、数据线和若干位独立的从机选择线(依据从机数目而定),因此在 SPI 从设备较少而没有总线扩展能力的单片机系统中使用特别方便。

SPI 设备既可以工作于主机方式,也可以工作于从机方式。

当 SPI 设备工作于主机方式时,MISO 是主机数据输入线,MOSI 是主机数据输出线;当 SPI 设备工作于从机方式时,MISO 是从机数据输入线,MOSI 是从机数据输出线。系统主机为 SPI 从机提供同步时钟输入信号(SCK)和片选使能信号(SS)。SPI 从器件则从主机获取时钟和片选信号,因此从器件的控制信号 SCK、SS 都是输入信号。

在系统主机与 SPI 从设备之间进行数据传输时,不论是命令还是数据都是以串行方式传送,其数据的传输格式是高位(MSB)在前,低位(LSB)在后。

SPI 的典型应用是单主系统,该系统只有一台主机(单片机),多个外围接口器件作为从机。单片机与多个 SPI 串行接口设备典型的典型连接如图 6.1 所示。在这个系统中,只允许有一个做主 MCU 和若干具有 SPI 接口的外围器件(或从 MCU)。主 MCU 控制着数据向一个或多个从外围器件的传送。从器件只能在主机发命令时才能接收或向主机传送数据。所有的 SPI 从器件使用相同的时钟信号 SCK,并将所有 SPI 从器件的 MISO 引脚连接到系统主机的 MOSI 引脚,SPI 从器件的 MOSI 引脚连接到系统主机的 MISO 引脚。但每个 SPI 从器件采用相互独立的片选信号来控制芯片使能端。

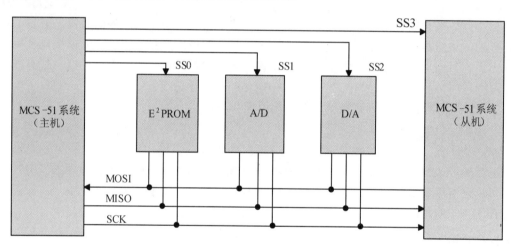

图 6.1   单片机与多个 SPI 串行接口设备典型连接

在 SPI 串行扩展系统中,如果某一从设备只作为输入(如键盘)或只作为输出(如显示器)时,可省去一根数据输出(MOSI)或一根数据输入(MOSI),从而构成 3 线系统。

当有多个不同的串行 I/O 器件要连至 SPI 串行总线上作为从设备时,必须注意两点:一是其必须有片选端;二是其接 MISO 线的输出脚必须有三态,片选无效时输出高阻态,以不影响其他 SPI 设备的正常工作。

SPI 串行总线系统中除了用于连接一个 CPU(系统主机)和多个 SPI 从器件外,还可以用于一个主 CPU 与多个从 CPU 之间、多个 CPU 与若干个 SPI 从器件之间的连接。

3. SPI 串行总线在 MCS-51 系列单片机中的实现

SPI 串行总线系统中主机单片机可以带有 SPI 接口,也可以不带 SPI 接口,但从设备要具有 SPI 总线接口。对于不带 SPI 串行总线接口的 MCS-51 系列单片机来说,可以使用软件来模拟 SPI 的操作，包括串行时钟、数据输入和数据输出。

MCS-51 单片机 I/O 接口模拟 SPI 总线接口原理示意图如图 6.2 所示。对于不同的串行接口外围芯片，它们的时钟时序是不同的。对于在 SCK 的上升沿输入(接收)数据和在下降沿输出(发送)数据的器件，一般应将其串行时钟输出口 P1.1 的初始状态设置为"1"，而在允许接收后再置 P1.1 为"0"。这样，MCU 在输出 1 位 SCK 时钟的同时，将使接口芯片串行左移，从而输出 1 位数据至单片机的 P1.3 口(模拟 MCU 的 MISO 线)，此后再置 P1.1 为"1"，使 MCS-51 系列单片机从 P1.2(模拟 MCU 的 MOSI 线)输出 1 位数据(先为高位)至串行接口芯片。至此，模拟 1 位数据输入/输出便宣告完成。此后再置 P1.1 为"0"，模拟下 1 位数据的输入/输出，依此循环 8 次，即可完成 1 次通过 SPI 总线传输 8 位数据的操作。对于在 SCK 的下降沿输入数据和上升沿输出数据的器件，则应取串行时钟输出的初始状态为"0"，即在接口芯片允许时，先置 P1.1 为"1"，以便外围接口芯片输出 1 位数据(MCU 接收 1 位数据)，之后再置时钟为"0"，使外围接口芯片接收 1 位数据(MCU 发送 1 位数据)，从而完成 1 位数据的传送。

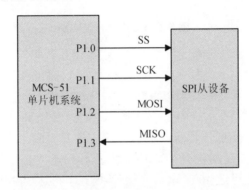

图 6.2　MCS-51 单片机 I/O 口模拟 SPI 总线接口原理示意图

目前采用 SPI 串行总线接口的器件非常多，可以大致分为以下几大类：单片机，如 Motorola 公司的 M68HC08 系列、Cygnal 公司的 C8051F0XX 系列、Philips 公司的 P89LPC93X 系列；A/D 和 D/A 转换器，如 AD 公司的 AD7811/12、TI 公司的 TLC1543、TLC2543、TLC5615 等；实时时钟(RTC)，如 Dallas 公司的 DS1302/05/06 等；温度传感器，如 AD 公司的 AD7816/17/18NS 公司的 LM74 等；其他设备，如 LED 控制驱动器 MAX7219、HD7279 等，集成看门狗、电压监控、E^2PROM 等功能的 X5045 等。

6.1.2　I^2C 总线

I^2C(Inter Integrated Circuit)总线是由 Philips 公司推出的芯片间串行传输总线。I^2C 总线以 1 根串行数据线(SDA)和 1 根串行时钟线(SCL)实现了全双工的同步数据传输。随着 I^2C 总线研究的深入，它已经广泛应用于视/音频领域、IC 卡行业和一些家电产品中，在智能仪器、仪表和工业测控领域也得到越来越多地应用。

1. I^2C 总线的基本特性

I^2C 总线的基本特性具有以下几点：

(1) 硬件结构上具有相同的硬件接口界面。I^2C 总线系统中，任何一个 I^2C 总线接口的外围器件，不论其功能差别有多大，都是通过串行数据线(SDA)和串行时钟线(SCL)连接到 I^2C 总线上，而且都通过一个电流源或上拉电阻连接到正的电源电压，如图 6.3 所示。这一特点给用户在设计应用系统中带来了极大的便利性。用户不必理解每个 I^2C 总线接口器件的功能如何，只要将器件的 SDA 和 SCL 引脚连到 I^2C 总线上，然后对该器件模块进行独立的电路设计即可，简化了系统设计的复杂性。

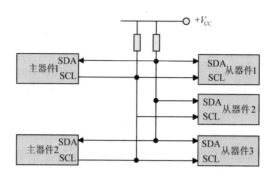

图 6.3　I^2C 器件连接实例

(2) 总线接口器件地址具有很大的独立性。在单主系统中，每个 I^2C 接口芯片具有唯一的器件地址，因此不能发出串行时钟信号而只能作为从器件使用。各从器件之间互不干扰，相互之间不能进行通信，各个器件可以单独供电。MCU 与 I^2C 器件之间的通信是通过独一无二的器件地址来实现的。在信息的传输过程中，I^2C 总线上并接的每一模块电路既是主控器(或被控器)，又是发送器(或接收器)，这取决于它所要完成的功能。

(3) 数据传输首先从最高位开始。I^2C 总线上数据的传输速率在标准模式下可达 100Kbit/s，在快速模式下可达 400Kbit/s，在高速模式下可达 3.4Mbit/s。连接到总线的接口数量由总线电容是 400pF 的限制决定。

(4) 它是一个真正的多主机总线。如果两个或更多主机同时初始化数据传输，可以通过冲突检测和仲裁防止数据被破坏。

(5) 软件操作的一致性。由于任何器件通过 I^2C 总线与 MCU 进行数据传送的方式是基本一样的，这就决定了 I^2C 总线软件编写的一致性。

(6) Philips 公司在推出 I^2C 总线的同时，也为 I^2C 总线制定了严格的规范，如接口的电气特性、信号时序、信号传输的定义等。

2. I^2C 总线工作原理

1) I^2C 总线信号类型

I^2C 总线在传送数据过程中共有 3 种类型信号，它们分别是开始信号、结束信号和应答信号。

开始信号：SCL 为高电平时，SDA 由高电平向低电平跳变，开始传送数据。

结束信号：SCL 为低电平时，SDA 由低电平向高电平跳变，结束传送数据。

应答信号：接收数据的器件(接收器)在接收到 8 位数据后，向发送数据的器件(发送器)发出特定的低电平脉冲，表示已收到数据。发送器接收到应答信号后，根据实际情况做出是否继续传递信号的判断。若未收到应答信号，则判断为接收器出现故障。

起始信号与结束信号都由主器件产生。总线上带有 I^2C 总线接口的器件很容易检测到这些信号。

2)　I^2C 总线数据传输

主器件和从器件都可以工作于接收和发送状态。器件发送数据到总线上，则定义为发送器，器件接收数据则定义为接收器。总线必须由主器件(通常为单片机)控制，主器件产生串行时钟(SCL)控制总线的传输方向，并产生起始和停止条件。SDA 线上的数据状态仅在 SCL 为低电平的期间才能改变，SCL 为高电平的期间，SDA 状态的改变被用来表示起始和停止条件。

I^2C 总线的数据传送以主器件发送数据传输起始信号开始，并提供用于通信的时钟信号。在起始信号结束后，主器件将发送一个用于选择从器件地址的 7 位地址码和一个数据方向位(R/W)。方向位为"0"表示主器件把数据写到所选择的从器件中，此时主器件作为发送器，而从器件作为接收器；方向位为"1"表示主器件从所选择的从器件中读取数据，此时主器件作为接收器，而从器件作为发送器。在寻址字节后是按指定读、写操作的数据字节与应答位。在数据传送完成后主器件必须发送停止信号。每一个数据字节长度为 8 位，单次传送的字节数并没有限制。

目前有很多半导体集成电路上都集成了 I^2C 接口。带有 I^2C 接口的单片机有 Cygnal 的 C8051F0XX 系列、Philips 的 P87LPC7XX 系列、Microchip 的 PIC16C6XX 系列等。很多外围器件如存储器、监控芯片等也提供 I^2C 接口，如实时时钟/日历 PCF8563、数字温度传感器 LM75、AT24CXX 系列 E^2PROM 等。

6.1.3　单总线

单总线(1-Wire)是 Dallas 公司推出的外围串行扩展总线，与上述的几种串行总线不同，它采用单根信号线完成数据的双向传输。单总线具有线路简单、减少硬件开销、成本低廉、便于总线的扩展和维护等优点。

单总线技术有 3 个显著的特点：

(1) 单总线芯片通过一根信号线进行地址信息、控制信息和数据信息的传送，并通过该信号线为单总线器件提供电源。

(2) 每个单总线芯片都具有全球唯一的访问序列号，当多个单总线器件挂在同一单总线上时，对所有单总线芯片的访问都通过该序列号区分。

(3) 单总线芯片在工作过程中，不需要提供外接电源，而通过它本身具有的"总线窃电"技术从总线上窃取电源。

单总线适用于单主机系统，能够控制一个或多个从机设备。通常把挂在单总线上的器件称为单总线器件。单总线系统主机可以是单片机，从机是单总线器件，它们之间的数据交换只通过一条信号线。单总线器件内一般都具有控制、收/发、存储等电路。为区分不同的单总线器件，厂家生产单总线器件时都要刻录一个 64 位的二进制 ROM 代码，以标志其 ID 号。当只有一个单总线器件时，系统可按单结点系统操作；当有多个单总线器件时，系统则按多结点系统操作。图 6.4 所示是单总线多结点系统的示意图。

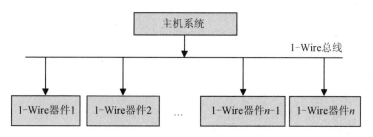

图 6.4　单总线多结点系统的示意图

主机或从机通过一个漏极开路或三态端口连至该数据线,以允许设备在不发送数据时能够释放总线,而让其他设备使用总线,其内部等效电路如图 6.5 所示。单总线通常要求外接一个约为 4.7kΩ 的上拉电阻,这样,当总线闲置时,其状态为高电平。

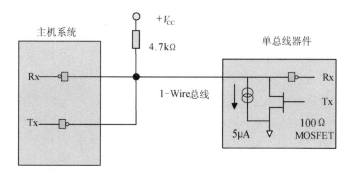

图 6.5　单总线器件 I/O 接口内部等效电路

Dallas 公司为单总线的寻址及数据的传送提供了严格的时序规范,以保证数据传输的完整性。主机和从机之间的通信可通过 3 个步骤完成,分别为初始化 1-Wire 器件、识别 1-Wire 器件和交换数据。由于它们是主从结构,只有主机呼叫从机时,从机才能应答,因此主机访问 1-Wire 器件都必须严格遵循单总线命令序列,即初始化、ROM 命令、功能命令。

目前,Dallas 公司采用单总线技术生产的芯片包括数字温度传感器(如 DS18B20)、A/D 转换器(如 DS2450)、身份识别器(如 DS1990A)、单总线控制器(如 DS1WM)等。

6.1.4　Microwire 串行总线

Microwire 串行总线是由 NS 公司制定的同步串行总线。Microwire 用在许多 MCU 和 E^{2}PROM 这类非易失性存储器以及 A/D 转换器中。该总线能像 SPI 总线一样提供同步通信,可用在使用 SPI 的地方。Microwire 总线是三线同步串行总线,由一根时钟线(SK)、一根数据输入线(SI)、一根数据输出线(SO)组成。Microwire 总线最初内建在 NS 公司 COP400/COP800/HPC 系列单片机中,通过 Microwire 总线可以为单片机和外围器件提供串行通信接口。

最初的 Microwire 总线上只能连接一台单片机作为主机,由它控制时钟线,总线上的其他器件都是从设备。随着技术的发展,NS 公司推出了 8 位的 COP800 系列单片机,该系列单片机仍采用原来的 Microwire 总线,但单片机上的总线接口改为既可由自身发出时钟,也可设置成由外部输入时钟信号，也就是说连到总线上的单片机既可以是主机，也可以是从机。为了区别于原有的 Microwire 总线，将其称为增强型的 MicrowirePlus。MicrowirePlus 总线上允许连接多台单片机和外围设备，因此总线具有更大的灵活性和可变性，可应用于分布式、多处理器的复杂系统。

6.2　串行 E^2PROM X5045 接口扩展技术

随着计算机技术、单片机技术、控制网络技术的发展，以智能芯片为核心的单片机系统集成化和小型化程度的日益提高，系统具备了完全的自诊断、自检测等性能。目前，在一些测控系统中，存在电源开断、瞬时电压不稳等不安全因素，将会造成系统死机、信息丢失、运行不稳定等故障。为解决这些问题，实现系统安全可靠、稳定、实时运行，可以采用可编程看门狗定时器、电压监控、E^2PROM 等功能的 X5045 芯片。

6.2.1　X5045 的基本功能

X5045 是美国 Xicor 公司生产的带有可编程 μP 监控器的 CMOS 串行 E^2PROM。作为单片机系统电路的一个辅助芯片，它将复位、电压检测、看门狗定时器和块锁保护的串行 E^2PROM 功能集合在一个芯片内；采用 SPI 串行外设接口方式，降低了系统成本并减少了对电路板空间的要求，提高了系统的可靠性；适合于需要现场修改数据的场合，广泛应用于仪器仪表和工业自动控制等领域。

1．功能与特点

X5045 有 4 种基本功能：上电复位、看门狗定时器、低电压检测和 SPI 串行 E^2PROM。

1) 上电复位

当器件通电并超过 V_{CC} 门限电压(内部门限值 V_{TRIP})时，X5045 内部的复位电路将会提供一个约为 200ms 的复位脉冲(引脚 RESET)，让微处理器能够正常复位。

2) 看门狗定时器

看门狗定时器对微处理器提供了一种因外界干扰而引起程序陷入死循环或"跑飞"状态的保护功能。X5045 内部的一个控制寄存器中有两位可编程位决定了定时周期的长短。当系统出现故障时，在设定的时间内如果没有对 X5045 进行访问，则看门狗定时器以 RESET 信号作为输出响应，即变为高电平，延时约 200ms 以后 RESET 由高电平变为低电平。$\overline{CS}$ 的下降沿复位看门狗定时器。

3) 低电压检测

工作过程中 X5045 监测电源电压下降并且在电源电压跌落到 V_{CC} 门限电压(V_{TRIP})以下时，会产生一个复位脉冲，复位脉冲保持有效直到电源电压降到 1V 以下。如果电源电压在降落到 V_{TRIP} 后上升，则在电源电压超过 V_{TRIP} 后延时约 200ms，复位信号消失，使得微处理器可以继续工作。

4) SPI 串行 E^2PROM

X5045 的存储器部分是具有 Xicor 公司的块锁保护 CMOS 4KB 串行 E^2PROM。它被组织成 8 位的结构，由一个四线构成的 SPI 总线方式进行操作，一次最多可写 16B。

2. 引脚排列与定义

X5045 芯片有 8 引脚 DIP 和 SOIC 两种封装,如图 6.6 所示,各引脚功能如表 6-1 所示。

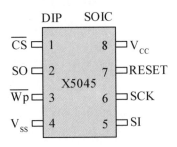

图 6.6　X5045 的引脚分布

表 6-1　X5045 的各引脚功能

序　号	引脚名	引脚功能说明
1	$\overline{CS}$	片选端。当 $\overline{CS}$ 为低电平时,X5045 工作。$\overline{CS}$ 的电平变化将复位看门狗定时器
2	SO	串行数据输出端。数据在 SCK 的下降沿输出到 SO 线上
3	$\overline{Wp}$	写保护输入端。低电平时,对芯片的写操作被禁止,其他功能正常。高电平时,写操作允许,其他功能正常
4	V_{SS}	电源地
5	SI	串行数据输入端。所有操作命令、字节地址及写入的数据在此端输入。输入数据由时钟 SCK 的上升沿锁存
6	SCK	串行时钟输入端
7	RESET	复位输出端。高电平有效,漏极开路输出方式。用于电源检测和看门狗超时输出
8	V_{CC}	电源电压。有 3 种电压规格的芯片,分别为 1.8~3.6V、4.5~5.5V、2.7~5.5V

6.2.2　X5045 的控制与实现

1. X5045 操作指令与寄存器

对 X5045 的操作是通过 4 根口线 $\overline{CS}$、SCK、SI 和 SO 进行同步串行通信来完成的。X5045 内有一个 8 位指令寄存器,对芯片的所有操作都需要通过对该寄存器的写命令来完成,该寄存器可以通过 SI 来访问。当 $\overline{CS}$ 为低且 $\overline{Wp}$ 为高时,在 SI 线输入数据,在 SCK 的上升沿时,数据再由时钟同步输入。在整个工作期间,$\overline{CS}$ 必须为低电平。

X5045 内部共有 6 条指令,包含写锁存器使能、写锁存器复位、写状态寄存器、读状态寄存器、写数据和读数据。指令集如表 6-2 所示。所有指令、地址和数据都是以高位(MSB)在前的方式串行传送。读和写指令的位 3 包含了高地址位 A_8。

表 6-2　X5045 的指令集

命令名称	命令格式	内　　容
WREN	0000 0110(06H)	设置写使能锁存器(允许写操作)
WRDI	0000 0100(04H)	复位写使能锁存器(禁止写操作)
RDSR	0000 0101(05H)	读状态寄存器
WRSR	0000 0001(01H)	写状态寄存器(看门狗和块锁)
READ	0000 $A_8$011(03H 或 0BH)	从所选地址的存储器阵列开始读出数据
WRITE	0000 $A_8$010(02H 或 0AH)	把数据写入所选地址的存储器阵列(1～16B)

1) 写使能寄存器

X5045 片内包含一个写使能(允许)锁存器。在内部完成写操作之前,此锁存器必须被设置写使能寄存器。WREN 指令可设置写使能寄存器,WRDI 指令将复位写使能寄存器。在上电和一次有效的字节、页或状态寄存器写操作完成之后,该锁存器自动复位。如果 $\overline{Wp}$ 变为低电平,锁存器也被复位。

2) 状态寄存器

X5045 片内还有一个状态寄存器,用来提供 X5045 状态信息以及设置块保护和看门狗的超时功能。在任何情况下都可以通过 RDSR 和 WRSR 指令读/写状态寄存器。状态寄存器格式(默认值=00H)如下:

位	D7	D6	D5	D4	D3	D2	D1	D0
状态字	0	0	WD1	WD0	BL1	BL0	WEL	WIP

(1) WIP:是否忙于向 E^2PROM 写数据,只读位。为“0”时表示没有写操作在进行,可以向 E^2PROM 写数据;为“1”时,表示正在写操作,此时不能向 E^2PROM 写数据。WIP 位由 RDSR 指令读出。

(2) WEL:写使能锁存器的状态,只读位。该位为“1”时表示写使能置位,为“0”时表示写使能复位。指令 WREN 将使 WEL 变为“1”,而指令 WRDI 则将 WEL 变为“0”。

(3) BL1,BL0:设置 E^2PROM 的块锁保护地址范围,两位是可编程位,由 WRSR 指令设置,允许用户保护 E^2PROM 的 1/4、1/2 或全部。它们的组合关系如表 6-3 所示。任何被块锁保护地址范围内的数据只能被读出而不能写入。

表 6-3　块锁保护选择

BL1	BL0	写保护的单元地址
0	0	没有保护
0	1	180H～1FFH
1	0	100H～1FFH
1	1	000H～1FFH

(4) WD1、WD0：看门狗定时器状态，两位是可编程位，由 WRSR 指令设置。看门狗定时器定时值选择如表 6-4 所示。

表 6-4　看门狗定时器定时值选择

WD1	WD0	看门狗定时值(典型值)
0	0	1.4s
0	1	600ms
1	0	200ms
1	1	禁止看门狗工作

2. X5045 的读/写操作与时序

1) X5045 的读操作与时序

要读存储器的内容，首先把 $\overline{CS}$ 拉至低电平以选择芯片，然后发送含有最高地址位 A_8 的 READ 指令，紧接着是 8 位的字节地址。读指令的位 3 包含地址 A_8，此位用于选择 E^2PROM 的上半部或下半部。在发送了读操作码和字节地址之后，在所选定地址的存储器中储存的数据被移出到 SO 线上。在连续提供时钟脉冲的条件下，储存在存储器下一地址处的数据可被连续地读出。在每一个数据字节移出之后，字节地址自动增量至下一个较高的地址。当达到最高地址(1FFH)时，地址计数器翻转至地址 000H，直到 $\overline{CS}$ 置为高电平，终止读操作。图 6.7(a)所示的读 E^2PROM 阵列操作时序。

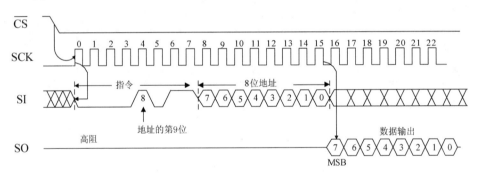

(a) 读 E^2PROM 阵列操作时序

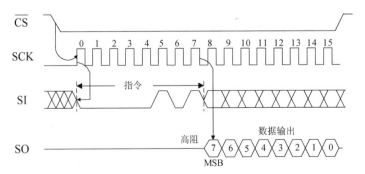

(b) 读状态寄存器操作时序

图 6.7　读数据时序

要读状态寄器，首先要把 $\overline{\text{CS}}$ 置低电平以选择芯片，发送 8 位的 RDSR 指令。状态寄存器的内容被 WDSR 指令的第 8 个 SCK 时钟脉冲下降沿送到 SO 线上。读状态寄存器操作时序如图 6.7(b) 所示。

2) X5045 的写操作与时序

在把数据写入 X5045 之前，必须首先发出 WREN 指令把写使能锁存器置位。首先 $\overline{\text{CS}}$ 置低电平，然后把 WREN 指令由时钟同步送入 X5045，在指令的所有 8 位被发送之后，再将 $\overline{\text{CS}}$ 置为高电平。然后再次将 $\overline{\text{CS}}$ 置低电平并输入 WRITE 指令，后面紧随 8 位地址，最后是要写入的数据。写指令的位 3 包含地址 A_8，此位用于选择 E^2PROM 的上半部或下半部。如果用户在发出 WREN 指令之后不把 $\overline{\text{CS}}$ 置为高电平而继续写操作，那么写操作无效。写使能锁存器操作时序如图 6.8(a) 所示。

WRITE 指令至少需要 16 个时钟脉冲。在操作期间 $\overline{\text{CS}}$ 必须保持为低，主机可以连续写入同一页地址(A8 确定)的 16B 数据。超过 16B 数据，芯片自动从本页第一个单元地址重新写入。为了完成写操作(字节写或页写)，在最后一个被写入的数据字节的最低位(LSB)完成后，$\overline{\text{CS}}$ 必须拉高。字节写操作时序如图 6.8(b) 所示。

写状态寄存器时，必须先发出 WRSR 指令，紧接着送更新状态寄存器内容。写状态寄存器操作时序如图 6.8(c) 所示。

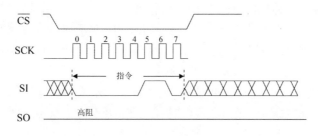

(a) 写使能锁存器操作时序

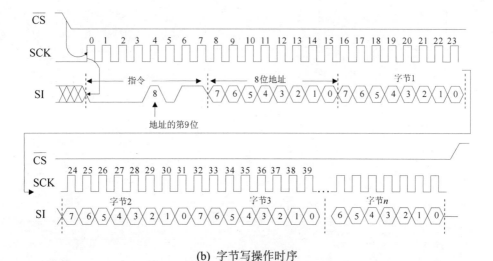

(b) 字节写操作时序

图 6.8　写数据时序

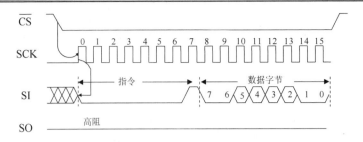

(c) 写状态寄存器操作时序

图 6.8　写数据时序（续）

6.2.3　MCS-51 单片机与 X5045 的接口电路

图 6.9 为 AT89C51 与 X5045 的典型接口电路。X5045 与单片机的接口是通过 X5045 的 SPI 总线接口实现的，由于 AT89C51 内部没有 SPI 总线接口控制器，因此通过 AT89C51 的 P1.1、P1.2、P1.3 分别模拟 SPI 总线的数据输入、串行时钟、数据输出时序来实现对 X5045 的操作。$\overline{CS}$ 信号一般不通过 P2 口选通，因为 P2 口工作于地址总线时，其输出是脉冲方式，呈现高电平，不能保证片选持续有效，也就不能对其进行任何操作。由于 $\overline{CS}$ 只能是位控方式连接，因此一般与单片机的 P1 口或 P3 口相连接。图 6.9 中用 AT89C51 的 P1.0、P1.1、P1.2、P1.3 分别与 X5045 的片选端 $\overline{CS}$、串行输入 SI、串行时钟 SLK 和串行输出 SO 相连，二者的 RESET 引脚相连。按钮开关 S1 和电阻 $R_1(10\,k\Omega)$ 组成复位电路，为单片机提供上电初始化和人工复位方式。本例系统时钟电路选择 12MHz 的晶振。

图 6.9 中的 X5045 的 $\overline{Wp}$ 信号可由开关 S2 控制，S2 闭合时禁止写入，打开时可写入数据，也可以由 AT89C51 的一个 I/O 接口控制。如果不使用 $\overline{Wp}$ 信号，也可以直接接+5V 电源。

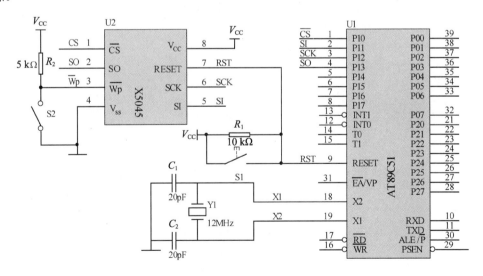

图 6.9　AT89C51 与 X5045 的典型接口电路

6.2.4 X5045 应用软件设计实例

单片机与 X5045 接口软件主要包括芯片初始化、内部 E²PROM 数据的读/写和看门狗定时器操作等，主要有设置使能锁存器、复位写使能锁存器、写状态寄存器、读状态寄存器、字节写、字节读、页读、页写、复位看门狗定时器等子程序。在图 6.9 接口方式，下面给出 X5045 与单片机的软件接口子程序。

单片机对 X5045 的初始化和接口子程序如下所述。

1. 初始化 X5045 引脚、状态寄存器及各命令字节定义

```
CS          BIT P1.0        ;片选信号
SI          BIT P1.1        ;串行数据输入
SCK         BIT P1.2        ;串行时钟输入
SO          BIT P1.3        ;串行数据输出
STATUS_REG  EQU 00H         ;赋状态寄存器初始值
READ_INST   EQU 03H         ;READ 指令
WRITE_INST  EQU 02H         ;WRITE 指令
RDSR_INST   EQU 05H         ;RDSR 指令
WREN_INST   EQU 06H         ;WREN 指令
WRSR_INST   EQU 01H         ;WRSR 指令
WRDI_INST   EQU 04H         ;WRDI 指令
```

2. 子程序名称: OUTBYT

【功能】向 X5045E²PROM 写入 8 位地址或数据，高位在前，低位在后。

【入口参数】欲写内容在 A 中。

```
OUTBYT:   MOV    R7,#08H        ;置循环次数 8
OUTBYT1:  CLR    SCK
          RLC    A              ;ACC 的最高位送 CY
          MOV    SI, C          ;CY 送 X5045 的 SI
          SETB   SCK
          DJNZ   R7,OUTBYT1     ;循环 8 次
          RET
```

3. 子程序名称: INBYT

【功能】从 X5045 E²PROM 中读出 8 位数据，高位在前，低位在后。

【出口参数】A 的内容为读出的 8 位数据。

```
INBYT:    MOV    R7,#08H        ;置循环次数 8
INBYT1:   STEB   SO
          SETB   SCK            ;SCK 的下降沿数据出现在 SO 端
          NOP                   ;数据输出端的数据(1bit)送入 C 中
          CLR    SCK
          NOP
```

4. 子程序名称: WREN

【功能】写使能锁存器，使 E²PROM 或状态寄存器可写。

```
WREN:     LCALL  STAX
          MOV A, #WREN_INST
```

```
                    LCALL    OUTBYT              ;发送 WREN 指令
                    LCALL    ENDX
                    RET
```

5. 子程序名称：WRDI

【功能】复位写使能锁存器，禁止写 E^2PROM 或状态寄存器。

```
    WRDI:           LCALL    STAX
                    MOV A,   #WRDI_INST
                    LCALL    OUTBYT              ;发送 WRDI 指令
                    LCALL    ENDX
                    RET
```

6. 子程序名称 WRSR

【功能】对状态寄存器中位 BLI、BL0、WD1、WD0 进行设置。

【入口参数】A 中是要写入状态寄存器值。

```
    WRSR:           LCALL    STAX
                    MOV A,   #WRSR_INST         ;送 WRSR 指令
                    LCALL    OUTBYT
                    MOV A,   STATUS_REG         ;送状态寄存器值
                    LCALL    OUTBYT
                    LCALL    ENDX
                    LCALL    WIP_CHK            ;等待 WIP=0,检查写操作是否完成
                    RET
```

7. 子程序名称：RDSR

【功能】读出状态寄存器当前值。

【出口参数】状态寄存器当前值存放在 A 中。

```
    RDSR:           LCALL    STAX
                    MOV A,   #RDSR_INST         ;送 RDSR 指令
                    LCALL    OUTBYT
                    LCALL    INBYT
                    LCAL     ENDX
                    RET
```

8. 子程序名称：WRITE1

【功能】写单字节到指定 E^2PROM 地址单元。

【入口参数】F0、R3 是 E^2PROM 单元地址 A_8 及低 8 位，R0 是数据存放缓冲地址。

```
    WRITE1:         LCALL    STAX              ;下一指令启动
                    MOV A,   #WRITE_INST
                    MOV C,   F0                ;插入单元地址最高位
                    MOV      ACC.3,C
                    LCALL    OUTBYT
                    MOV      A,R3              ;输出单元地址低 8 位
                    LCALL    OUTBYT
                    MOV A,   @R0
```

```
            LCALL    OUTBYT              ;写单字节数据
            LCALL    ENDX
            LCALL    WIP_CHK             ;检查写操作是否完成
            RET
```

9. 子程序名称: READ1

【功能】从指定 E^2PROM 地址单元中读取单字节数据。

【入口参数】F0、R3 是 E^2PROM 单元地址 A_8 及低 8 位。

【出口参数】读取单字节数据，存放在 R0 缓冲地址。

```
READ1:      LCALL    STAX              ;启动读操作
            MOV A,       #READ_INST
            MOV C,F0                     ;插入单元地址最高位
            MOV ACC.3,C
            LCALL    OUTBYT              ;送读指令
            MOV A,R3                     ;输出低 8 位地址
            LCALL    OUTBYT
            LCALL    INBYT               ;输入数据送入缓冲区
            MOV      @R0,A
            LCALL    ENDX                ;单字节读操作结束
            RET
```

10. 子程序名称: WRITEN

【功能】将缓冲区 $N(N \leqslant 16)$ 字节数据写入指定 E^2PROM 地址开始的单元。

【入口参数】F0、R3 是 E^2PROM 单元地址 A_8 及低 8 位，R0 是待写缓冲区首地址，R2 是缓冲区长度(待写的字节数 N)。

```
WRITEN:     LCALL    STAX              ;下一指令启动
            MOV      A, #WRITE_INST
            MOV      C,F0                ;插入单元地址最高位
            MOV      ACC.3,C
            LCALL    OUTBYT              ;送 WRITE 指令
            MOV      A,R3
            LCALL    OUTBYT              ;输出单元地址低 8 位
BYWR:       MOV      A,@R0               ;从缓冲区取数据输出
            LCALL    OUTBYTE
            INC      R0                  ;地址加 1
            DJNZ     R2,BYWR             ;缓冲区未空则继续输
            LCALL    ENDX                ;指令结束
            LCALL    WIP_CHK             ;等待 WIP=0,检查写操作是否完成
            RET
```

11. 子程序名称: READN

【功能】把指定地址开始的 E^2PROM 单元数据读出并放入片内 RAM 单元。

【入口参数】F0、R3 是 E^2PROM 单元地址最高位、低 8 位。

【出口参数】R0 是片内 RAM 单元缓冲区首地址，R2 是要读字节长度。

```
READN:      LCALL    STAX
```

```
            MOV      A,#READ_INST      ;输出 READ 指令
            MOV      C,F0
            MOV      ACC.3,C
            LCALL    OUTBYT
            MOV      A,R3              ;输出低 8 位地址
            LCALL    OUTBYT
     BYRD:  LCALL    INBYT             ;读出数据送入缓冲区
            MOV      @R0,A
            INC      R0                ;地址加 1
            DJNZ     R2,BYRD           ;数据未读完则继续
            LCALL    ENDX
            RET
```

12. 其他子程序

(1) 写操作完成检查子程序:

```
     WIP_CHK:  LCALL    RDSR              ;等待 X5045 结束内部写周期
               JB       ACC.0,WIP_CHK     ;等待 WIP=0
               RET
```

(2) 启动 X5045 操作子程序:

```
     STAX:    SETB     CS               ;启动 X5045 指令
              NOP                        ;先置高 CS,再置低 SCK,再拉低 CS
              CLR      SCK
              NOP
              CLR      CS
              NOP
              RET
```

(3) 结束 X5045 操作子程序:

```
     ENDX:    CLR      SCK              ;结束 X5045 指令
              SETB     CS               ;先置低 SCK,后置高 CS
              NOP
              NOP
              RET
```

(4) 复位看门狗定时器子程序:

```
     RST_WDOG:  CLR      CS
                SETB     CS
                RET
```

RST_WDOG 为看门狗子程序,在具体调用时应保证程序开始到调用 RST_WDOG 指令之间的执行时间小于看门狗的定时器的定时周期(1.4s),以防止程序正常工作时 X5045 产生复位信号。在具体应用中,可以根据需要灵活改变 X5045 看门狗定时器周期。这时只需改变定义的常数 STATUS_REG 的初值即可。

6.3　串行专用键盘/显示器接口芯片 HD7279

HD7279 是管理键盘和 LED 显示器的专用智能控制芯片,该芯片采用串行接口方式,可同时驱动 8 位共阴极 LED 数码管或 64 位独立 LED(发光二极管),同时能对多达 8×8 的键盘矩阵进行监视,具有自动消除键抖动并识别按键代码的功能。从而可以提高 CPU 的工作效率,同时其串行接口方式又可简化 CPU 接口电路的设计。

6.3.1　HD7279 的基本功能

1. HD7279 的主要特点

(1) 与 CPU 间采用串行接口方式,仅占用 4 根端口线。

(2) 内部含有译码器,可直接接收 BCD 码或十六进制码,同时具有两种译码方式,实现 LED 数码管位寻址和段寻址,消隐和闪烁属性等多种控制指令,编程灵活。

(3) 循环左移和循环右移指令。

(4) 内部含有驱动器,无需外围元件可直接驱动 LED。

(5) 具有级联功能,可方便的实现多于 8 位显示或多于 64 键的键盘接口。

(6) 具有自动消除抖动并识别按键键值的功能。

2. HD7279 的引脚说明

HD7279 为 28 引脚标准双列直插式封装(DIP),单一的 +5V 供电。其引脚排列如图 6.10 所示,引脚功能如表 6-5 所示。

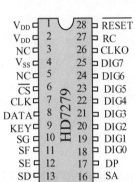

图 6.10　HD7279 引脚排列

表 6-5　HD7279 引脚功能

引　　脚	名　　称	说　　明
1,2	V_{DD}	正电源(+5V)
3,5	NC	无连接,悬空
4	V_{SS}	接地
6	$\overline{CS}$	片选信号,低电平有效
7	CLK	同步时钟输入端
8	DATA	串行数据输入/输出端
9	KEY	按键有效输出端
10～16	SG～SA	LED 的 G～A 段驱动输出端
17	DP	小数点驱动输出端

续表

引　脚	名　　称	说　　明
18～25	DIG0～DIG7	LED 位驱动输出端
26	CLKO	振荡输出端
27	RC	RC 振荡器连接端
28	$\overline{\text{RESET}}$	复位端，低电平有效

DIG0～DIG7 分别为 8 个 LED 数码管的位驱动输出端。SA～SG 分别为 LED 数码管的 A～G 段的输出端。DP 为小数点的驱动输出端。DIG0～DIG7 和 SA～SG 同时还分别是 64 键盘的列线和行线端口，完成对键盘的监视、译码和键码的识别。在 8×8 阵列中每个键的键码是用十六进制表示的，可用读键盘数据指令读出，其范围是 00H～3FH。

HD7279 与微处理器仅需 4 条接口线，其中 $\overline{\text{CS}}$ 为片选信号(低电平有效)。当微处理器访问 HD7279 时，应将片选端置为低电平。DATA 为串行数据/输出端，当向 HD7279 发送数据时，DATA 为输入端；当 HD7279A 输出键盘代码时，DATA 为输出端。CLK 为数据串行传送的同步时钟输入端，时钟的上升沿表示数据有效。KEY 为按键信号输出端，在无键按下时为高电平；而有键按下时此引脚变为低电平并且一直保持到键释放为止。

RC 引脚用于连接 HD7279 的外接振荡元件，其典型值为 $R=1.5\text{k}\Omega$，$C=15\text{pF}$。

$\overline{\text{RESET}}$ 为复位端。该端由低电平变成高电平并保持 25ms 即复位结束。通常，该端接 +5V 即可。

6.3.2 HD7279 的控制与实现

HD7279 的控制指令由 6 条纯指令、7 条带数据指令和 1 条读键盘数据指令组成。

1. 纯指令

1) 复位(清除)指令

复位(清除)指令(A4H)格式如下：

位	D7	D6	D5	D4	D3	D2	D1	D0	十六进制码
指令码	1	0	1	0	0	1	0	0	A4H

该指令将所有的显示清除，所有设置的字符消隐、闪烁等属性也被一起清除。执行该指令后，芯片所处的状态与系统上电后所处的状态一样。

2) 测试指令

测试指令(BFH)格式如下：

位	D7	D6	D5	D4	D3	D2	D1	D0	十六进制码
指令码	1	0	1	1	1	1	1	1	BFH

该指令使所有的 LED 全部点亮，并处于闪烁状态，主要用于测试。

3) 左移指令

左移指令(A1H)格式如下:

位	D7	D6	D5	D4	D3	D2	D1	D0	十六进制码
指令码	1	0	1	0	0	0	0	1	A1H

该指令使所有的显示自右向左(从第 1 位向第 8 位)移动 1 位(包括处于消隐状态的显示位),但对各位所设置的消隐及闪烁属性不变。移动后,最右边 1 位为空(无显示)。

例如,原显示为

4	2	5	2	L	P	3	9

其中,第 2 位"3"和第 4 位"L"为闪烁显示,执行了左移指令后,显示变为

2	5	2	L	P	3	9	

第 2 位"9"和第 4 位"P"为闪烁显示。

4) 右移指令

右移指令(A0H)格式如下:

位	D7	D6	D5	D4	D3	D2	D1	D0	十六进制码
指令码	1	0	1	0	0	0	0	0	AOH

该指令与左移指令类似,但所做移动为自左向右(从第 8 位向第 1 位)移动,对各位所设置的消隐及闪烁属性不变。移动后,最左边 1 位为空。

5) 循环左移指令

循环左移指令(A3H)格式如下:

位	D7	D6	D5	D4	D3	D2	D1	D0	十六进制码
指令码	1	0	1	0	0	0	1	1	A3H

该指令与左移指令类似,不同之处在于移动后原最左边 1 位(第 8 位)的内容显示于最右位(第 1 位)。在上例中,执行完循环左移指令后的显示为

2	5	2	L	P	3	9	4

第 2 位"9"和第 4 位"P"为闪烁显示。

6) 循环右移指令

循环右移指令(A2H)格式如下:

位	D7	D6	D5	D4	D3	D2	D1	D0	十六进制码
指令码	1	0	1	0	0	0	1	0	A2H

该指令与循环左移指令类似,但移动方向相反。

2. 带数据指令

带数据指令均由双字节组成，第 1 字节为指令标志码(有的还含有位地址)，第 2 字节为显示内容。

1) 按方式 0 译码显示指令

按方式 0 译码显示指令格式如下：

位	D7	D6	D5	D4	D3	D2	D1	D0	十六进制码
指令码	1	0	0	0	0	a2	a1	a0	80H～87H
数据码	DP	X	X	X	d3	d2	d1	d0	

此命令又称按方式 0 译码下载指令。命令由两个字节组成，前半部分为指令，其中，a2、a1、a0 为 LED 数码管的位地址，即显示数据是送给哪一位 LED 的。具体分配如表 6-6 所示。指令中的 d3、d2、d0 为显示数据，收到此指令时，HD7279 按表 6-7 规则(译码方式 0)进行译码和显示。小数点的显示由 DP 位控制，DP=1 时，小数点显示；DP=0 时，小数点不显示。指令中的 XXX 为无影响位。

表 6-6　LED 位地址译码表

a2	a1	a0	LED 显示位
0	0	0	LED1
0	0	1	LED2
0	1	0	LED3
0	1	1	LED4
1	0	0	LED5
1	0	1	LED6
1	1	0	LED7
1	1	1	LED8

表 6-7　方式 0 译码显示表

d3～d0(十六进制)	LED 显示字	d3～d0(十六进制)	LED 显示字
00H	0	05H	5
01H	1	06H	6
02H	2	07H	7
03H	3	08H	8
04H	4	09H	9

续表

d3～d0(十六进制)	LED 显示字	d3～d0(十六进制)	LED 显示字
0AH	—	0DH	L
0BH	E	0EH	P
0CH	H	0FH	空(无显示)

2) 按方式 1 译码显示指令

按方式 1 译码显示指令格式如下：

位	D7	D6	D5	D4	D3	D2	D1	D0	十六进制码
指令码	1	1	0	0	1	a2	a1	a0	C8H～CFH
数据码	DP	X	X	X	d3	d2	d1	d0	

此命令又称按方式 1 译码下载指令。此指令与上一条指令基本相同，所不同的是译码方式。方式 1 情况下，LED 显示的内容与十六进制相对应，该指令的译码规则(译码方式 1) 如表 6-8 所示。a2、a1、a0 位地址译码如表 6-6 所示。

表 6-8　方式 1 译码显示表

d3～d0(十六进制)	LED 显示字	d3～d0(十六进制)	LED 显示字
00H	0	08H	8
01H	1	09H	9
02H	2	0AH	A
03H	3	0BH	B
04H	4	0CH	C
05H	5	0DH	D
06H	6	0EH	E
07H	7	0FH	F

3) 不译码显示指令

不译码显示指令格式如下：

位	D7	D6	D5	D4	D3	D2	D1	D0	十六进制码
指令码	1	0	0	1	0	a2	a1	a0	90H～97H
数据码	DP	A	B	C	D	E	F	G	

此命令又称不译码下载指令。其中 a2、a1、a0 为位地址，位地址译码如表 6-6 所示。第 2 字节仍为 LED 显示的内容，其中，A～G 和 DP 为显示数据，分别对应 LED 数码管的

各段和小数点，当取值为"1"时，该段点亮；取值为"0"时，该段熄灭。

4) 闪烁控制指令

闪烁控制指令格式如下：

位	D7	D6	D5	D4	D3	D2	D1	D0	十六进制码
指令码	1	0	0	0	1	0	0	0	88H
数据码	d7	d6	d5	d4	d3	d2	d1	d0	

此命令控制各个数码管的闪烁属性。d0～d7 分别对应 LED1～LED8 数码管，当取值为"1"时，LED 不闪烁；取值为"0"时，LED 闪烁。开机后，各位默认的状态均为不闪烁。

5) 消隐控制指令

消隐控制指令格式如下：

位	D7	D6	D5	D4	D3	D2	D1	D0	十六进制码
指令码	1	0	0	1	1	0	0	0	98H
数据码	d7	d6	d5	d4	d3	d2	d1	d0	

此命令控制各个数码管的消隐属性。d0～d7 分别对应 LED1～LED8 数码管，当取值为"1"时，LED 显示；取值为"0"时，LED 消隐。当某一位被赋予了消隐属性后，HD7279 在扫描时将跳过该位，因此在这种情况下，无论对该位写入何值，均不会被显示，但写入的值将被保留，在将该位重新设为显示状态后，最后一次写入的数据将被显示出来。当无需用到全部 8 个数码管显示的时候，将不用的位设为消隐属性，可以提高显示的亮度。

注意：至少应有一位保持显示状态，如果消隐控制指令中 d0～d7 全部为"0"，那么该指令将不被接受，HD7279 保持原来的消隐状态不变。

6) 段点亮指令

段点亮指令格式如下：

位	D7	D6	D5	D4	D3	D2	D1	D0	十六进制码
指令码	1	1	1	0	0	0	0	0	E0H
数据码	X	X	d5	d4	d3	d2	d1	d0	

该指令的作用是点亮某个数码管中某一指定的段，或 64 个 LED 矩阵中某一指定的 LED。d5～d0 为段地址，范围从 00H～3FH，所对应点亮段如表 6-9 所示。

表 6-9 段点亮对应表

数码管	LED1							
d5～d0 取值	00H	01H	02H	03H	04H	05H	06H	07H
点亮段	g	f	e	d	c	b	a	dp

续表

数码管	LED2							
d5~d0 取值	08H	09H	0AH	0BH	0CH	0DH	0EH	0FH
点亮段	g	f	e	d	c	b	a	dp
数码管	LED3							
d5~d0 取值	10H	11H	12H	13H	14H	15H	16H	17H
点亮段	g	f	e	d	c	b	a	dp
数码管	LED4							
d5~d0 取值	18H	19H	1AH	1BH	1CH	1DH	1EH	1FH
点亮段	g	f	e	d	c	b	a	dp
数码管	LED5							
d5~d0 取值	20H	21H	22H	23H	24H	25H	26H	27H
点亮段	g	f	e	d	c	b	a	dp
数码管	LED6							
d5~d0 取值	28H	29H	2AH	2BH	2CH	2DH	2EH	2FH
点亮段	g	f	e	d	c	b	a	dp
数码管	LED7							
d5~d0 取值	30H	31H	32H	33H	34H	35H	36H	37H
点亮段	g	f	e	d	c	b	a	dp
数码管	LED8							
d5~d0 取值	38H	39H	3AH	3BH	3CH	3DH	3EH	3FH
点亮段	g	f	e	d	c	b	a	dp

7) 段关闭指令

段关闭指令格式如下：

位	D7	D6	D5	D4	D3	D2	D1	D0	十六进制码
指令码	1	1	0	0	0	0	0	0	C0H
数据码	X	X	d5	d4	d3	d2	d1	d0	

该指令作用为关闭(熄灭)数码管中的某一段，d5~d0 为段地址，范围从 00H~3FH，所对应点关闭段如表 6-9 所示，仅将点亮段改为关闭段即可。

3. 读键盘数据指令

读键盘数据指令格式如下：

位	D7	D6	D5	D4	D3	D2	D1	D0	十六进制码
指令码	0	0	0	1	0	1	0	1	15H
数据码	d7	d6	d5	d4	d3	d2	d1	d0	

该指令从 HD7279 读出当前的按键代码。与其他指令不同，此命令的前一个字节 00010101B(15H)为单片机传送到 HD7279 的指令，而后一个字节 d7～d0 则为 HD7279 返回的按键代码，其范围是 00H～3FH(无键按下时为 0FF)，各键键盘代码的定义如图 6.14 所示。

在该指令的前半段，HD7279 的 DATA 引脚处于输入状态，以接受来自单片机的指令；在指令的后半段，DATA 引脚从输入状态转为输出状态，输出键盘代码的值。故单片机连接到 DATA 引脚的 I/O 接口应有一个从输出态到输入态的转换过程，详情请参阅"4.控制时序"的内容。

当 HD7279 检测到有效的按键时，KEY 引脚从高电平变为低电平，并一直保持到按键结束。在此期间，如果 HD7279 接收到读键盘数据指令(15H)，则输出当前按键的键盘代码；如果在收到读键盘指令时没有有效按键，HD7279 将输出 FFH。

4. 控制时序

HD7279 采用串行方式与单片机通信，串行数据从 DATA 引脚送入芯片，并由 CLK 端同步。当片选信号变为低电平后，DATA 引脚上的数据在 CLK 引脚的上升沿被写入 HD7279 的缓冲寄存器。

1) 纯指令时序

不带数据的纯指令的指令宽度为 8 位，即单片机需发送 8 个 CLK 脉冲，向 HD7279 发送 8 位指令，DATA 引脚最后为高阻态，如图 6.11 所示。

2) 带数据指令时序

带数据指令的宽度为 16 位，即单片机需发送 16 个 CLK 脉冲，前 8 位向 HD7279 发送 8 位指令；后 8 位向 HD7279 传送 8 位数据，DATA 最后为高阻态，如图 6.12 所示。

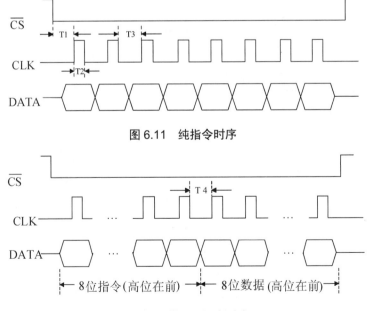

图 6.11　纯指令时序

图 6.12　带数据指令时序

3) 读键盘数据指令时序

读取键盘数据指令的宽度为 16 位，前 8 位为单片机发送到 HD7279 的指令，后 8 位为 HD7279 返回的键盘代码。执行此指令时，HD7279 的 DATA 端在第 9 个 CLK 的上升沿变为输出状态，并与第 16 个 CLK 的下降沿恢复为输入状态，等待接收下一个指令，如图 6.13 所示。

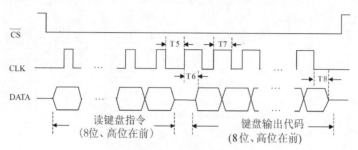

图 6.13　读键盘指令时序

为了保证 HD7279 正常工作，在选定 HD7279 的振荡元件 RC 和单片机的晶振之后，应调节延时，使时序中的 T1～T8 满足表 6-10 所示要求。由表中的数据可知，HD7279 规定的时间范围很宽，容易满足时序的要求。为了提高 CPU 访问 HD7279 的速度，应调整延时，使运行时间接近最短。

表 6-10　T1～T8 数据值　　　　　　　单位：μs

符　号	最 小 值	典 型 值	最 大 值
T1	25	50	250
T2	5	8	250
T3	5	8	250
T4	15	25	250
T5	15	25	250
T6	5	8	—
T7	5	8	250
T8	—	—	5

6.3.3　MCS-51 单片机与 HD7279 的接口电路

图 6.14 是 AT89C51 单片机与 HD7279 的典型接口电路。HD7279 应连接共阴式数码管。图 6.14 中无需用到的键盘和数码管可以不连接，省去数码管或对数码管设置消隐、闪烁属性，均不会影响键盘的使用。如果不用键盘，则电路图中连接到键盘的 8 只 10 kΩ 电阻和 8 只 100 kΩ 下拉电阻均可以省去。如果使用了键盘，则电路中的 8 只 100 kΩ 下拉电阻均不得省略。除非不接入数码管，否则串入 DP 及 SA～SG 连线的 8 只 200 Ω 电阻均不能省去。

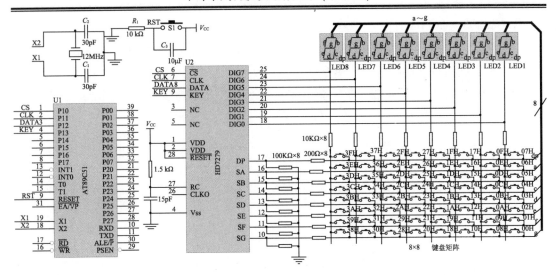

图 6.14 AT89C51 单片机与 HD7279 的典型接口电路

实际应用时，8 只下拉电阻和 8 只键盘连接位选线 DIG0～DIG7 的 8 只电阻(以下简称位选电阻)，应遵从一定的比例关系，下拉电阻应大于位选电阻的 5 倍而小于其 50 倍，典型值为 10 倍。在不影响显示的前提下，下拉电阻应尽可能地取较小的值，这样可以提高键盘部分的抗干扰能力。

因为采用循环扫描的工作方式，所以如果采用普通的数码管，亮度有可能不够，因此可采用高亮或超高亮的型号。数码管的尺寸亦不宜选得过大，一般字符高度不宜超过 1in(0.0254m)，如使用大型的数码管，应使用适当的驱动电路。

HD7279 需要一外接的 RC 振荡电路以供系统工作，外接振荡元件为典型值($R=1.5\,\mathrm{k\Omega}$，$C=15\mathrm{pF}$)。如果芯片无法正常工作，首先检查此振荡电路。在印制电路板布线时，所有元件，尤其是振荡电路的元件应尽量靠近 HD7279，并尽量使电路连线最短。

HD7279 的 $\overline{\mathrm{RESET}}$ 复位端在一般应用情况下，可以直接与正电源连接，在需要较高可靠性的情况下，可以连接一外部的复位电路，或直接由单片机 I/O 接口控制。在上电或 $\overline{\mathrm{RESET}}$ 端由低电平变为高电平后，HD7279 需要经过 18～25ms 才会进入正常工作状态。

上电后，所有的显示均为空，所有显示位的显示属性均为"显示"及"不闪烁"。当有键按下时，KEY 引脚输出变为低电平。此时如果接收到读键盘指令，HD7279 将输出所按下键的代码。键盘代码的定义如图 6.14 所示，图中的键号即键盘代码。

单片机通过 KEY 引脚电平来判断是否有键按下，在使用查询方式管理键盘时，该引脚接至单片机的 1 位 I/O 接口(图 6.14 中为 P1.3)；如果使用中断方式，该引脚应接至单片机的外部中断输入端($\overline{\mathrm{INT0}}$ 或 $\overline{\mathrm{INT1}}$)。同时应将该中断触发控制位设置成下降沿有效的边沿触发方式。若置成电平触发方式，则应注意在按键时间较长时可能引起的多次中断问题。

AT89C51 单片机复位电路由按钮开关 S1 和电阻 R_1 组成，提供上电初始复位和手动复位方式。

【实用技术】本例中 AT89C51 所用时钟频率为 12MHz。如何确定时钟频率(晶振的大小)？

(1) 看单片机的机型。不同型号的单片机系统时钟频率范围要求不同，如 AT89C51 的最高时钟频率为 24MHz。晶振频率大小要不得高于 24MHz。

(2) 看所需时钟频率。CPU 的运行速度与时钟频率有关，时钟频率越高，CPU 的运行越快，完成一件工作所用时间越短。单片机的工作频率和功耗的关系也很大，频率越高，功耗越大。在许多低功耗的场合，采用低速晶振实现低功耗非常有效。但是，降低晶振频率往往会受到系统运行速度的制约。特别提出选择晶振大小的误区：选择芯片工作在晶振频率范围的最高值，这是错误的，需要综合考虑各部分的工作速度，选择与芯片兼容的最小晶振频率。

(3) 看单片机输出需要。在系统中总看到晶振频率选用 6MHz、12MHz 或 11.0592MHz。MCS-51 系列单片机典型的指令周期为一个机器周期。绝大多数 MCS-51 系列单片机的指令是在一个机器周期内执行完的。使用 6MHz 或 12MHz，一个机器周期为 2 μs 或 1 μs，便于做精确定时。后者的好处是最易获得标准的波特率，所以多数单片机系统选用这个频率。

6.3.4　HD7279 应用软件设计实例

这里以图 6.14 接口电路为例，下面给出 AT89C51 与 HD7279 连接的应用程序。

该程序采用查询方式对键盘进行监视，当有键按下时读取按键代码并将其显示在 LED 显示器上。

1. HD7279 的引脚定义

```
              CS      BIT P1.0        ;片选信号
              CLK     BIT P1.1        ;串行时钟信号
              DATA    BIT P1.2        ;串行数据输入/输出
              KEY     BIT P1.3        ;按键有效信号端
```

2. 子程序名称：SEND

【功能】将单字节数据写入 HD7279，高位在前。发送的数据可能是指令或显示数据。
【入口参数】累加器(A)中为要发送的字节数据。

```
     SEND:      MOV     R2,#08H        ;发送 8 位
                CLR     CS             ;CS = 0
                ACALL   DEY3           ;延时约 50 μs (T1)
     S_LOOP:    MOV     C,ACC.7        ;累加器 (A) 的最高位输出到 DATA 端
                MOV     DATA,C
                SETB    CLK            ;置 CLK 高电平，数据写入 HD7279
                RL      A
                ACALL   DEY1           ;延时约 8 μs (T2)
                CLR     CLK            ;置 CLK 低电平
                ACALL   DEY1           ;延时约 8 μs (T3)
                DJNZ    R2,S_LOOP      ;检测 8 位是否发送完毕
                CLR     DATA           ;发送完毕，DATA 端置低 (输出状态)
                RET
```

3. 子程序名称：RECE

【功能】从 HD7279 读取 8 位按键代码，高位在前。
【出口参数】读取 8 位按键代码在累加器(A)中。

```
        RECE:     MOV      R2,#08H          ;接收 8 位数据
                  SETB     DATA             ;DATA 输出锁存器为高,准备输入
                  ACALL    DEY2             ;延时约 25 μs (T5)
        R_LOOP:   SETB     CLK              ;置 CLK 高电平,从 HD7279 读出数据
                  ACALL    DEY1             ;延时约 8 μs (T6)
                  RL       A
                  MOV      C,DATA           ;接收 1 位数据
                  MOV      ACC.0,C          ;读入 1 位数据,存入 A 的最低位
                  CLR      CLK              ;置 CLK 低电平
                  ACALL    DEY1             ;延时约 8 μs (T3)
                  DJNZ     R2,R_LOOP        ;接收 8 位是否发送完毕
                  CLR      DATA             ;接收完毕,DATA 端置低 (输出状态)
                  RET
```

4. 查询方式读键盘数据代码并显示代码主程序

```
                  ORG      0000H
                  LJMP     MAIN
                  ORG      0030H
        MAIN:     MOV      SP,#60H
                  MOV      P1,#0F9H         ;I/O 接口初始化 (CS =1,KEY=1,CLK=0,
                                           ;DATA=0)
                  ACALL    DEY0             ;等待约 25ms 复位时间
                  MOV      A,#0A4H          ;发送复位 (清除) 指令
                  ACALL    SEND
                  SETB     CS               ;置 CS 高电平
        MAIN:     JB       KEY, MAIN        ;检测按键,无键按下等待
                  MOV      A,#15H           ;发读键盘指令
                  ACALL    SEND             ;写入 HD7279 读键盘指令
                  ACALL    RECE             ;读键值到累加器 (A)
                  SETB     CS               ;置 CS 高电平
                  MOV      B,#10            ;十六进制键码转换成 BCD 码,以备显示
                  DIV      AB
                  MOV      R0,A             ;十位暂存在 R0 中
                  MOV      A,#0C9H          ;按方式 1 译码显示在数码管的 LED2 位
                                           ;(十位)
                  ACALL    SEND             ;指令写入 HD7279
                  ACALL    DEY2             ;延时约 25 μs (T4)
                  MOV      A,R0
                  ACALL    SEND             ;显示十位
                  SETB     CS               ;置 CS 高电平
                  MOV      A,#0C8H          ;按方式 1 译码显示在数码管的 LED1 位
                                           ;(个位)
                  ACALL    SEND
                  ACALL    DEY2             ;延时约 25 μs (T4)
                  MOV      A,B
                  ACALL    SEND             ;显示个位
                  SETB     CS               ;置 CS 高电平
        WAIT:     JNB      KEY,WAIT         ;等待按键放开
                  AJMP     MAIN
```

5. 延时子程序

```
DEY0:          MOV R7,#50            ;延时 25ms
DEY0_LOOP:     MOV R6,#255
DEY0_LOOP1:    DJNZ    R6,DEY0_LOOP1
               DJNZ    R7,DEY0_LOOP
               RET
DEY1:          MOV R7,#4             ;延时 8 μs
DEY1_LOOP:     DJNZ    R7,DEY1_LOOP
               RET
DEY2:          MOV R7,#12            ;延时 25 μs
DEY2_LOOP:     DJNZ    R7,DEY2_LOOP
               RET
DEY3:          MOV     R7,#25        ;延时 50 μs
DEY3_LOOP:     DJNZ    R7,DEY3_LOOP
               RET
```

6.4　串行 A/D 转换接口芯片 TLC1543

TLC1543 是美国 TI 公司生产的众多串行 A/D 转换器中的一种，采用串行通信接口，具有输入通道多、转换精度高、传输速度快、价格低廉、使用灵活等优点，易于和单片机接口，可广泛应用于各种数据采集系统。

6.4.1　TLC1543 的基本功能

1. TLC1543 的基本特点

TLC1543 是 CMOS 型、10 位开关电容逐次逼近模数转换器。它有 3 个输入端和一个 3 态输出端：片选($\overline{CS}$)、输入/输出时钟(I/O CLOCK)、地址输入(ADDRESS)和数据输出(DATAOUT)，通过一个直接的四线接口与主处理器或其他外围的串行接口通信。

片内含有 14 通道多路选择器，可以选择 11 个输入中的任何一个或 3 个内部自测试(Self-test)电压中的一个。片内设有自动采样-保持电路。在转换结束时，"转换结束"信号(EOC)输出端变高以指示转换的完成。系统时钟由片内产生并由 I/O CLOCK 同步。内部转换器具有高速(10 μs 转换时间)、高精度(10 位分辨率，最大±1LSB 不可调整误差)和低噪声的特点。

2. 引脚排列及功能

TLC1543 采用 20 脚的 DIP 封装，引脚排列如图 6.15 所示。

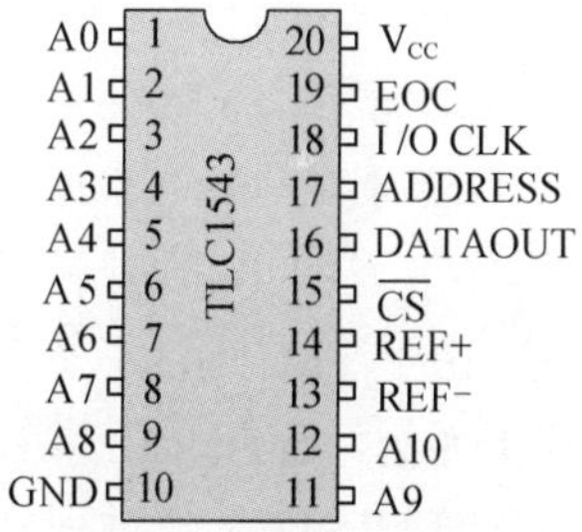

(1) A0～A10：模拟输入端。这 11 个模拟信号输入由内部多路器选择。驱动源的阻抗必须小于或等于 1 kΩ。

(2) $\overline{CS}$：片选端。在 $\overline{CS}$ 端的一个由高至低的电平将复位内部计数器并控制和使能 DATAOUT、ADDRESS 和 I/O CLK；一个由低至高的电平将在一个设置时间内禁止 ADDRESS 和 I/O CLK。

图 6.15　TLC1543 引脚排列

(3) ADDRESS：串行数据输入端。一个 4 位的串行地址选择下一个即将被转换的所需的模拟输入或测试电压。串行数据以 MSB 为前导并在 I/O CLK 的前 4 个上升沿被移入。在 4 个地址位被读入地址寄存器后，这个输入端对后续的信号无效。

(4) DATAOUT：A/D 转换结果输出的三态串行输出端。DATAOUT 在 $\overline{CS}$ 为高时处于高阻状态，而当 $\overline{CS}$ 为低时处于激活状态。$\overline{CS}$ 一旦有效，按照前次转换结果的 MSB 值将 DATAOUT 从高阻状态转变成相应的逻辑电平。I/O CLK 的下一个下降沿将根据 MSB 的下一位将 DATAOUT 置为相应的逻辑电平，剩下的各位依次移出，而 LSB 在 I/O CLK 的第 9 个下降沿出现。在 I/O CLK 的第 10 个下降沿，DATAOUT 端被置为低电平，因此多于 10 个时钟时串行接口传送的是"0"。

(5) EOC：转换结束端。在第 10 个 I/O CLK 该输出端从高电平变为低电平并保持低，直到转换完成及数据准备传输。

(6) GND：地线。内部电路的地回路端。

(7) I/O CLK：输入/输出时钟端。I/O CLK 接收串行输入并完成以下 4 个功能：

① 在 I/O CLK 的前 4 个上升沿，它将 4 个输入地址位置入地址寄存器。在第 4 个上升沿之后多路器地址有效。

② 在 I/O CLK 的第 4 个下降沿，在选定的多路器输入端上的模拟输入电压开始向电容器充电并继续到 I/O CLK 的第 10 个下降沿。

③ 它将前次转换的数据的其余 9 位移出 DATAOUT 端。

④ 在 I/O CLK 的第 10 个下降沿，它将转换的控制信号传送到内部的状态控制器。

(8) REF+：正基准电压端。基准电压的正端(通常为 V_{CC})被加到 REF+。最大的输入电压范围取决于加在该端与加在 REF-端的电压差。

(9) REF-：负基准电压端。基准电压的负端(通常为地)被加到 REF-。

(10) V_{CC}：正电源端，范围 4.4～5.5V，典型值为 5V。

6.4.2 TLC1543 的控制与实现

TLC1543 可以用 6 种基本的串行接口方式工作，这些方式取决于 I/O CLK 的脉冲数以及 $\overline{CS}$ 的工作。这 6 种方式是：

(1) 具有 10 时钟和 $\overline{CS}$ 在 A/D 转换器转换周期时无效(高)的快速转换方式。

(2) 具有 10 时钟和 $\overline{CS}$ 连续有效(低)的快速转换方式。

(3) 具有 11～16 时钟和 $\overline{CS}$ 在转换周期时无效(高)的快速转换方式。

(4) 具有 16 时钟和 $\overline{CS}$ 连续有效(低)的快速转换方式。

(5) 具有 11～16 时钟和 $\overline{CS}$ 在转换周期时无效(高)的慢速转换方式。

(6) 具有 16 时钟和 $\overline{CS}$ 连续有效(低)的慢速转换方式。

由于 TLC1543 有 6 种工作方式，不同的工作方式，其工作过程各异。在此以常用的方式 1 为例，详细介绍其工作过程，其他方式详见有关文献。

TLC1543 工作过程分为 2 个周期：访问周期和采样周期，工作时序如图 6.16 所示。工作状态由 $\overline{CS}$ 使能或禁止，工作时 $\overline{CS}$ 必须置低电平。$\overline{CS}$ 为高电平时，I/O CLK、ADDRESS 被禁止，同时 DATAOUT 为高阻状态。当 CPU 使 $\overline{CS}$ 变低电平，EOC 为高电平时，TLC1543

开始数据转换，I/O CLK、ADDRESS 使能，DATAOUT 脱离高阻状态。随后，CPU 向 ADDRESS 端提供 4 位通道地址(MSB 在前)输入地址寄存器，按照输入地址选择，如表 6-11 所示，控制 14 个模拟通道选择器从 11 个外部模拟输入和 3 个内部自测电压中选通一路送到采样保持电路。

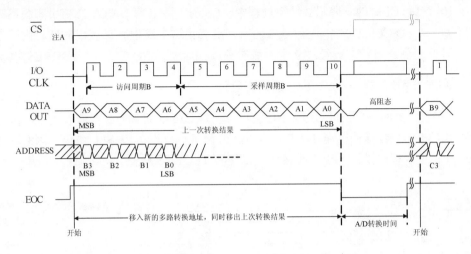

图 6.16　方式 1 时序图

注：为了减少由于 $\overline{CS}$ 的噪声引起的误差，在 $\overline{CS}$ 的下降沿后内部电路响应控制输入信号之前等待一个设定时间加上两个内部时钟的下降沿。所以，在最小设置时间消逝之前不要输入地址。

表 6-11　模拟输入通道和测试方式地址选择

功能选择		送入地址寄存器的值（二进制）B3B2B1B0
模拟输入端选择	A0	0000
	A1	0001
	A2	0010
	A3	0011
	A4	0100
	A5	0101
	A6	0110
	A7	0111
	A8	1000
	A9	1001
	A10	1010
测试电压选择	$(V_{REF+} + V_{REF-})/2$	1011
	V_{REF-}	1100
	V_{REF+}	1101

注：V_{REF+} 是加到 REF+端的电压，而 V_{REF-} 是加到 REF-端的电压。

同时，I/O CLK 端输入时钟时序，CPU 从 DATAOUT 端接收前一次 A/D 转换结果。I/O CLK 从 CPU 接受 10 个时钟长度的时钟序列。前 4 个时钟把 4 位地址从 ADDRESS 端置入地址寄存器，选择所需的模拟通道，后 6 个时钟对模拟输入的采样提供控制时序。模拟输入的采样起始于第 4 个 I/O CLK 的下降沿，而采样一直持续 6 个 I/O CLK 周期，并一直保持到第 10 个 I/O CLK 的下降沿。转换过程中，$\overline{CS}$ 的下降沿使 DATAOUT 引脚脱离高阻状态并启动一次 I/O CLK 的工作过程。$\overline{CS}$ 的上升沿终止这个过程并在规定的延时内使 DATA OUT 引脚返回到高阻状态，经过 2 个系统时钟周期后禁止 I/O CLK 和 ADDRESS 端。

6.4.3 MCS-51 单片机与 TLC1543 的接口电路

图 6.17 为 AT89C51 与 TLC1543 的接口电路。TLC1543 的 3 个控制输入端 $\overline{CS}$、I/O CLK、ADDRESS 和一个数据输出端 DATA OUT，遵循串行外设接口 SPI 协议，因此，需通过 AT89C51 的 I/O 接口模拟 SPI 总线接口，以便和 TLC1543 通信。

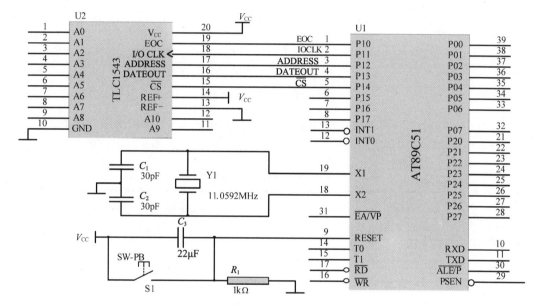

图 6.17　AT89C51 与 TLC1543 的接口电路

电路设计时，注意 TLC1543 有两个基准电压输入：REF+ 和 REF-。这些电压值建立了模拟输入电压的高端和低端极限，以相应地产生满度(全"1")和零度(全"0")读数。REF+、REF-以及模拟输入不能超过正电源或低于 GND。当输入信号等于或高于 REF+时，数字输出为满度；当输入信号等于或低于 REF-时，数字输出为零。因此，REF-和 REF+应分别与 GND 和电源(V_{CC})相连。

6.4.4 TLC1543 应用软件设计实例

TLC1543 与单片机接口程序应完全按照 TLC1543 的工作时序要求编写，如图 6.17 所示，编写单片机 AT89C51 按顺序采样外部 11 个模拟量的应用程序。应用程序由一个主程序和一个子程序组成。主程序包括定义和初始化 SPI 总线接口以及转换后数据的存储；子程序包含合成 SPI 的操作以及 TLC1543 与 AT89C51 间交换数据的过程。

软件编写应注意 TLC1543 通道地址必须为写入字节的高 4 位，而 CPU 读入的数据是芯片上次 A/D 转换结果。引脚定义和接口子程序如下。

1. 引脚定义

```
EOC     BIT     P1.0
IOCLK   BIT     P1.1
ADIN    BIT     P1.2
DOUT    BIT     P1.3
CS      BIT     P1.4
```

2. TLC1543 转换子程序：ADVERT

【功能】采集某一通道模拟信号并读取 A/D 转换器的转换结果(采用方式 1, 使用 $\overline{CS}$ 的快速 10 时钟转换)。

【入口参数】R4 中为下一次转换通道地址。

【出口参数】R2、R3 分别储存转换结果的高 2 位(D9、D8)和低 8 位(D7～D0)。

```
ADVERT: CLR    IOCLK
        SETB   CS
        SETB   DOUT
        JNB    EOC,$
        MOV    A,R4            ;读下一次转换地址到A
        SWAP   A               ;取4位地址
        CLR    CS              ;置CS为低电平,选中TLC1543
        MOV    R5,#10          ;I/O CLOCK 脉冲次数放入R5
LOOP1:  NOP
        NOP
        MOV    C,DOUT          ;读转换数据到C
        RLC    A               ;转换数据移到A的最低位,通道地址
                               ;移入C
        MOV    ADIN,C          ;写入通道地址
        SETB   IOCLK           ;置I/O CLOCK为高
        NOP
        CLR    IOCLK           ;置I/O CLOCK为低
        CJNE   R5,#02H,LOOP2   ;判断8个数据是否送完? 未完,则跳转
        MOV    R2,A            ;转换结果高8位放入R2
LOOP2:  DJNZ   R5,LOOP1        ;10个脉冲是否结束? 没有则跳转
        MOV    R3,A            ;转换结果低2位放入R3
                               ;以下采样数据结果的高2位放入R2,低
                               ;8位放入R3中
        MOV    A,R2            ;读转换结果的高8位到A
        MOV    R0,A            ;高8位暂存于R0中
        RL     A               ;取高2位
        RL     A
        ANL    A,#03H
        MOV    R2,A            ;转换结果的高2(D9、D8)位放入R2
        MOV    A,R3
        RR     A
```

```
    RR      A
    RLC     A                              ;D1 送入 CY
    MOV     R3,A
    MOV     A, R0
    RLC     A
    MOV     R0,A
    MOV     A,R3
    RLC     A
    MOV     A, R0
    RLC     A
    MOV     R3, A
    RET
```

6.5 串行 D/A 转换接口芯片 TLC5615

D/A 转换器的种类繁多,从接口形式而言,分为两大类:并行接口 D/A 转换器和串行接口 D/A 转换器。早期的 D/A 转换器一般采用并行接口,如前面介绍的 DAC0832。随着半导体技术的发展,为了节省硬件资源,目前一些新的 D/A 转换器广泛采用流行的串行总线协议,如采用 SPI 总线接口的 TLC5615。下面以 10 位 D/A 转换器 TLC5615 为例介绍串行总线接口的 D/A 转换器的原理和应用。

6.5.1 TLC5615 的基本功能

TLC5615 是 TI 公司推出的、具有 3 线串行总线接口的 10 位 CMOS 电压输出型数模转换器(DAC),具有高阻抗基准电压输入端,转换后的最大输出模拟电压是基准电压值的两倍。输出电压具有和基准电压相同极性。器件采用+5V 单电源供电;内部带有上电复位功能,即把 DAC 寄存器复位至全零。最大功耗仅 1.75mW。

1. TLC5615 内部结构

TLC5615 的内部结构框图如图 6.18 所示。TLC5615 由基准电压缓冲电路、数/模转换器(DAC)、上电复位电路、串行读写控制逻辑、2 倍程放大器和同步串行接口等电路组成。

外部基准电压 REFIN 决定了 DAC 的满度输出,REFIN 经过基准电压缓冲电路后使得 DAC 的输入电阻与代码无关。

串行读写控制逻辑模块用于控制 TLC5615 从外部处理器同步串行输入用于 D/A 转换的数据。逻辑输入端可使用 TTL 或 CMOS 电平。但是使用满电源电压幅度 CMOS 逻辑可得到最小功耗,当使用 TTL 逻辑电平时功耗增加约 2 倍。

10 位 DAC 寄存器将 16 位移位寄存器中的 10 位有效数据取出,并送入 D/A 转换模块进行转换,转换后的结果通过放大倍数为 2 的放大电路放大后,由 OUT 引脚输出。

2. TLC5615 引脚说明

TLC5615 有小型 D 和塑料 DIP 封装,DIP 封装的 TLC5615 芯片引脚排列如图 6.19 所示。引脚功能说明如表 6-12 所示。

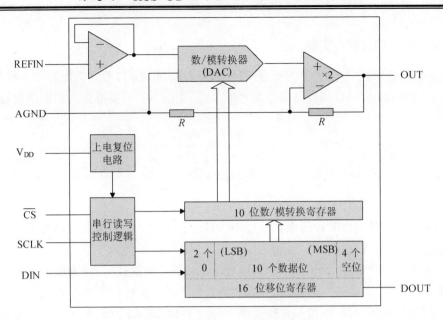

图 6.18　TLC5615 内部结构框图

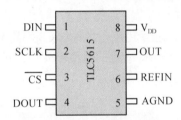

图 6.19　TLC5615 引脚排列

表 6-12　TLC5615 引脚说明

引脚名称	说　　明
DIN	串行数据输入端
SCLK	串行时钟输入端
$\overline{\text{CS}}$	片选信号输入端，低电平有效
DOUT	用于级联时的串行数据输出端
AGND	模拟地
REFIN	基准电压输入端。$2\sim(V_{DD}-2)$V，典型值 2.048V
OUT	DAC 模拟电压输出端
V_{DD}	正电源端

6.5.2 TLC5615 的控制与实现

TLC5615 通过固定增益为 2 的运放缓冲电阻网络，把 10 位数字数据转换为模拟电压。上电时，内部电路把 DAC 寄存器复位为"0"。其输出具有与基准输入相同的极性，表达式为

$$V_{\text{out}} = \frac{2 \times V_{\text{REFIN}} \times N}{2^{10}}$$

式中，V_{REFIN} 是参考电压；N 是串行输入数据接口输入的 10 位二进制数。

1. TLC5615 的时序分析

TLC5615 最大的串行时钟速率不超过 14MHz，10 位 DAC 的建立时间为 12.5 μs，通常更新速率限制至 80kHz 以内。

TLC5615 的时序如图 6.20 所示。可以看出，只有当片选信号 $\overline{\text{CS}}$ 为低电平时，串行输入数据才能被移入 16 位移位寄存器。当 $\overline{\text{CS}}$ 为低电平时，在每一个 SCLK 时钟的上升沿将 DIN 的 1 位数据移入内部 16 位移位寄存器，每一个 SCLK 的下降沿 16 位移位寄存器的 1 位数据输出 DOUT。注意，无论是移入还是移出，二进制数据的最高有效位(MSB)在前，最低有效位(LSB)在后。接着，$\overline{\text{CS}}$ 的上升沿将 16 位移位寄存器的 10 位有效数据锁存于 10 位 DAC 寄存器中，供 DAC 电路进行转换；当片选 $\overline{\text{CS}}$ 为高电平时，DIN 不能由时钟同步送入 16 位移位寄存器，而 DOUT 保持最近的数值不变而不进入高阻状态。注意，$\overline{\text{CS}}$ 的上升和下降都必须发生在 SCLK 为低电平期间。

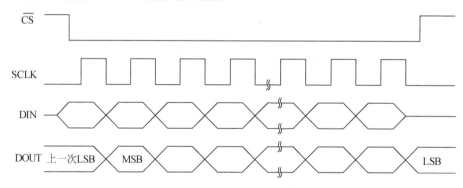

图 6.20 TLC5615 串行总线接口工作时序

2. 两种工作方式

串行 DAC TLC5615 的使用有两种方式，即级联方式和非级联方式。

从图 6.18 可以看出，16 位移位寄存器分为高 4 位虚拟位、低 2 位填充位及 10 位有效位。在 TLC5615 工作时，只需要向 16 位移位寄存器按先后输入 10 位有效位和低 2 位填充位，2 位填充位数据任意，这是非级联方式，输入的是 12 位数据序列。

非级联方式输入数据序列的格式如下：

D9	D8	D7	D6	D5	D4	D3	D2	D1	D0	0	0

第二种方式为级联(菊花链)方式，即在 DIN 串行输入端应该传送的是 16 位数据序列，16 位输入数据中的高 4 位是无效的虚拟位，而最低位 LSB 后的两位同样是 "0"（因为 TLC5615 的 DAC 输入锁存器为 12 位宽，所以在 10 位数据字中的最低位之后填充两位 "0"）。

级联方式输入数据序列的格式如下：

X	X	X	X	D9	D8	D7	D6	D5	D4	D3	D2	D1	D0	0	0

DOUT 端输出同步串行数据需要 16 个 SCLK 下降沿，采用级联方式连接多个 TLC5615 器件时，数据传送除了这 16 个输入时钟，还必须加上一个额外的输入时钟下降沿，使数据在 DOUT 端输出，因此数据需要 4 个虚拟的高位。而为了与 12 位数据转换器数据传送的软硬件兼容，在有效数据为 D0 后加两位数据 "0"。

6.5.3　MCS-51 单片机与 TLC5615 的接口电路

TLC5615 与单片机的接口采用标准的 SPI 串行总线协议。图 6.21 给出了 TLC5615 和 AT89C51 单片机的接口电路。在电路中，TLC5615 的连接采用非级联方式，分别用单片机的 P1.0、P1.1 模拟片选 $\overline{\text{CS}}$ 和 SCLK，待转换的二进制数从 P1.2 输出到 TLC5615 的数据输入端 DIN。由单片机控制 TLC5615 输出电压信号。由于 TLC5615 的基准电压 REFIN 端的输入基准电压范围在 $2.0 \sim (V_{\text{CC}} - 2)\text{V}$，因此参考电压由 MC1403 提供，MC1403 可提供精确的电源电压的一半电压作为输出，则最大模拟输出电压为 5V。

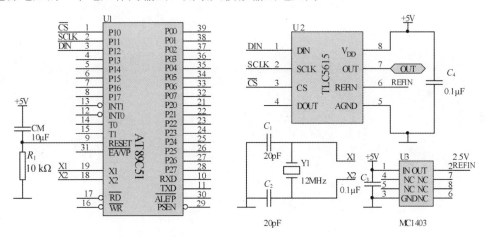

图 6.21　TLC5615 与 AT89C51 单片机接口电路

为了更好地使用 TLC5615，建议使用分离的模拟地平面和数字地平面来提高系统性能。设计两个地平面时，应当在低阻抗处将模拟地与数字地连接在一起。通过把器件的 AGND 端连接到系统模拟地平面(该平面能确保模拟地电流流动良好且地平面上的电压降可以忽略)，可以实现最佳的接地连接。图 6.21 TLC5615 的 V_{DD} 和 AGND 之间应连接一个 0.1 μF 的陶瓷旁路电容，且应当用短引线安装在尽可能靠近器件的地方。

当系统不使用 DAC 时，把 DAC 寄存器设置为全 "0"，可以使基准电阻阵列和输出负载的功耗降为最小。

6.5.4 TLC5615 应用软件设计实例

根据图 6.20 给出的 TLC5615 串行接口工作时序和图 6.21 所示的 TLC5615 与单片机 AT89C51 的接口电路,很容易设计外部单片机对 TLC5615 的读/写操作程序。本接口程序中 AT89C51 的晶振为 12MHz。接口定义与读/写控制子程序如下。

1. 引脚定义

```
CS          BIT     P1.0
SCLK        BIT     P1.1
DIN         BIT     P1.2
```

2. 读写控制子程序: RW5615

【功能】将要进行 D/A 转换的 12 位数据从 R0(高 4 位)、R1(低 8 位)中按高位到低位的顺序,在同步串行时钟(SCLK)的作用下,通过 DIN 脚从单片机输出到 TLC5615,从 TLC5615 的 OUT 引脚输出模拟电压值。注意,在调用该子程序之前应把待转换的 10 位数据转换为 12 位数据(见非级联方式输入数据序列的格式)。

【出口参数】12 位二进制数→(R0R1)。

```
RW5615:     SETB    CS
            CLR     SCLK
            CLR     CS          ;选通 TLC5615
            MOV     R7,#04H
            MOV     A,R0        ;高 4 位值
            SWAP    A           ;R0 中低 4 位与高 4 位交换
LOOPH:      NOP
            NOP
            RLC     A
            MOV     DIN,C
            SETB    SCLK        ;产生上升沿,移入 1 位数据
            NOP
            NOP
            CLR     SCLK
            DJNZ    R7,LOOPH
            MOV     R7,#08H
            MOV     A,R1        ;装入低 8 位
LOOPL:      NOP
            NOP
            RLC     A
            MOV     DIN,C
            SETB    SCLK
            NOP
            NOP
            CLR     SCLK
            DJNZ    R7,LOOPL
            RET
```

6.6　本　章　小　结

SPI 串行总线、I^{2}C 总线、单总线、Microwire 串行总线是目前单片机应用系统中最常用的几个串行总线接口。与并行扩展总线相比，串行扩展总线能够最大程度发挥最小系统的资源功能、简化连接线路，缩小电路板面积、扩展性好，可简化系统设计。串行总线的缺点是数据吞吐容量小，信号传输较慢。但随着 CPU 芯片工作频率的提高，以及串行总线的功能增强，这些缺点将逐步淡化。

本章首先讨论了 SPI 串行总线、I^{2}C 总线、单总线、Microwire 串行总线常用的几个串行总线接口方式的基本工作原理、工作方式。重点讨论具有 SPI 串行总线接口的 4 种芯片：串行 E^{2}PROM X5045、串行键盘/显示器接口芯片 HD7279、串行 A/D 转换接口芯片 TLC1543、串行 D/A 转换接口芯片 TLC5615。分别详细的介绍了这 4 类芯片的基本结构、工作原理、控制时序及软硬件接口。使用这些接口芯片，首先要通过单片机 I/O 接口线选通其片选脚，然后才能对其进行读/写操作。无论哪种芯片，在数据传输时都有严格的操作时序，只要按照各自的时序和命令操作，即可实现芯片功能。

6.7　本　章　习　题

1. 与并行扩展总线相比，串行扩展总线有什么优缺点？

2. 比较 SPI 串行总线、I^{2}C 总线、单总线和 Microwire 串行总线 4 种串行总线的异同点。

3. SPI 串行总线、I^{2}C 总线的通信方式是同步还是异步？当 SPI 串行总线或 I^{2}C 总线上挂有几个 SPI 或 I^{2}C 从器件时，主机如何选中某个从器件？

4. X5045 与单片机的接口电路如图 6.9 所示，试编写满足以下条件的接口应用程序。

(1) 看门狗定时器定时周期 1.4s。

(2) 从片内 RAM 地址 30H 单元开始连续 16 个单元数据写入 X5045 E^{2}PROM 的 000H 起始单元。

(3) 从 X5045 的 100H 单元连续读 16 个字节存入首地址为 40H 的片内 RAM 中。

5. 试画出 80C51 单片机通过 HD7279 连接 16 个键的键盘和 8 位 LED 显示器的接口电路。

6. 试编写出图 6.17 所示 TLC1543 顺序采集外部 11 路模拟信号的子程序。

7. 试编写出图 6.21 所示单片机控制的可编程的矩形波发生器子程序。

第 7 章　MCS-51 应用系统开发与设计

教学提示： 单片机的应用十分广泛，其中重要的是单片机应用系统设计。单片机应用系统设计是对所学习的单片机知识的综合应用。在理解单片机软件和硬件的基础上把它们结合在一起，构成一个电子应用系统，向智能现代电子系统发展。

教学要求： 本章让学生了解单片机应用系统设计的一般过程和概念。通过几个实例设计，让学生理解单片机应用系统设计的实际内涵，理解智能现代电子设计的过程，能够独立进行简单应用系统设计。

7.1　MCS-51 应用系统开发过程

单片机应用系统是根据工业测控系统或智能仪器仪表要求采用单片机为核心的现代智能电子应用系统。其设计一般由硬件和软件两部分组成。硬件部分是以单片机为核心的多种电子元器件组成的电路系统，如图 7.1 所示。软件部分是单片机系统从外观上摸不着、看不见的由设计人员编制的监控程序和应用程序，如前几章所学习的例程。在设计过程中需要硬件和软件部分相辅相成、互为条件、协调一致才能组成性能完善的单片机应用系统。

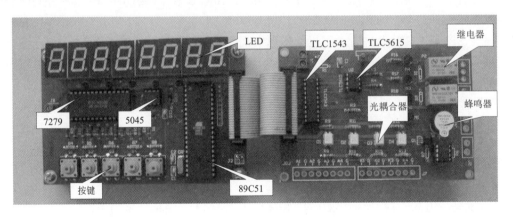

图 7.1　单片机硬件部分

单片机应用系统的开发一般分为明确任务、确定技术标准、硬件电路设计、软件程序编制、软/硬件仿真调试、可靠性试验和产品化等几个阶段，但是各阶段不是绝对分开的，有时还得交叉进行。具体过程如图 7.2 所示。

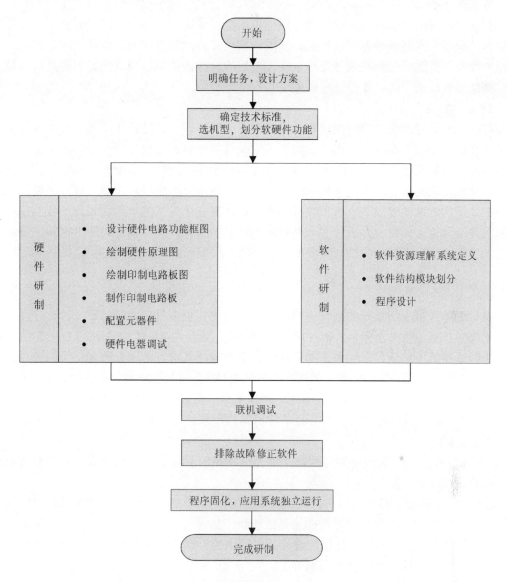

图 7.2　单片机应用系统设计流程图

7.1.1　明确任务

单片机应用系统设计是智能现代电子系统设计，电子系统设计的规范同样适用于单片机应用系统设计。当设计人员接受设计任务后，按照一般电子产品设计规范开始工作，有如下依据：

(1) 产品的市场需求。

(2) 系统可靠性。

(3) 系统简单化。

设计人员以这 3 点为依据开始确定具体设计步骤，步骤如下：

1) 理解系统

首先对市场进行调研，了解国内、国际市场上发展情况、进展程度。分析本项任务当前存在的缺点，在哪些地方可以挖掘、发展、突破。其次对系统的工作环境准确评估，知道存在哪些干扰因素，哪些信号是可以实现采集的、哪些是可以控制的、哪些是可以显示的、哪些是可以调节的、哪些是可以采用的数学算法等。

2) 设计方案

以设计人员对系统的理解确定本项设计任务可以实现的、性价比高的工程技术方案，并采用标准拟定技术指标。方案确定时要求系统简单可靠、人机界面友好，适合非计算机人员操作，容错性能强等，如在方案设计中有自动操作方式时一般配有手动操作方式等。软件、硬件功能划分合理，同一种功能既可以用硬件也可以用软件实现，设计时要综合考虑。在满足实时性的要求下一般以软件为主，这样有利于成本的节约、知识产权的保护、系统的升级改造。同时软件设计和硬件设计不能截然分开，硬件设计时应考虑系统资源及软件的实现方法，而软件的设计又要基于硬件的工作原理。

7.1.2　硬件设计

在一个单片机应用系统的硬件电路设计中选定单片机型号后，开始下面两部分内容：一是系统的扩展，首先选择单片机片内的功能单元，若片内 ROM、RAM、I/O、定时/计数器、中断系统等不能满足应用系统的要求时，必须在片外进行扩展，选择适当的芯片，设计相应的电路。二是系统的配置，即按照系统功能要求配置外围设备，如键盘、显示器、打印机、A/D、D/A 转换器等，要设计合适的接口电路。系统的扩展和配置应遵循以下原则：

(1) 尽可能选择典型电路，并符合单片机常规用法，为硬件系统的标准化、模块化打下良好的基础。

(2) 系统扩展与外围设备的配置水平应充分满足应用系统的功能要求，并留有适当余地，以便进行二次开发。

(3) 系统中的相关器件要尽可能做到性能匹配，如选用 CMOS 芯片单片机构成低功耗系统时，系统中所有芯片都应尽可能选择低功耗产品。

(4) 可靠性及抗干扰设计是硬件设计必不可少的一部分，它包括芯片、器件选择、去耦滤波、印制电路板布线、通道隔离等。

(5) 单片机外围电路较多时，必须考虑其驱动能力。驱动能力不足时，系统工作不可靠，可通过增设线驱动器增强驱动能力或减少芯片功耗来降低总线负载。

(6) 尽量朝"单片"方向设计硬件系统。系统器件越多，器件之间相互干扰也越强，功耗也增大，也不可避免地降低了系统的稳定性。

(7) 整个硬件系统保证电器信号的准确性，输出执行部件能按照输出电器信号正确运行。

(8) 工艺设计，包括机架、机箱、面板、配线、接插件等，必须考虑安装、调试、维护的方便。

7.1.3　软件设计

单片机应用系统中软件的设计很大程度上决定了系统的功能。软件的资源细分为系统理解部分、软件结构设计部分、程序设计部分。

(1) 系统理解是指在开始设计软件前，熟悉硬件留给软件的接口地址，I/O 方式，确定存储空间的分配；应用系统面板控制开关、按键、显示的设置等。

(2) 软件结构设计要结合单片机所完成的功能确定相应的模块程序，如一般子程序、中断功能子程序的确定。确定模块程序运行的先后顺序，绘制程序整体流程图。

(3) 程序设计和其他软件程序设计一样，首先要建立数学模型，选定数学算法，绘制具体程序的流程图，做好程序接口说明。然后选定编程所用语言(汇编语言或C语言)。以上程序编制时可以采用WAVE、KeilC等集成编辑软件的软件模拟仿真功能进行软件模拟调试。无误后通过编辑软件的汇编功能转换成机器码，然后联机调试。

7.1.4　印制电路板计算机辅助设计

单片机应用系统的硬件单元电路设计选定完成后，需要通过电路设计软件在计算机上完成印制电路板图的制作。可以采用的电路板图设计软件很多，如 PROTEL、CAD 等。但现在大部分电子设计者采用 PROTEL 软件辅助设计。首先开始电路原理图的绘制，图样要整洁、美观、大方。其次根据原理图绘制印制电路板图。印制电路板一般分为 2 层板、4 层板、8 层板。层数越高板的造价越高。其中印制电路板布线时要注意以下几点：

(1) 印制电路板上每个 IC 要并接一个 0.01～0.1μF 高频电容，以减小 IC 对电源的影响。注意高频电容的布线，连线应靠近电源端并尽量粗短，否则，等于增大了电容的等效串联电阻，会影响滤波效果。布线时避免 90°折线，减少高频噪声发射。

(2) 注意晶振布线。晶振与单片机引脚尽量靠近，用地线把时钟区隔离起来，晶振外壳接地并固定。

(3) 用地线把数字区与模拟区隔离。数字地与模拟地要分离，最后在一点接于电源地。A/D、D/A 芯片布线也以此为原则。

(4) 单片机和大功率器件的地线要单独接地，以减小相互干扰。大功率器件尽可能放在印制电路板边缘。

(5) 整板设计完成后，要及时检查信号走线和连接是否正确且符合设计标准，器件标注是否正确完整，同时还要注意整体外观形象。

【实用技术】

(1) 电容的主要种类：铝作为电极、电解质作为介质称为电解电容，使用石头作为介质的称为独石电容，磁片作为介质的称为磁片电容，电解质作为介质、金属钽作为电极的称为钽电解电容，涤纶作为介质的称为涤纶电容等。

(2) 电容的指标：耐压值和电容容量。例如，220μF/50V，就是说，这个电解电容耐压值为50V，容量为220μF。电容的容量跟电容的介质有关。

(3) 电容的使用场合：电源稳压电容和滤波电解电容主要是用来稳压和低频交流滤波的；高频滤波是使用瓷片电容和独石电容。当电解电容作为稳压时，接在整流桥和三端稳压器的输出端，起到稳定电压的作用。但是，铝电解电容的电解质随着时间的推移会减少，所以在设计时需要留有余量，保证系统正常工作到它的寿命。有些远端供电的直流电源，接到印制电路板的输入端时，需要在印制电路板的电源输入端加一个大的电解电容，通常可以是 220μF/25V，这样，这块印制电路板需要供电时，不是直接从电源处取，而是从电容中取电,可以得到稳定的电流供给。但是,电解电容只能滤除低频的波动。对于直流电源中的高频波动,可以加一个 0.1 μF 或 0.01 μF 的独石电容或者瓷片电容。在每一个芯片的电源和地两端接一个 0.1 μF 或 0.01 μF 的独石电容或者瓷片电容,可抑制由于印制电路板的走线电感产生的电源开关噪声尖峰。这种作用下的电容称为去耦电容。另外电容还有振荡、自举、补偿的功能。

(4) 电阻:电阻在电路中起到限流、分压等功能。电阻分为普通电阻、排电阻、光敏电阻等。普通电阻按照工艺又可以分为碳膜电阻和金属膜电阻;按照功率可以分为小功率电阻和大功率电阻,大功率电阻通常是金属电阻,金属电阻通常是作为负载,或者作为小设备的室外加热器。排电阻是 SIPN 封装,比较常用的就是阻值 502 和 103 的 9 脚的电阻排;例如,SIP9 就是 8 个电阻封装在一起,8 个电阻有一端连在一起,就是公共端,在排电阻上用一个小白点表示。排电阻通常为黑色,也有黄色;51 子系统的 P0 的上拉电阻选用排电阻,可减小线路板的体积。光敏电阻是半导体材料制作的特种电阻,当照在光敏电阻上的光强变化时,电阻值也在变化,可以用来检测光强的变化。

(5) 电位器:电位器就是可调电阻。电位器又分单圈和多圈电位器。单圈的电位器通常为灰白色,面上有一个十字可调的旋钮,出厂前放在一个固定的位置上,不在两头;多圈电位器通常为蓝色,调节的旋钮为一字,用一字螺钉旋具(小改锥)可调;多圈电位器又分成顶调和侧调两种,主要是为了印制电路板调试起来方便。

7.1.5 系统调试

系统调试大体上分为硬件调试和软件调试。两者之间不能完全分开,时间进度上硬件调试稍微先于软件调试。硬件和软件要相互融合、匹配,调试时可能发生一些功能交互的问题。

1. 硬件调试

(1) 对印刷电路板质量检查、测试,是否同印制电路板图一致。对所用的元器件质量检查。两者无误后进行下一步。

(2) 按照印刷电路板上的器件名称、标识焊接好各个元器件。

(3) 采用万用表、示波器、信号发生器等一般调试工具和测试软件对硬件电路电气性能测试,看是否能正常工作。

2. 软件调试

单片机硬件系统测试合乎要求后,开始软件调试。软件调试一般是联机调试,经常采用 PC+在线仿真器+编程器或 PC+模拟仿真软件+编程器两种方法。

1) PC+在线仿真器+编程器。

这种方法一般是初学者或者开发大系统采用的方法。需要 PC、硬件仿真器、编程器。硬件仿真器有完善的硬件资源和监控程序,能实现对用户目标码程序的跟踪调试,直观上感觉到每步或过程执行的效果,及时的侦错和排除错误。操作方法如下:

把硬件仿真器的一端和 PC 连接,在断电的情况下,把目标系统的单片机拔下(有外部 EPROM 也拔下),然后把硬件仿真器的仿真头插在单片机的位置,如图 7.3 所示。然后接通目标系统和硬件仿真器电源,在 PC 上运行硬件仿真器相应的仿真应用程序,打开装载单片机应用系统程序，通过跟踪执行，观察目标板的波形或执行现象，及时地发现软、硬件的问题，进行修正。当调试到满足系统要求后，将调试好的生成的 HEX 或 BIN 文件通过编程器烧写到单片机或 EPROM 中，拔下仿真头，还原单片机或 EPROM，软件调试就完成了。

图 7.3　PC+在线仿真器+编程器连接图

2) PC+模拟仿真软件+编程器

这种方法所需投资少，快捷方便，适合于小型单片机应用系统或熟练的单片机应用系统开发者。操作方法如下：

首先用单片机编辑和汇编的集成软件，如 WAVE、KeilC、MedWin 等模拟仿真功能，把所编制的源程序在 PC 上运行验证设计思想。符合要求后，通过 PC 使用编程器把生成的 HEX 或 BIN 文件写到单片机或 EPROM 中，如图 7.4 所示，然后把单片机或 EPROM 插在目标板上，上电独立全速运行。观察执行结果，若不符合设计标准，则拔下重新修改程序，再次利用编程器写入单片机或 EPROM 观察。反复进行，直至符合设计标准。

这种方法反复的插、拔、擦写，会影响片子的使用寿命，没有跟踪调试功能。

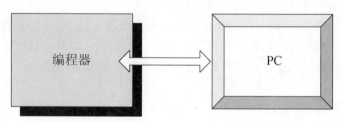

图 7.4　PC+模拟仿真软件+编程器

7.2　数据采集系统设计

数据采集系统是把一个模拟电信号转换成数字信号的系统。为了对温度、压力、流量、速度、位移，组分等物理量进行测量，都需通过传感器把上述物理量转换成模拟量的电信号，即模拟电信号。将模拟信号经过处理并转换成计算机能识别的数字量，送进计算机，这就是计算机数据采集。计算机把采集的数据进行处理，实现生产过程的智能化监测。本节以可燃性气体报警仪为例说明数据采集系统的设计。

7.2.1　实例功能

可燃性气体报警仪能对现场 8 路可燃气体变送器输出的标准工业电流信号 4～20mA 采集处理，它可对可燃气体进行实时监测，报警可靠性和报警事件记录等方面实施监控。仪表对采集的数据处理，根据标准决定输出：安全值内，依次轮回显示 8 通道的当前测量值和设定值；安全值外，产生声光提示报警，并且轮回显示报警通道的当前值、设定值。另外，系统无需每次开机重新设定标准值，同时具有看门狗定时器功能。主要技术指标如下：

(1) 输入信号：4～20mA。

(2) 输入通道：1 路～8 路，3 路备用。

(3) 精度：±0.5%。

(4) 显示分辨率：0.0～100.0% LEL (Low Explosion Limit, 爆炸极限)。

(5) 供电：交流 220×(1±10%)V，50Hz。

(6) 工作温度：0～55℃。

(7) 工作湿度：15%～85% RH。

整机由主机、数据采集、人机接口和报警 4 个单元构成，下面分别从电路原理和器件选择、地址和变量分配、程序设计和代码等方面进行阐述。

7.2.2　主机单元设计

1. 电路原理和器件选择

主机单元由 89C52 单片机和相关的存储器组成，如图 7.5 所示，是仪表的核心。关键部分器件名称及其在电路中的主要功能如下：

(1) AT89C52：完成监控系统数据采集过程、采集方式和报警过程的控制。

(2) X5045：看门狗定时器，防止系统死机，保证程序正常运行；内部 E^2PROM 有掉电数据存储功能，用于保存各采集通道的报警上限。

(3) DS12887：实时时钟芯片。存储当前时刻之前发生的 10 个历史报警记录，包括报警发生的通道、性质和发生时间，它可以对时、分、秒、年、月、日等进行准确计时，具有掉电数据存储功能，以便日后实现对可燃性气体的报警监督功能。

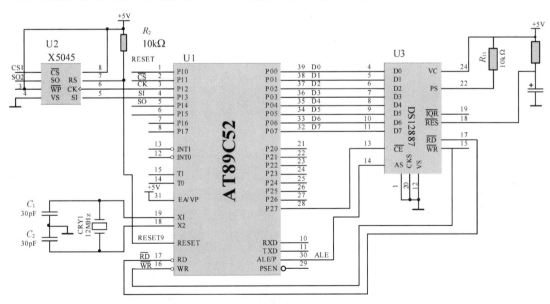

图 7.5　主机单元电路原理图

【DS12887 简介】DS12887 芯片是跨越 2000 年的时钟芯片，DS12887 采用 24 引脚双列直插式封装，DS12887 芯片的晶体振荡器、振荡电路、充电电路和可充电锂电池等一起封装在芯片的上方，组成一个加厚的集成电路模块。DS12887 内部有专门的接口电路，从而使得外部电路的时序要求十分简单，使其与各种微处理器的接口大大简化。使用时无需外围电路元件，只要选择引脚 MOT 电平，即可和不同的计算机总线连接。

DS12887 具有下列主要技术特点：

(1) 具有完备的时钟、闹钟及到 2100 年的日历功能，可选择 12 小时制或 24 小时制计时，有 AM 和 PM、星期、夏令时间操作及闰年自动补偿等功能。

(2) 具有可编程选择的周期性中断方式和多频率输出的方波发生器功能。

(3) DS12887 内部有 14 个小时钟寄存器，包括 10 个寄存器、4 个状态寄存器和 114B 起掉电保护用的低功耗保护。

(4) 由于该芯片具有多种周期中断速率及时钟中断功能，因此可以满足各种不同的待机要求，最长可达 24 小时，使用非常方便。

(5) 时标可选择二进制或 BCD 码表示。

① 工作电压：4～5.5V。

② 工作电流：7～15mA。

③ 工作温度范围：0～70℃。

2. 地址分配和连接

单片机与相关关键部分的各个功能引脚连接和其相关的地址分配如下。

1) 与 X5045 相关的连接

(1) $\overline{\text{CS}}$：片选端，低电平有效，与 P1.1 相连。

(2) SO：串行数据输出端，与 P1.4 相连。

(3) CK：串行时钟输入端，与 P1.2 相连。

(4) SI：串行数据输入端，与 P1.3 相连。

(5) RESET：复位输出端，与单片机的复位引脚 RESET 相连。

2) 与 DS12887 相关的连接

(1) D0～D7：地址/数据(双向)总线，与单片机的 P0.0～P0.7 相连。

(2) AS：地址锁存信号端，与单片机的 ALE 相连。

(3) $\overline{\text{WR}}$ 和 $\overline{\text{RD}}$：数据读写信号端，分别与单片机的 $\overline{\text{WR}}$ 和 $\overline{\text{RD}}$ 相连。

(4) $\overline{\text{CE}}$：片选端，低电平有效，与 P2.7 相连。P2.7=0 时，片内 RAM 和寄存器地址为 00～7FH 共 128 个单元，可采用寄存器外部间接寻址。

3. 软件设计

1) 主程序设计

程序设计采用模块化设计，控制时序采用时间触发的时间片轮询调度方法，0.5s 为一个控制周期，分成 10 个时间片，每个时间片为 50ms，将所有的任务分配在各时间片完成，主程序仅完成初始化，然后进入休眠状态。

50ms 定时采用 89C52 内部定时器 1，工作在方式 1，由于晶振为 12MHz，1 个机器周期 1μs，所以 T1 预装初始值= 65536-50000=15536=3CB0H(见 4.2 节)。X5045 看门狗定时器周期设置为 200ms，写入状态寄存器常数 STATUS_REG=20H。

2) 变量和常量说明

相关的主要变量和常量分配，一般安排在主程序开始时采用伪指令方式说明，本例采用表 7-1～表 7-5 分类说明，在程序中不再体现出来。

表 7-1　片内 RAM 主要变量分配伪指令表

符　号	伪 指 令	地址或常量	意　义
SET_STA	DATA	30H	表示设定状态指针，每按键一次加"1"，切换要修改的设定值
MES_STA	DATA	31H	表示测量状态指针，每按键一次加"1"，切换要显示的测量值
SYS_CLK	DATA	32H	表示系统时钟，其取值范围是 0～9，完成时间片分配
LEFT	DATA	33H	表示左移位指针，每按键一次加"1"，切换要修改设定值的位
DR0～DR7	DATA	40H～47H	LED 显示单元缓冲区
AD1_L，AD1_H	DATA	50H，51H	通道 1 采集结果；
…	…	…	…
AD8_L，AD8_H	DATA	5EH，5FH	通道 8 采集结果
KB_FIG	BIT	10H	表示该键是否处理过 KB_FIG=1 的标志位，KB_FIG=1，表示该键已处理过；KB_FIG=0，表示该键未处理过，保证按一次键响应一次

表 7-2　X5045 主要变量分配伪指令表

符　号	伪 指 令	地址或常量	意　义
SCS	BIT	P1.1	SCS 代表 89C52 的 P1.1，即硬件相连
SCK	BIT	P1.2	SCK 代表 89C52 的 P1.2，即硬件相连
SI	BIT	P1.3	SI 代表 89C52 的 P1.3，即硬件相连
SO	BIT	P1.4	SO 代表 89C52 的 P1.4，即硬件相连
AL1_L，AL1_H	DATA	00H，01H	通道 1 报警上限；
…	…	…	…
AL8_L，AL8_H	DATA	0EH，0FH	通道 8 报警上限
WREN	EQU	06H	用 WREN 代表允许写操作指令 06H
WRDI	EQU	04H	用 WRDI 代表禁止写操作指令 04H
RDSR	EQU	05H	用 RDSR 代表读状态寄存器指令 05H
WRSR	EQU	01H	用 WRSR 代表写状态寄存器指令 01H

表 7-3　DS12887 主要变量分配伪指令表

符　号	伪 指 令	地址或常量	意　　义
SEC	DATA	00H	00H 为 DS12887 中秒的存储地址
MIN	DATA	02H	02H 为 DS12887 中分的存储地址
HOUR	DATA	04H	04H 为 DS12887 中小时的存储地址
DAY	DATA	07H	07H 为 DS12887 中星期的存储地址
MON	DATA	08H	08H 为 DS12887 中月的存储地址
YEAR	DATA	09H	09H 为 DS12887 中年的存储地址
REGA	DATA	0AH	0AH 为 DS12887 中寄存器 A 的存储地址
REGB	DATA	0BH	0BH 为 DS12887 中寄存器 B 的存储地址
REGC	DATA	0CH	0CH 为 DS12887 中寄存器 C 的存储地址
REGD	DATA	0DH	0DH 为 DS12887 中寄存器 D 的存储地址
MISFUN	DATA	10H	10H～73H 存放 10 条故障记录

3) 程序流程图和代码

主程序流程图如图 7.6(a)所示，完成初始化功能，然后进入休眠状态，可减少功耗和提高抗干扰能力，由各种中断唤醒，执行完中断服务程序后，重新进入休眠状态，系统的各任务调度模块在 T1 中断服务程序中执行，中断服务程序流程图如图 7.6(b)所示。

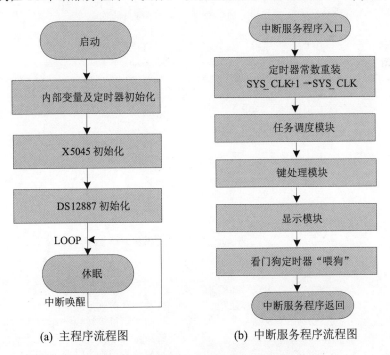

(a) 主程序流程图　　　　　(b) 中断服务程序流程图

图 7.6　主程序和中断服务程序流程图

【主程序代码】

```
                ORG     0000H
                AJMP    START
                ORG     001BH
                LJMP    T1_INT          ;跳转到中断服务程序
                ORG     0030H
START:          MOV     SP,#0D0H        ;设置堆栈指针
;***************************************************************
INIT_SYS:       MOV     R6,#0A0H        ;片内 RAM 区变量清零
                MOV     R1,#20H
                CLR     A
INIT_IN_RAM:    MOV     @R1,A
                INC     R1
                DJNZ    R6,INIT_IN_RAM
;***************************************************************
                MOV     R0,#REGA
                MOV     A,#00100000B    ;启动 DS12887 时钟
                MOVX    @R0,A
                MOV     R0,#REGB
                MOV     A,#00000010B    ;时钟设置 24 小时制
                MOVX    @R0,A
;***************************************************************
                MOV     A,#20H          ;X5045 的看门狗时间设置为 200ms
                LCALL   WRSR            ;见 6.2 节
;***************************************************************
                MOV     TMOD,#10H       ;T1 工作在方式 1
                MOV     TH1,#3CH
                MOV     TL1,#0B0H       ;50ms 定时
                SETB    EA
                SETB    ET1             ;开中断
                SETB    TR1             ;启动 T1
;***************************************************************
LOOP:           ORL     PCON,#1         ;休眠
                SJMP    LOOP
```

【中断服务程序代码】

```
T1_INT:         CLR     TR1
                MOV     TH1,#3CH
                MOV     TL1,#0B0H       ;50ms 定时
                SETB    TR1             ;启动 T1
                INC     SYS_CLK
                MOV     A, SYS_CLK      ;系统时钟加 1,并限幅
                CJNE    A,#10,LP0
LP0:            JC      LP1
                MOV     SYS_CLK,#0
LP1:            LCALL   SCHDULE         ;执行任务调度模块
                LCALL   KEY             ;执行键处理模块
                LCALL   DIR             ;执行显示模块
                CLR CS                  ;复位看门狗定时器子程序
                SETB    CS
                RETI
```

任务调度模块程序流程图如图 7.7 所示，每个系统时钟(50ms)只执行任务之一，任务分配的原则是任务的执行时间确保在每个系统时钟内完成。程序代码省略。

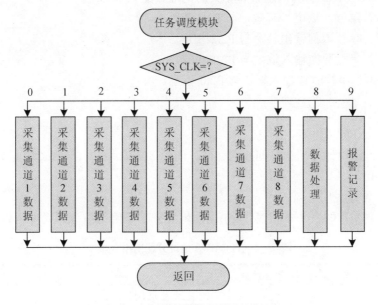

图 7.7　任务调度模块程序流程图

7.2.3　数据采集单元

1. 电路原理和器件选择

可燃气体变送器输出的 4～20mA 电流信号经 250Ω 精密电阻变成 1～5V 电压信号。经过阻容滤波的电压信号传给 A/D 芯片，如图 7.8 所示。A/D 转换采用 11 路 10 位串行 A/D 转换芯片 TLC1543，本例设计 8 路输入，可扩展至 11 路。为了保证测量精度和显示分辨率，由精密基准电压源 LM336-5.0 提供 5V 和 1V 的 2 个电压基准分别接至 TLC1543 的正基准电压 REF+ 和负基准电压 REF-。

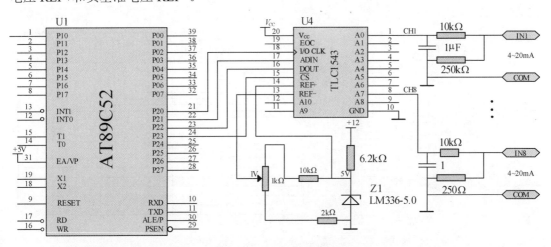

图 7.8　信号采集和 A/D 转换

2．地址分配和连接

单片机与 TLC1543 引脚的连接和相关的地址分配如下。

(1) $\overline{CS}$：片选端，低电平有效，与 P2.3 相连。

(2) DOUT：串行数据输出端，与 P2.2 相连。

(3) ADIN：串行数据输入端，与 P2.1 相连。

(4) I/O CLK：串行时钟输入端，与 P2.0 相连。

3．软件设计

1) 程序设计和代码

数据采集程序设计分配在时间片内完成，间隔 50ms，无需查询 EOC 引脚，程序设计和代码参见 6.4 节。

2) 变量和常量说明

相关的主要变量如表 7-1 和表 7-2 所示，地址分配采用伪指令方式说明如表 7-4 所示。

表 7-4　TLC1543 地址分配伪指令表

符　号	伪　指　令	地址或常量	意　　义
IOCLK	BIT	P2.0	IOCLK 代表 89C52 的 P2.0，即硬件相关
ADIN	BIT	P2.1	ADIN 代表 89C52 的 P2.1，即硬件相关
DOUT	BIT	P2.2	DOUT 代表 89C52 的 P2.2，即硬件相关
CS_AD	BIT	P2.3	CS_AD 代表 89C52 的 P2.3，即硬件相连

7.2.4　人机接口单元

1．电路原理和器件选择

键盘和显示器实现人机交互。键盘和显示器由 HD7279 管理，实现 5 个按键的功能，8 位显示器的显示功能。前 3 位显示通道号，后 3 位显示可燃气体浓度值。电路图如图 7.9 所示。

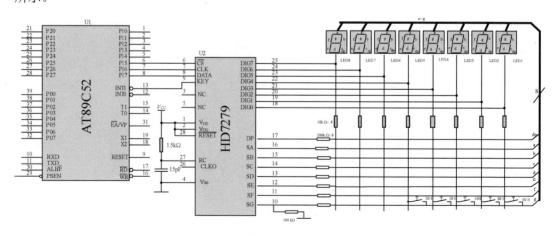

图 7.9　键盘和显示器电路图

2. 地址分配和连接

单片机与 HD7279 引脚的连接和相关的地址分配如下。

(1) $\overline{\text{CS}}$：片选端，低电平有效，与 P1.5 相连。

(2) CLK：串行时钟输入端，与 P1.6 相连。

(3) DATA：串行数据输入/输出端，与 P1.7 相连。

(4) KEY：按键有效信号端，与 P3.3 相连。

3. 软件设计

1) 程序设计

键盘查询程序设计分配在每个时间片内完成一次，间隔 50ms，通过设置按键标志位，保证按一次键响应一次。

2) 变量和常量说明

相关的主要变量如表 7-1 所示，地址分配采用伪指令方式说明如表 7-5 所示。

表 7-5　HD7279 地址分配伪指令表

符　号	伪指令	地址或常量	意　义
CS_7279	BIT	P1.5	CS_7279 代表 89C52 的 P1.5，即硬件相连
CLK	BIT	P1.6	CLK 代表 89C52 的 P1.6，即硬件相连
DAT	BIT	P1.7	DAT 代表 89C52 的 P1.7，即硬件相连
KEY_OK	BIT	P3.3	KEY_OK 代表 89C52 的 P3.3，即硬件相连

3) 按键功能及显示说明

5 个按键功能及键码如表 7-6 和图 7.10(a)所示。设定参数主要有各通道报警上限和实时时钟，显示参数主要有各通道测量值和报警记录。

表 7-6　按键功能及键码表

按键	功能	键码	意　义
设定	设置参数键	00H	每按下一次，就显示一个设定参数值
显示	显示测量值	08H	每按下一次，就显示一个测量参数值
↑	增加键	10H	每按下一次，处于闪烁状态的数码管的值加"1"。当增加到"9"后，再循环到"0"，再重新增加
←	左移键	18H	每按下一次，使闪烁状态左移一位，就可以对该位进行修改
确认	确认键	20H	每次修改完参数后，按下此键，即可将修改后的参数存入内存中保存起来

8 位 LED 可通过显示提示符和数字来区分各类参数，图 7.10(b)所示的显示代表通道 2 的报警上限值为 50.8% LEL(AL2：ALARM 2)，闪烁位为可修改位。图 7.10(c)所示的显示代表通道 1 的当前测量值为 40.0%　LEL(CH1：CHANNEL1)。

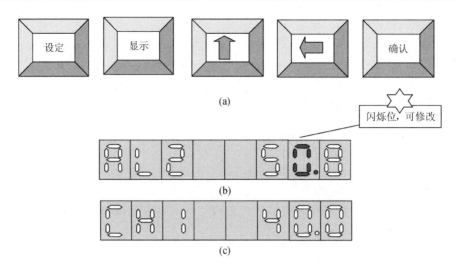

图 7.10　按键及显示示意图

4) 程序流程图

键处理任务模块程序流程图如图 7.11 所示，在每个时间片内调度一次，由于查询按键的间隔为 50ms，超过了键抖动持续时间(小于 20ms)，因此无需编制按键防抖动设计。

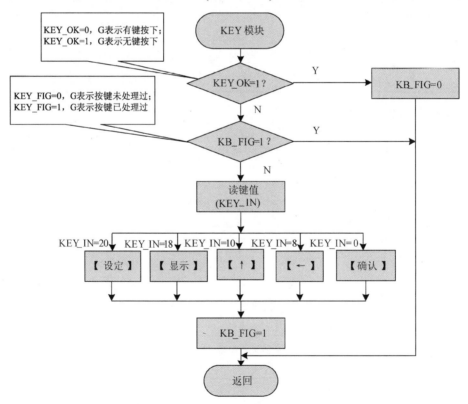

图 7.11　键处理模块程序流程图

7.2.5　报警单元

1. 电路原理和器件选择

当发生报警事件时，报警单元除报警显示外，还有声光报警功能，电路图如图 7.12 所示。

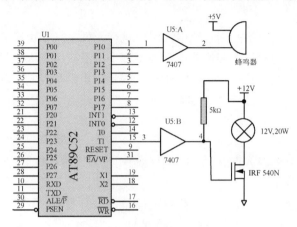

图 7.12　声光报警电路图

用声音或灯光报警时，连续的声响或常亮的灯光往往不易引起人们的警觉，只有断续的声音或闪烁的灯光才能取得最佳报警效果。灯光闪烁频率为 1Hz，周期约 1s，采用金属氧化物半导体场效应晶体管(MOSFET)IRF540(最大负载 100V，3A)驱动报警灯。声音报警振荡频率为 1kHz，由定时器 2 输出 1kHz 方波，由驱动器 7407 驱动蜂鸣器 BL 发出断续的"嘀、嘀……"报警声。

2. 地址分配和连接

P1.0(T2)：驱动声音报警。

P3.5(T1)：驱动灯光报警。

3. 软件设计

12 报警任务模块每个系统周期 0.5s 执行一次，分配在第 10 个时钟片，包括报警识别、报警记录存储和报警输出。灯光报警通过对 P3.5 取反操作即可。声音报警利用 AT89C52内部定时器 2 产生，定时器 2 工作在可编程时钟输出方式，相应特殊功能寄存器设置为 T2CON=00H，T2MOD=02H。当时钟振荡频率为 12MHz，输出 1kHz 方波时，捕获寄存器重新装载值(RCAP2H，RCAP2L)=65536−3000=62536=0F448H(见 8.2 节)。报警输出程序代码如下：

```
;*******************************************************
            MOV     T2CON,#00H          ;在主程序中初始化
            MOV     T2MOD,#02H
            MOV     TH2,#0F4H
            MOV     TL2,#48H             ;1kHz 方波
            MOV     RCAP2H,#0F4H
            MOV     RCAP2L,#48H
;*******************************************************
ALARM:              SETB    TR2         ;启动 T2
```

```
CPL      P3.5              ;灯光闪烁
RET
```

7.3　步进电动机控制系统设计

步进电动机是机电数字控制系统中常用的执行元件之一。由于其精度高、体积小、控制方便灵活，因此在智能仪表和位置控制中得到了广泛应用。大规模集成电路的发展以及单片机技术的迅速普及，为设计功能强、价格低的步进电动机控制驱动器提供了先进的技术和充足的资源。本节以永磁步进电动机为例，介绍步进电动机控制器的设计。

7.3.1　实例功能

该系统在设计上采用 AT89C51 单片机控制实现步进脉冲软分配，驱动电路驱动步进电动机运行。通过改变单片机输出脉冲的频率实现电动机的无级调速，通过改变三相通电顺序实现电动机正反转运转。本系统操作界面简单，具有置数、计数显示功能，能设定步进电动机的工作状态(单三拍、双三拍、六拍式的正、反转)，并记录电动机运行的步数，动态观察各工作状态。

7.3.2　控制系统硬件、软件设计

1. 控制系统电路

控制系统由 AT89C51 单片机、隔离光耦、达林顿管阵列驱动芯片 ULN2803 和人机接口部分组成，如图 7.13 所示(人机接口电路参照 7.2 节数据采集系统的人机接口说明，只是增加了 3 个按键，按键的功能在程序流程图中给出)。相关的关键部分器件名称及其在电路中的主要功能如下。

(1) AT89C51：完成步进电动机的控制方式、状态监测。

(2) 隔离光耦：隔离干扰信号。

(3) ULN2803：驱动电动机。

(4) 7407：驱动光耦。

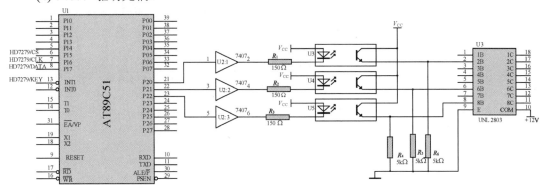

图 7.13　控制系统电路

【步进电动机简介】步进电动机根据工作原理分为反应式、永磁式、永磁感应式 3 类。以永磁式步进电动机为例，介绍步进电动机的基本结构和工作原理。

永磁式步进电动机的转子是用永磁材料制成的，转子本身就是一个磁源，它的输出转矩大，动态性能好。断电时有定位转矩，消耗功率较低；转子的级数与定子的级数相同，所以步矩角较大，启动和运行频率较低，并需要正负脉冲信号。但在其相应相序加上反向绕组的，就不需要负脉冲。永磁式步进电动机有三相：U、V、W。工作方式有：

(1) 三相单三拍，即 UVWU 顺序通电。

(2) 三相双三拍，即 UVVWWUUV 顺序通电。

(3) 三相六拍，即 UUVVVWWWU 顺序通电。

其中双三拍循环通电，这种通电方式有一相线圈在过渡过程中不断电，因而运行较平稳。六拍通电方式步矩角减小 1/2，并且启动转矩增大。

【ULN2803 简介】ULN2803 是一种达林顿管阵列驱动芯片，其内部有 8 路达林顿管，组成最大工作电压 50V，当工作电压达到最大 50V 时，工作电流可达到 500mA。可以单路输入，单路输出。当负载较大时采用单路方式不足以满足要求时，也可以采取多路并行输出驱动。ULN2803 设计与标准 TTL 系列相兼容。单路原理图如图 7.14 所示。

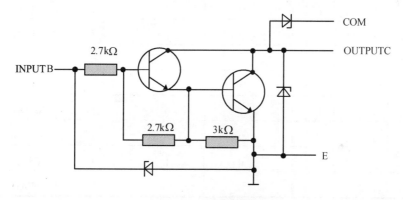

图 7.14　单路原理图

【实用技术】隔离光耦的选择：隔离光耦是用来隔离输入/输出的，主要是隔离输入的信号。在各种应用中，往往有一些远距离的开关量信号需要传送到控制器，如果直接将这些信号接到单片机的 I/O 接口上，有以下的问题：

(1) 信号不匹配，输入的信号可能是交流信号、高压信号、按键等干接点信号。

(2) 比较长的连接线路容易引进干扰、雷击、感应电等，不经过隔离不可靠。

所以，需要隔离光耦进行隔离，接入单片机系统。

2. 地址分配和连接

ULN2803 引脚与单片机接口连接和相关的地址分配如下：

(1) 2B：驱动输入，与 P2.0 相连，P2.0 低电平有效。

(2) 6B：驱动输入，与 P2.1 相连，P2.1 低电平有效。

(3) 8B：驱动输入，与 P2.2 相连，P2.2 低电平有效。

3. 软件设计

1) 程序设计原则

步进电动机的控制程序能够根据键盘的设定改变电动机的转动方向和转动步数。根据步进电动机与单片机的接口和有效电平方式，输出控制字。表 7-7 给出电动机的通电顺序和控制方式字。若通电方向相反，则电动机反转。控制模型如表 7-7 所示。

表 7-7　三相步进电动机控制模型

方　式	P2 端口(电平有效 0，无效 1)								十六进制	通电绕组
	7	6	5	4	3	2(C 相)		0(A 相)		
三相单三拍	1	1	1	1	1	1	1	—	0FEH	A 相
	1	1	1	1	1	1	0	1	0FDH	B 相
	1	1	1	1	1	0	1	1	0FBH	C 相
三相双三拍	1	1	1	1	1	1	0	0	0FCH	AB 相
	1	1	1	1	1	0	0	1	0F9H	BC 相
	1	1	1	1	1	0	1	0	0FAH	CA 相
三相六拍	1	1	1	1	1	1	1	0	0FEH	A 相
	1	1	1	1	1	1	0	0	0FCH	AB 相
	1	1	1	1	1	1	0	1	0FDH	B 相
	1	1	1	1	1	0	0	1	0F9H	BC 相
	1	1	1	1	1	0	1	1	0FBH	C 相
	1	1	1	1	1	0	1	0	0FAH	CA 相

2) 存储器分配

单片机根据键盘的输入控制电动机工作和轮回显示各项参数。单片机的片内 RAM 分配和伪指令如表 7-8 所示。

表 7-8　单片机片内 RAM 分配和伪指令

符　号	伪指令	地　址	意　义
STYLE	DATA	11H	S 表示单三拍，L 表示单六拍，D 表示双三拍
OV	DATA	12H	1 表示正转，0 表示反转
STEPM1	DATA	31H	运行步数显示寄存器
STEPM2	DATA	32H	设置步数显示寄存器
SETSTEP	DATA	33H	设置步数寄存器
STEPO	DATA	34H	运行完步数寄存器

续表

符　　号	伪指令	地　　址	意　　义
SSPEEDH	DATA	39H	设置速度寄存器高位
SSPEEDL	DATA	40H	设置速度寄存器低位
SPEEDMH	DATA	41H	速度显示寄存器高位
SPEEDML	DATA	42H	速度显示寄存器低位

3) 程序流程图和功能程序代码

主程序流程图如图 7.15(a)所示，键盘中断程序流程图如图 7.15(b)所示，电动机运行方式流程图如图 7.16 和图 7.17 所示。键盘和显示代码参考 5.4 节。单拍运行和双三拍运行程序编制方法相近，所以仅给出双三拍的功能程序和流程图。

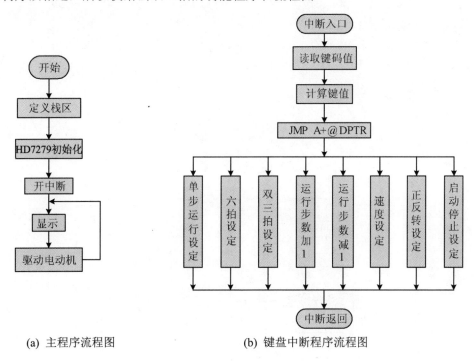

(a) 主程序流程图　　　　　　(b) 键盘中断程序流程图

图 7.15　主程序和键盘中断程序流程图

【双三拍相关代码】

```
                ORG 2000H
ROUTN1:         MOV A,SETSTEP          ;BSZ→A 存储设置的步数
                JNB ZF,LOOP2           ;ZF 为正反转标志位,0 为反,1 为正
LOOP1:          MOV P2,#0FCH           ;正向,第一拍
                LCALL DELAY            ;延时
                DEC A                  ;步数减 1
                JZ DONE                ;A=0,返回
                MOV P2,#0F9H           ;正向,第二拍
                LCALL DELAY            ;延时
                DEC A                  ;步数又减 1
                JZ DONE                ;A=0,返回
```

```
                    MOV  P2,#0FAH              ;正向,第三拍
                    LCALL DELAY
                    DEC  A
                    JNZ  LOOP1                 ;步数不够,返回正转开始
                    AJMP DONE                  ;A=0,返回到主程序
        LOOP2:      MOV  P2,#0FCH              ;反向,第一拍
                    LCALL DELAY
                    DEC  A
                    JZ   DONE
                    MOV  P2,#0FAH              ;输出第二拍
                    LCALL DELAY
                    DEC  A
                    JZ   DONE
                    MOV  P2,#0F9H              ;输出第三拍
                    LCALL DELAY
                    DEC  A
                    JNZ  LOOP1                 ;步数不够,继续反转
                    AJMP DONE
        DONE:       RET
        DELAY:      延时
```

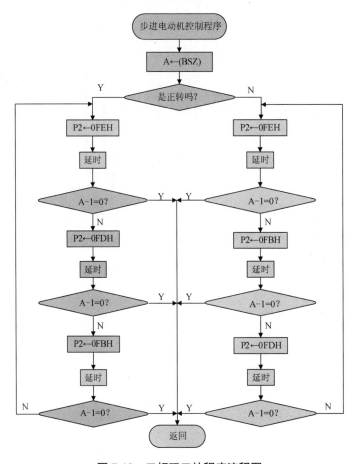

图 7.16　三相双三拍程序流程图

【六拍相关代码】

```
                    ORG  2000H
    ROUTN2:         MOV R2,SETSTEP                  ;步数送 R2
    LOOP0:          MOV R3,#00H
                    MOV DPTR,#TAB                   ;控制字表首地址
                    JNB ZF,LOOP2                    ;ZF=0,反转;否则正转
    LOOP1:          MOV A,R3                        ;查表首偏移量
                    MOVC A,@A+DPTR                  ;查表取控制字
                    JZ LOOP0                        ;控制字为 00H 表示步数完,返回
                    MOV P2,A                        ;控制字送 P2 口,步进一步
                    LCALL DELAY                     ;延时
                    INC R3                          ;下一控制字
                    DJNZ R2,LOOP1                   ;判断步数
                    RET
    LOOP2:          MOV A,R3                        ;查表偏移量送 A
                    ADD A,#07H                      ;修正标志,查反向控制字
                    MOV R3,A
                    AJMP LOOP1
    DELAY:          延时
    TAB:            DB  0FEH,0FCH,0FDH,0F9H
                    DB  0FBH,0FAH,00H
                    DB  0FEH,0FAH,0FBH,0F9H
                    DB  0FDH,0FCH,00H
                    END
```

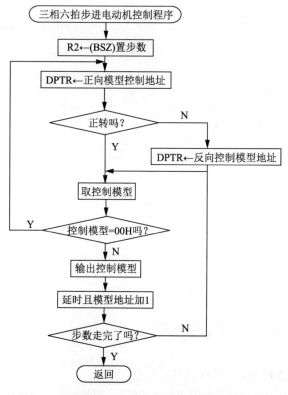

图 7.17　三相六拍程序流程图

7.4 信号发生器设计

电子自动控制系统设计和调试时常常离不开信号发生器的使用，不同频率的方波、正弦波、三角波作为信号源，模拟产生调试所需要的信号，对所设计系统进行调试，提高设计效率。

7.4.1 实例功能

利用单片机和 MAXIM 公司生产的 MAX038 芯片设计出能在固定频段产生三角波、正弦波、方波及脉冲波且频率及占空比可控制的信号发生器。

7.4.2 硬件电路设计

1. 硬件电路

本系统可以用程序控制频率及波形的输出，其中频率的调节是在中心频率左右调节，中心频率的具体频率值由 MAX038 引脚的 R_3、C_2 来设定(粗调)，其调节范围为 MAX038 的频率输出范围。由于器件的原因，可能中心频率值的调节范围不能完全达到 MAX038 的频率输出范围，这时可以通过 D/A 的调节使 MAX038 的输出范围为 0.1Hz～20MHz，为了便于应用中的调节，一般中心频率设为调节频率范围的中间值，输出频率的步频大小可以通过 R2 来调节。信号发生器电路如图 7.18 所示。

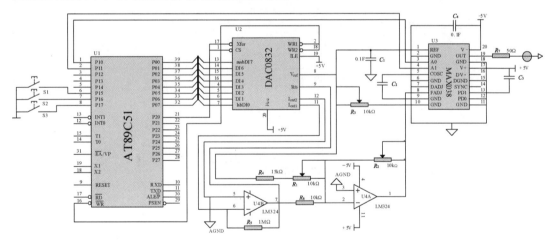

图 7.18 信号发生器电路

关键部分器件名称及其在电路中的主要功能如下：

(1) AT89C51：控制中心。

(2) DAC0832：D/A 转换调节输出频率值。

(3) MAX038：波形发生芯片。

(4) C_2、R_3：控制 MAX038 输出的中心频率(粗调)。

(5) R_1、R_2：R_1 调节运放输出的零点，R_2 调节运放输出的增益(微调)。

【MAX083 简介】MAX038 是美国 MAXIM 公司生产的单片高频信号发生器芯片。其只需极少量外部元件就能精确产生各种高频信号，输出频率由片内 2.5V 带隙电压基准和片外电阻、电容控制。其范围是 0.1Hz～20MHz，占空比通过控制信号就可在很宽范围内变化，控制频率和控制占空比是分开进行的。

MAX038 具有下列主要技术特点：

(1) 工作频率范围：0.1Hz～20MHz。

(2) 频率扫描范围：375∶1。

(3) 输出电阻：0.1Ω。

(4) 非线性失真：小于 0.75%。

(5) 温度系数：200×10^{-6} /℃。

(6) 输出波形：正弦波、三角波、锯齿波、方波、脉冲波，占空比可调。

(7) 输出幅度：V_{p-p}=2V。

MAX038 的引脚排列如图 7.19 所示，功能如表 7-9 所示，波形选择如表 7-10 所示。

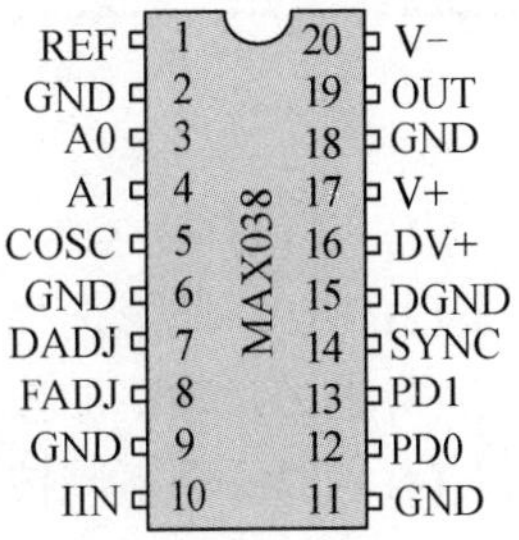

图 7.19　MAX038 引脚排列

表 7-9　MAX038 引脚功能

引　　脚	名　　称	作　　用
1	RFF	2.5V 参考电压输出
2，6，9 11，18	GND	地
3	A0	输入选择波形，TTL/CMOS 电平兼容
4	A1	输入选择波形，TTL/CMOS 电平兼容
5	COSC	连接外部电平
7	DADJ	输入，调节占空比
8	FADJ	输入，调节频率
10	IIN	输入，控制频率的电流
12	PD0	鉴相器输出。如果不用鉴相器，将其连接到地
13	PD1	鉴相器输出。如果不用鉴相器，将其连接到地
14	SYNC	TTL/CMOS 电平兼容的输出，允许内部晶振与外部信号同步，如果不用这项功能，让其开路
15	DGND	数字地
16	DV+	数字+5V 输入，如果不用 SYNC，可以让其开路
17	V+	+5V 电平输入
19	OUT	正弦波、三角波、方波输出
20	V−	−5V 输入

表 7-10   MAX038 波形选择

A0	A1	波　形
X	1	正弦波
0	0	方波
1	0	三角波

2. 单片机地址分配和连接

(1) P2 口：D/A 输出。

(2) P1.5：波形选择按键。

(3) P1.6：频率加按键。

(4) P1.7：频率减按键。

(5) P1.0、P1.1：波形选择。

3. 软件设计

信号发生器的波形由 MAX038 产生，所以单片机的控制程序比较简单，只是根据键盘输入调节输出。表 7-11 给出了 RAM 的分配，图 7.20 为程序流程图。结合表和流程图自己编制软件。

表 7-11   信号发生器单片机片内 RAM 分配

符　　号	伪指令	地址或常量	意　　义
STYLE	DATA	40H	1 为方波、2 为三角波、3 为正弦波
FR	DATA	41H	频率寄存器

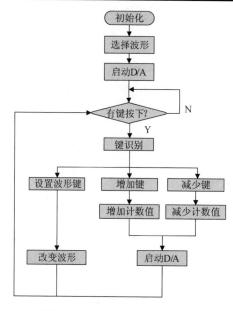

图 7.20   信号发生程序流程图

7.5　无线通信系统设计

无线通信模块的出现给一些需要传输数据的特殊场合带来了方便。目前，市场上出现了多种无线数据传输模块，如 PTR2000、FB320 等。无线数据收发模块的性能优异，其显著特点是所需外围元件减少，因而设计非常方便。模块在内部集成了高频发射、高频接收、PLL 合成、FSK 调制/解调、参量放大、功率放大、频道切换等功能，是目前集成度较高的无线数据传输产品。

7.5.1　实例功能

通过无线数据传输模块 PTR2000 实现 PC 和足球机器人上的单片机的无线通信。在机器人的足球比赛中，上位机根据视觉系统采集的信息，做出辨识和决策，指挥场上机器人完成相应的战术动作。其主要任务就是要将计算机的命令准确无误地传送给机器人，使机器人按照上位机的指令做出相应的动作。上位机在每次辨识决策后，将命令调制，通过无线发射机按照设定的通信速率串行输出，无线接收机接到命令以后，通过解调后将命令送给车载单片机来控制足球机器人小车的各种动作。上位机与机器人小车的通信通过无线通信模块 PTR2000 来实现。

7.5.2　硬件电路设计

1. PC 发送电路

PTR2000 与计算机串口之间通过简单地接一个 RS232 电平转换芯片来实现通信。电路图如图 7.21 所示。

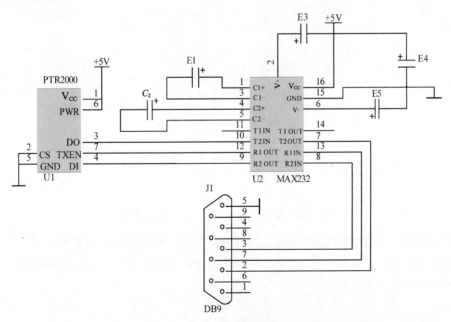

图 7.21　PC 与 PTR2000 接口电路图

PTR2000 和 MAX232 的引脚连接、功能如下：

(1) DO：连接 MAX232 的 T2IN 脚。PTR2000 将接收到的数据信号解调后，输出到 MAX232 的输入引脚中，进行 RS 232 电平转换。

(2) DI：连接 MAX232 的 R2OUT 脚。MAX232 将待发数据经过 RS232 的转换后传输到 PTR2000 模块，经解调之后，发送到单片机端。

(3) TXEN：连接 MAX232 的 R1OUT 脚。通过 PC 串口控制 PTR2000 的发射、接收状态。

(4) CS：接地。选择固定频道，为频道 1。

(5) PWR：接到 V_{CC} 上。PTR2000 工作在正常状态下。

(6) T2OUT：连接到 PC 串口的 RXD 脚。MAX232 将调制后的数据信号传送到 PC 的串口接收端。

(7) R2IN：连接到 PC 串口的 TXD 脚，将 PC 的数据转换成 PTR2000 可接收的信号调制后，输出到输出端。

(8) R1IN：连接到 PC 串口的 RTS 脚，实现对 PTR2000 的收—发状态的转换。

2. 单片机接收电路

单片机的引脚电平与 PTR2000 兼容，所以可将二者直接连接，如图 7.22 所示。

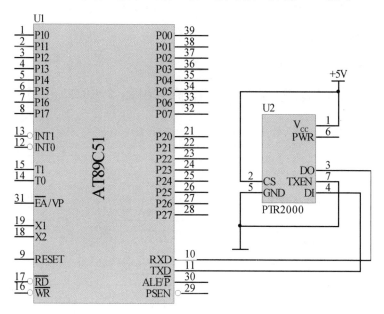

图 7.22　单片机与 PTR2000 接口电路图

【PTR2000 简介】PTR2000 无线数据传输模块是一种超小型、低功耗、高速率的无线收/发数据传输模块。PTR2000 的通信速率最高为 20kbit/s，常设工作速率为 4800bit/s 或 9600 bit/s。PTR2000 的引脚说明如表 7-12 所示。

表 7-12　PTR2000 引脚说明

引　　脚	名　　称	说　　明
引脚 1	V_CC	正电源，2.7～5.25V
引脚 2	CS	频道选择：CS=0，工作频道 1，即 433.92MHz；CS=1，工作频道 2，即 434.33MHz
引脚 3	DO	数据输出
引脚 4	DI	数据输入
引脚 5	GND	电源地
引脚 6	PWR	节能控制：PWR=1，正常工作状态；PWR=0，待机微功耗
引脚 7	TXEN	发射接收控制：TXEN=1 为发射，TXEN=0 为接收

单片机和 PTR2000 的引脚分配如下：

(1) RXD 脚：与 PTR2000 的 DO 引脚连接，PTR2000 将接收到的数据信号解调后，输出到单片机中。

(2) TXD 脚：与 PTR2000 的 DI 引脚连接，单片机将待发数据传输到 PTR2000 模块，经调制后，发送给计算机端的 PTR2000。

(3) P2.0 脚：与 PTR2000 模块的 TXEN 引脚连接。通过单片机 P2.0 引脚的电平控制 PTR2000 模块的发射接收控制，TXEN=1 时，模块为发射状态；TXEN=0 时，模块为接收状态。

(4) CS：采用固定收发频道，即将 CS 和 GND 连接，固定通信频道为频道 1。

(5) PWR：将 PTR2000 模块的 PWR 引脚连接到 V_CC 上，使 PTR2000 模块固定工作在正常工作状态。

3. 通信软件开发

1) 通信协议

由足球机器人比赛可知，赛场上主机向各小车发送命令时采用广播式通信方式，所以通信接收命令采用中断方式的通信协议。协议中对自己的每一个机器人队员都有唯一的标识。通信中断程序首先接收第一个字节，然后判断该字节是否有效，即小车标识是否与本机地址相符，如果条件都满足则可以通信。

2) PC 程序

PC 发送数据之前将模块置于发射模式 TXEN=1。上位机软件可以用 VC 或 VB 开发相应的串口应用操作软件，可参考其相关资料。PC 的控制命令经 MAX232，利用 PTR2000 调制为 9600bit/s 的通信速率发送出去，为机器人小车提供相应的信息。

3) 单片机软件

单片机的软件根据上位机的指令做出相应的动作，同时把自己的各种状态参数传送给上位机进行决策处理。程序略。

【实用技术】PC 与单片机通信晶振的选择。

单片机的串口通信波特率计算式为

$$波特率=2^{\text{SMOD}}f_{\text{osc}}/32\times12(256-X)$$

假如 PC 与单片的串行通信双方波特率为 9600Bd，当单片机的 f_{osc}=11.0592MHz，SMOD=1 时，计算得 X=250=0FAH。将 X 写入 TH1 和 TL1 时，波特率发生器产生实际传输率为

$$波特率=\frac{2\times11.0592\times10^{6}}{32\times12\times(256-250)}=9599.84(\text{Bd})$$

$$波特率相对误差=\frac{9600-9599.84}{9600}\times100\%=0.00177\%$$

在这种相对误差情况下，PC 与单片机实践证明可以正常通信。若单片机选用 12MHz 晶振，计算得 X=250 或 249，此时将其写入 TH1 和 TL1 时：

$$波特率=\frac{2\times12\times10^{6}}{32\times12\times(256-250或249)}=10416.67(\text{Bd})或8928.57(\text{Bd})$$

$$波特率相对误差=\frac{9600-10416.67或8928.57}{9600}\times100\%=-8.5\%或7\%$$

实践证明这样的相对误差不能正常传输。

7.6 本 章 小 结

单片机本身无开发能力，必须结合实际需要，利用一定的工具和相应的手段才能发挥单片机应有的作用和能力。单片机应用系统的开发过程包括总体设计、硬件设计、软件设计、仿真调试等多个阶段。其中最显著的特点是"软硬兼施"，硬件设计和软件设计必须综合考虑，才能组成高性能的单片机应用系统。本章通过 4 个实例简要的说明了单片机应用系统设计的过程和技术文档的编写。

7.7 本 章 习 题

1. 单片机系统设计分哪几个部分？
2. 单片机系统调试有哪几部分？
3. 举例说明 WAVE6000、KeilC 的应用。

第8章 AT89 系列单片机简介

教学提示：前面介绍的 AT89C51 是 Atmel 公司生产的 MCS-51 系列单片机的标准型产品，在单片机应用系统中，根据设计任务的要求，经常用到其增强型、简易型以及近年流行的具有在系统编程功能的 AT89S 系列单片机。这些单片机大都具有 8051 的内核，无论在内部的结构、功能、引脚定义，还是指令系统、电气特性，都具有相当的兼容性，当然，每一款单片机的产生都有其独特的功能优势，这里主要介绍常用的几款单片机与 AT89C51 单片机的不同点。

教学要求：本章让学生了解目前市场上常用的 AT89 系列中具有系统编程功能的 AT89S51、增强型功能的 AT89C52 及简易型的 AT89C1051/2051/4051 单片机的特点和功能，达到学生能使用这些单片机的目的。

8.1 AT89S51 单片机

AT89S51 单片机是 Atmel 公司 2003 年推出的带有串行下载程序功能的单片机，它完全兼容了前面介绍的标准型产品 AT89C51，包括内部硬件功能、指令系统、封装形式等，而且，还增加了 AT89C51 没有的内部、双数据指针、在系统编程(串行下载目标程序)等功能，下面对这些功能做简要的介绍。

8.1.1 外部引脚及功能

AT89S51 与 AT89C51 的引脚一样，也有 PDIP、PLCC、TQFP 等多种封装形式，其典型引脚配置(以 PDIP 为例)如图 8.1 所示。

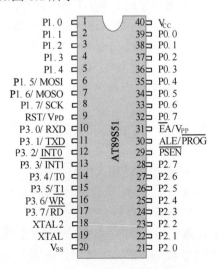

图 8.1 AT89S51 引脚配置

从图 8.1 中看出，AT89S51 与 AT89C51 的引脚区别是由于增加在系统编程功能而引起的。有区别的只有 P1.5、P1.6、P1.7 这 3 个引脚，这 3 个引脚除了正常工作时可作为静态 I/O 接口使用外，在进行在系统编程时，与复位引脚、电源、地等共同为目标程序串行下载服务，具体的复用功能如表 8-1 所示。

表 8-1 89S51 新增加的引脚功能含义

引 脚 名	复用功能	复用功能含义
P1.5	MOSI	串行数据输入信号
P1.6	MOSO	串行数据输出信号
P1.7	SCK	串行数据的时钟信号

8.1.2 内部增强功能单元

AT89S51 的内部功能完全兼容 AT89C51 的功能，而且还有 AT89C51 内部没有的看门狗、双数据指针以及可选的 ALE 信号输出等功能。

1. 看门狗功能

对于一个有可靠性要求的单片机应用系统，为防止 CPU 程序的"跑飞"，一般要设计系统的看门狗电路，其作用是对 CPU 的工作状态进行监视。一般看门狗电路的本质是具有清零功能的计数器。具体的原理是在预先设定的时间内使 CPU 复位计数器，预先设定的时间要小于计数器的溢出时间，计数器一旦溢出，即认为 CPU 目前的运行状态出现问题，此时计数器溢出的信号去复位 CPU，使单片机系统重新工作，从而使系统纳入正常的工作状态。在近年生产的 CPU 中，不少已经内置了看门狗定时器(WDT)。AT89S51 内部已经集成了一个 WDT，而且在正常工作模式和低功耗工作模式下使用有所区别，下面简述如下：

1) 看门狗功能的正常使用

AT89S51 内部的看门狗定时器是个 14 位的计数器 WDTRST，它在 SFR 中的位置为 0A6H。要使 WDT 使能，用户必须顺序地对 WDTRST 寄存器写入 1EH 和 0E1H。WDT 使能后，用户必须在一个 WDT 溢出时间内对 WDTRST 寄存器进行写 1EH 和 0E1H 的操作。当 14 位的计数器值到达 3FFFH 时，WDT 将复位 AT89S51。当 WDT 被使能后，每隔一个机器周期，计数器将自动增量。注意，对复位 WDT 的操作，是必须对 WDTRST 寄存器进行写入 1EH 和 0E1H 操作，WDTRST 寄存器是个只被写入的寄存器，而 WDT 计数器值是不能被读出，也不能写入其他数据。

当 WDT 溢出时，一般情况下在 RESET 引脚输出一个复位信号，复位信号(典型时间为 98 个振荡周期) 是一个正脉冲。

2) 掉电模式和空闲模式下的看门狗使用

在掉电和空闲两种低功耗模式下，看门狗功能也经常被使用，但在这两种模式下，看门狗的使用与系统正常工作时使用看门狗是有差别的。

在掉电模式下，由于振荡器停振，因此，WDT 也停止计数。退出掉电模式要么通过外部硬件复位，要么通过外部电平触发中断。如果是外部硬件复位，那 WDT 将和 AT89S51 正常复位时一样能得到系统的重新初始化。如果是外部电平触发中断，待振荡器起振并稳定工作后,系统将首先进入中断服务程序且 WDT 继续计数,由于 WDT 计数值的不确定性,在中断服务程序中 WDT 可能会溢出而造成系统复位,从而破坏中断服务程序的正常执行,因此,为保证中断服务程序的正常执行,在进入掉电模式前,建议应先复位一次 WDT。

在空闲模式下,WDT 是否继续计数还是停止计数,取决于在进入空闲模式前特殊功能寄存器(AUXR)中的 WDIDLE 位的值。当 WDIDLE=0 时,在空闲模式下 WDT 将继续计数,为阻止在退出空闲模式前 WDT 的溢出,应该设一个定时器专门服务于 WDT,以维持空闲模式;当 WDIDLE=1 时,在空闲模式下 WDT 将停止计数。

2. 双数据指针

在标准 AT89C51 中,只有 SFR 地址为 82H83H 的 DPTR 为数据指针,但在 AT89S51 中,为更方便地使用片外 RAM,AT89S51 提供了两个 16 位的数据指针寄存器,其中 DP0 在 SFR 中的位置为 82H 和 83H,DP1 在 SFR 中的位置为 84H 和 85H,用户可通过 AUXR1 寄存器的 DSP 位的逻辑来选择 DPTR 目前所在的位置是 DP0 还是 DP1。当 DPS=0 时,当前数据指针(DPTR)选择为 DP0;当 DPS=1 时,DPTR 选择为 DP1。用户在系统初始化时为保证正确的数据指针而应选择合适的位 DPS 值。

双数据指针的使用在数据块操作时能节省大量的时间。下面进行如下程序的对比:

【例】

【功能】AT89C51 只使用一个数据指针的数据块搬移。

【入口参数】SH 和 SL 是源地址的高低字节,CNT 需要搬移的字节数。

【出口参数】DH 和 DL 是目标地址的高低字节。

```
        MOV     R2,#CNT         ;为 R2 装载新的计数值
        MOV     R3,#SL          ;在 R3 中保存源地址的低字节
        MOV     R4,#SH          ;在 R4 中保存源地址的高字节
        MOV     R5,#DL 在 R5    ;在 R5 中保存目标地址的低字节
        MOV     R6,#DH 在 R6    ;在 R6 中保存目标地址的高字节
LOOP:
        MOV     DPL,R3 在 DPL   ;在 R3 中保存源地址的低字节
        MOV     DPH,R4 在 DPH   ;在 R4 中保存源地址的高字节
        MOVX    A,@DPTR         ;从源地址向累加器中保存数据
        INC     DPTR            ;增加源地址
        MOV     R3,DPL          ;将源地址低字节存入 R3
        MOV     R4,DPH          ;将源地址高字节存入 R4
        MOV     DPL,R5          ;目标地址的低字节存入 DPL
        MOV     DPH,R6          ;目标地址的高字节存入 DPH
        MOVX    @DPTR,A         ;向目标写入数据
        INC     DPTR            ;增加目标地址
        MOV     DPL,R5          ;在 R5 中保存新目标地址的低字节
        MOV     DPH,R6          ;在 R6 中保存新目标地址的高字节
        DJNZ    R2,LOOP         ;将计数器减 1,如不为 0 再执行一次
```

执行搬移时标准 AT89C51 的机器周期:

$$机器周期=10+(26×CNT)$$

如果 CNT=50,则

机器周期数=10+(26×50)=1310

【例】

【功能】AT89S51 用双数据指针来移动数据块。

【入口参数】SH 和 SL 是源地址的高低字节，CNT 为需要搬移的字节数。

【出口参数】DH 和 DL 是目标地址的高低字节。

```
        MOV     R2,#CNT              ;R2 中装载计数值
        MOV     AUXR1,#00h           ;选定 DP0
        MOV     DPTR,#DHDL           ;在 DPTR 中装入目标地址
        INC     AUXR1                ;选定 DP1
        MOV     DPTR,#SHSL           ;在 DPTR1 中装入源地址
    LOOP:
        MOVX    A,@DPTR              ;从源地址处拿出数据
        INC     DPTR                 ;源地址加 1
        DEC     AUXR1                ;选定 DP0
        MOVX    @DPTR,A              ;向目标地址写入数据
        INC     DPTR                 ;增加源地址
        INC     AUXR1                ;选定 DP1
        DJNZ    R2,LOOP              ;检查是否已经全部移完
```

执行搬移时标准 AT89S51 的机器周期数：

机器周期=12+(15×CNT)

如果 CNT=50，则

机器周期数=12+(15×50)=762

同样的执行任务，同样的时钟周期时，可以看出，标准的 AT89C51 用 1310 个机器周期完成任务，而 AT89S51 仅用 762 个机器周期就能完成任务。如果数据块增大那么系统节省的时间将更多。

3. 可选的 ALE 信号输出

在标准 AT89C51 中，CPU 在正常工作时，地址锁存信号 ALE 引脚通常以 $f_{osc}/6$ 的频率正常输出，为最大限度地降低系统功耗，AT89S51 还可对 ALE 信号的输出在不必要的场合进行屏蔽，是否输出该信号由寄存器 AUXR 的 DISALE 位的逻辑决定。当 DISALE＝0 时，ALE 信号通常以 $f_{osc}/6$ 的频率正常输出；当 DISALE＝1 时，ALE 信号只有在执行 MOVX 和 MOVC 指令时才输出。

4. 有关特殊功能寄存器的说明

与 AT89C51 相比，AT89S51 增加了如下的特殊功能寄存器：WDTRST、AUXR、AUXR1、DP1H、DP1L；有变化的寄存器有 DP0H、DP0L。

其中，DP0H、DP0L 是 AT89C51 中的 DPH 和 DPL，因此地址仍为 83H、82H，无位地址，简记为 DP0；而 DP1H、DP1L 是新增加的第 2 个数据指针，其功能与 DP0H、DP0L 一样，地址为 85H、84H，也无位地址，简记为 DP1。上述的 2 组 16 位寄存器称为数据指针，当前数据指针 DPTR 选择哪组由 AUXR1 的 DPS 位逻辑决定。

WDTRST 是个专门为 WDT 功能设置的 14 位计数器，地址位 0A6H，用户只能用下面

连续的 2 条指令使能 WDT 和复位该寄存器的值：

```
MOV         WDTRST,#1EH
MOV         WDTRST,#0E1H
```

WDT 的计数信号为机器周期，该寄存器只能用上述 2 条指令复位，不能进行其他的读/写操作。

AUXR 控制寄存器的字节地址为 8EH，无位地址，主要用来控制 ALE 信号的输出、复位引脚 RST 在 WDT 溢出时是否输出高电平信号以及低功耗模式下是否使 WDT 继续计数等功能。其寄存器内部组织结构如表 8-2 所示。

表 8-2　AUXR 控制寄存器的内部组织结构

位	D7	D6	D5	D4	D3	D2	D1	D0	字节地址
AUXR	—	—	—	WDIDLE	DISRTO	—	—	DISALE	8EH
位地址	—	—	—	—	—	—	—	—	

DISALE：ALE 输出使能位。当 DISALE=1 时，ALE 信号只有在执行 MOVC 和 MOVX 时才输出地址锁存信号；当 DISALE=0 时，ALE 正常情况下以 $f_{osc}/6$ 频率输出(与 AT89C51 一样)。

DISRTO：复位引脚输出使能位。当 DISRTO=1 时，复位引脚仅为输入；当 DISRTO=0 时，从复位引脚在 WDT 溢出后能输出高电平(典型 98 个振荡周期)。

WDIDLE：低功耗模式下 WDT 使能位。当 WDIDLE=1 时，在低功耗模式下将终止 WDT；当 WDIDLE=0 时，在低功耗模式下 WDT 继续计数。

AUXR1 控制寄存器的字节地址为 0A2H，无位地址，主要用来选择目前的数据指针(DPTR)是位于 DP0 还是 DP1 的位置上。其寄存器内部组织结构如表 8-3 所示。

表 8-3　AUXR1 控制寄存器的内部组织结构

位	D7	D6	D5	D4	D3	D2	D1	D0	字节地址
AUXR1	—	—	—	—	—	—	—	DPS	0A2H
位地址	—	—	—	—	—	—	—	—	

DPS：双数据指针选择位。当 DPS=1 时，DPTR 为 DP1L、DP1H；当 DPS=0 时，DPTR 为 DP0L、DP0H。

8.1.3　在系统编程技术

在系统编程技术(ISP)是将在 PC 的用户数据(包括目标程序)在用户系统通电的状态下直接下载到用户系统，改变原`来将用户要写入数据的芯片取出通过固化的方法，既节省了固化器，也节省了开发时间，大大方便了用户。

1. 串行编程模式——在系统编程

AT89C51 经过升级之所以变成 AT89S51，从名字上可看出 AT89S51 主要是具备了在系统串行下载目标程序的功能，即具有在系统编程功能。AT89S51 在系统编程功能的使用主要是利用 P1.5、P1.6、P1.7 这 3 个引脚，在一定的时序配合下，完成编程使能、芯片数据擦除、芯片数据写入、芯片数据读出、芯片加密等命令操作。有关上述详细的时序和命令操作码用户没必要掌握，具体见 AT89S51 的数据手册。

2. 在系统编程电缆的制作

图 8.2 所示的下载线原理图是在 Atmel 公司的网站上公布的下载线的基础上进行了改造，但软件还是采用了 Easy 51Pro v2.0 版本，该软件可在 www.xiao-qi.com 下载。

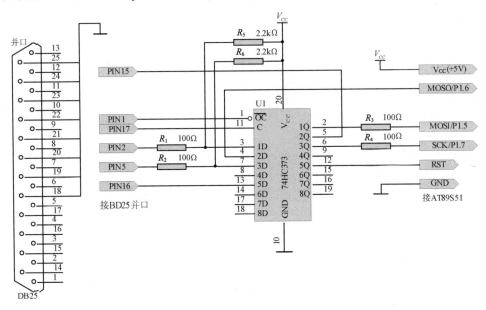

图 8.2　下载线原理图

由于编程电缆的器件较少，只有 1 个 74HC373 和 6 个电阻，因此，完全可以将该部分的线路板及器件放置在 DB-25 的塑盒内。下载线可选择普通 6 芯排线，长度 1m 即可，一端焊接在 DB-25 塑盒内，另一端由 6 孔接插件构成。在用户板上将 5V 电源、地、复位信号、P1.5、P1.6、P1.7 引出。下载时自制的下载电缆的 DB-25 头塑盒直接与计算机的并口相连，下载电缆的 6 孔接插件头直接与用户板引出的 6 个信号相连即可。

3. 在系统编程的使用方法

本章介绍的在系统编程软件是 Easy 51Pro v2.0 版本。该软件在下载后将压缩文件包直接打开便可直接使用，不需要采用安装等手段。

在连接好硬件的基础上，系统通电后由 PC 执行 AtmelsISP.exe(有对应的图标)，该软件的主界面如图 8.3 所示。

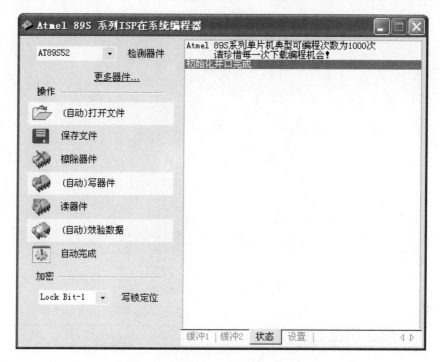

图 8.3　在系统编程应用系统的主界面

选择器件后首先进行检测器件，如果右边的信息栏提示异常，则应检查编程电缆、CPU
型号、电源供电等环节。如果检测器件通过，则应选择"擦除器件"功能。等到提示成功
后，打开要写入的文件，文件可以是 HEX 或 BIN 类型，然后单击(自动)"写器件"，待提
示成功后，可选择校验、加密等辅助功能。也可在检测器件通过后，打开文件后直接单击
"自动完成"选项后再进行辅助功能的操作，用户也可忽略辅助功能。

8.2　AT89C52 单片机

AT89C52 单片机是 Atmel 公司 20 世纪 90 年代初期推出的增强型单片机，它完全兼容
标准型的 AT89C51，并在 AT89C51 的基础上增加了 128B 的片内 RAM、4KB Flash 存储器、
T2 定时器等功能，下面对这些功能做简要的介绍。

8.2.1　外部引脚及功能

AT89C52 与 AT89C51 的引脚一样，也有 PDIP、PLCC、TQFP 等多种封装形式，其典
型引脚配置(以 PDIP 为例)如图 8.4 所示。

从图 8.4 中看出，引脚的区别是由于增加定时器 2 而引起的。有区别的只有 P1.0、P1.1
两个引脚，这两个引脚在不使用定时器 2 时仍可作为静态 I/O 接口使用，在单片机使用定
时器 2 时，P1.0、P1.1 还可能承担着外部计数脉冲输入、外部触发信号输入、可编程方波
输出等功能，具体的复用功能如表 8-4 所示。

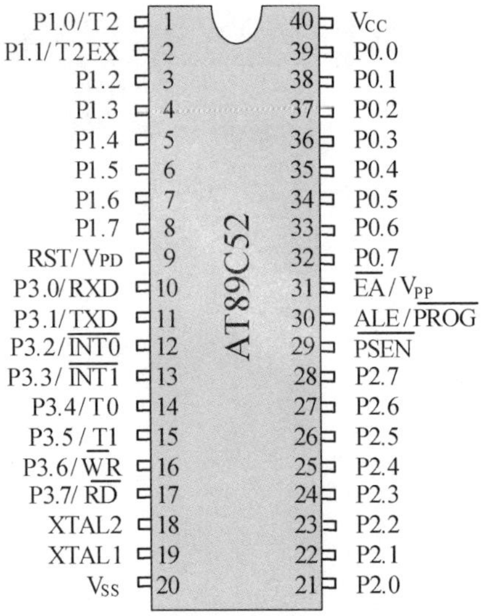

图 8.4　AT89C52 引脚配置

表 8-4　P1.0 和 P1.1 的复用功能

引 脚 名	复用功能	复用功能含义
P1.0	T2	定时/计数器 2 外部计数脉冲输入，时钟输出
P1.1	T2EX	定时/计数 2 捕获/重装载触发和方向控制

8.2.2　内部增强功能单元

AT89C52 的内部功能完全兼容 AT89C51 的功能，而且在 AT89C51 的基础上增加了 128B 的片内 RAM、4KB Flash 存储器、T2 定时器等功能。关于新增加的 4KB Flash 存储器，只是 AT89C52 片内 ROM 地址分配变成为 0000H～1FFFH，其使用方法与 AT89C51 的一样，这里不再赘述。

1. 片内 RAM 的使用

AT89C52 有 256B 的片内 RAM，80H～FFH 高 128B 与特殊功能寄存器地址是重叠的，也就是高 128B RAM 和 SFR 地址是相同的，但物理上它们是分开的。当一条指令访问 7FH 以上的内部地址单元时，指令中使用的寻址方式是不同的，即寻址方式决定是访问高 128B RAM 还是访问 SFR。如果指令是直接寻址方式，则为访问特殊功能寄存器；如果指令是间接寻址方式，则为访问高 128B RAM。

例如，下面的直接寻址指令访问特殊功能寄存器 0A0H(即 P2 口)地址单元。

```
MOV        0A0H,#data
```

再例如，下面的间接寻址指令中，R0 的内容为 0A0H，则访问数据字节地址为 0A0H，而不是 P2 口(0A0H)。

```
MOV        @R0,#data
```

堆栈操作也是间接寻址方式，所以，高 128 位数据 RAM 亦可以作为堆栈区使用。

2. 定时器 2

AT89C52 的定时器 0 和定时器 1 的工作方式与 AT89C51 完全相同，但 AT89C52 还增加了一个定时器 2(T2)。

T2 是一个 16 位的定时/计数器。它既可当定时器使用，也可作为外部事件计数器使用，工作在定时器、计数器的选择由特殊功能寄存器 T2CON 的 C/T2 位选择。T2 由 3 种工作方式：捕获方式、自动重装载(向上或向下计数)方式和波特率发生器方式，这 3 种工作方式由 T2CON 的控制位来选择，如表 8-5 所示。而且，T2 还能从 P1.0 引脚输出可编程方波信号的辅助功能。

表 8-5　定时器 2 工作方式

RCLK+TCLK	CP/$\overline{RL2}$	TR2	方　　　式
0	0	1	16 位自动重装载
0	1	1	16 位捕获
1	X	1	波特率发生器
X	X	0	定时器 2 停止

T2 由两个 8 位寄存器 TH2 和 TL2 组成，在定时器工作方式中，每个机器周期 TL2 寄存器加 "1"，因此，定时器的内部计数速率为振荡频率的 1/12。

在计数工作方式时，当 T2 引脚上外部输入信号产生由 "1" 至 "0" 的下降沿时，寄存器的值加 "1"。由于识别 "1" 至 "0" 的跳变需要 2 个机器周期(24 个振荡周期)，因此，最高的计数速率为振荡频率的 1/24。

1) 捕获方式

在捕获方式下，通过 T2CON 控制位 EXEN2 来选择两种方式。如果 EXEN2=0，则 T2 是一个 16 位定时器或计数器，计数溢出时，对 T2CON 的溢出标志置 TF2 位，同时激活中断。如果 EXEN2=1，则 T2 完成相同的操作，而且当 T2EX 引脚外部输入信号发生 "1" 至 "0" 负跳变时，也将把 TH2 和 TL2 中的值分别被捕获到 RCAP2H 和 RCAP2L 中。另外，T2EX 引脚信号的负跳变使得 T2CON 中的 EXF2 置位，与 TF2 相仿，EXF2 也会激活中断。捕获方式如图 8.5 所示。

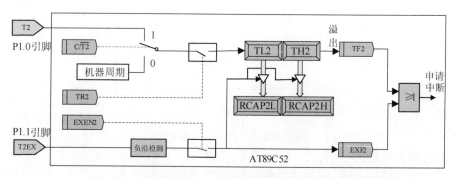

图 8.5　定时器 2 的捕获方式

2) 自动重装载方式

当 T2 工作于 16 位自动重装载方式时，能对其编程为向上或向下计数方式，这个功能可通过特殊功能寄存器 T2CON 的 DCEN 位来选择。复位时，DCEN 位置"0"，T2 默认为向上计数。当 DCEN 置位时，T2 既可向上计数也可向下计数，这取决于 T2EX 引脚的值。如图 8.6 所示，当 DCEN=0 时，T2 自动设置为向上计数，在这种方式下，T2CON 中 EXEN2 的控制位有两种选择。若 EXEN2=0，T2 为向上计数至 0FFFFH 溢出，置位 TF2 激活中断，同时把 16 位计数寄存器 RCAP2H 和 RCAP2L 重装载，RCAP2H 和 RCAP2L 的值可由软件预置。若 EXEN2=1，定时器 2 的 16 位重装载由溢出或外部输入端 T2EX 从"1"至"0"的下降沿触发。这个脉冲使 EXF2 置位，如果中断允许，同时产生中断。

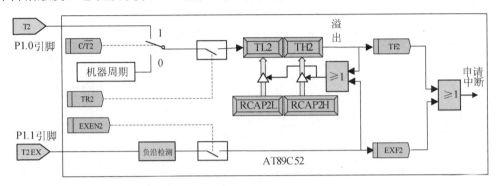

图 8.6 定时/计数器 2 自动重装载方式(DCEN=0)

当 DCEN=1 时，允许 T2 向上或向下计数，其工作原理如图 8.7 所示。在这种方式下，T2EX 引脚控制计数器方向。T2EX 引脚为逻辑"1"时，定时器向上计数，当计数 0FFFFH 向上溢出时，置位 TF2，同时把 16 位计数寄存器 RCAP2H 和 RCAP2L 重装载到 TH2 和 TL2 中。T2EX 引脚为逻辑"0"时，T2 向下计数，当 TH2 和 TL2 中的数值等于 RCAP2H 和 RCAP2L 中的值时，计数溢出，置位 TF2，同时将 0FFFFH 数值重新装入定时寄存器 TH2 和 TL2 中。

当定时/计数器 2 向上溢出或向下溢出时，均置位 EXF2 位。

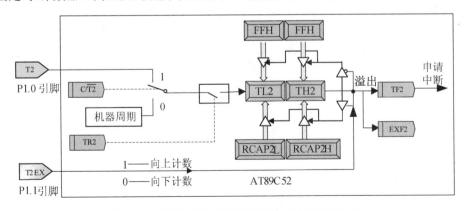

图 8.7 定时/计数器 2 自动重装载方式(DCEN=1)

3) 波特率发生器

当 T2CON 中的 TCLK 和 RCLK 置位时，T2 作为波特率发生器使用。如果 T2 作为发送器或接收器，其发送和接收的波特率是可以不同的，T1 用于其他功能，如图 8.8 所示。

若 RCLK 和 TCLK 均置位，则 T2 工作于波特率发生器方式。

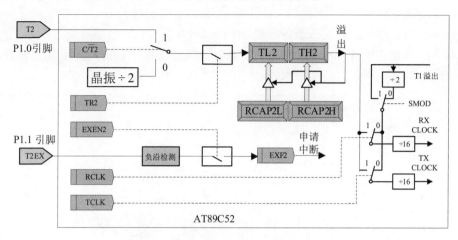

图 8.8　定时器 2 波特率发生器方式

波特率发生器方式与自动重装载方式相似，在此方式下，T2 的 TH2、TL2 的溢出使 TH2、TL2 中的值发生自动重新装载，重装值取决于预先存放的 RCAP2H 和 RCAP2L 中的 16 位数值。

在方式 1 和方式 3 中，波特率由 T2 的溢出率根据下式确定：

$$方式1和方式3的波特率 = \frac{定时器的溢出率}{16}$$

T2 既能工作于定时方式，也能工作于计数方式，在大多数的应用中，是工作在定时方式($\overline{C/T2}=0$)。T2 作为波特率发生器时，与作为定时器的操作是不同的，通常作为定时器时，在每个机器周期(1/12 振荡频率)寄存器的值加"1"，而作为波特率发生器使用时，在每个状态时间(1/2 振荡频率)寄存器的值加"1"。因此，波特率的计算公式如下：

$$方式1和方式3的波特率 = \frac{振荡频率}{32 \times \left[65536 - (RCAP2H, RCAP2L) \right]}$$

上式中(RCAP2H，RCAP2L)是 RCAP2H 和 RCAP2L 中的 16 位无符号数。

从 T2 作为波特率发生器的电路图 8.8 中看出，T2CON 中的 RCLK 或 TCLK=1 时，波特率工作方式才有效。在波特率发生器工作方式中，TH2、TL2 溢出不能使 TF2 置位，故不产生中断。但若 EXEN2 置位，且 T2EX 端产生由"1"至"0"的负跳变，则会使 EXF2 置位，此时并不能将(RCAP2H，RCAP2L)的内容重新装入 TH2 和 TL2 中。所以，当 T2 作为波特率发生器使用时，T2EX 可作为附加的外部中断源来使用。

需要注意的是，当 T2 工作于波特率发生器时，作为定时器运行(TR2=1)时，并不能访问 TH2 和 TL2，因为此时每个状态时间定时器都会加"1"，对其读/写将得到一个不确定的数值。但此时，对 RCAP2H 和 RCAP2L 寄存器则可读而不可写，因为写入操作将是重新装载，写入操作可能另写或重新装载出错。在访问定时器 2 或 RCAP2H 和 RCAP2L 寄存器前，应使定时器关闭(清除 TR2)。

4) 可编程时钟输出

T2 还可通过编程从 P1.0 输出一个占空比为 50%的时钟信号，其工作原理示意图如图 8.9 所示。P1.0 引脚除了是一个标准的 I/O 接口外，还可以通过编程使其作为 T2 的外部时钟，输入和输出占空比 50%的时钟脉冲。当时钟振荡频率为 16MHz 时，输出时钟频率范围为 61Hz～4MHz。

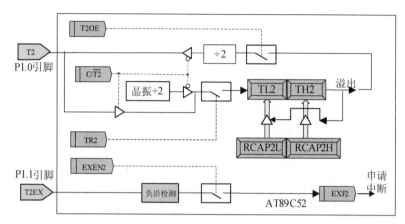

图 8.9 定时器 2 时钟输出方式

当设置 T2 为时钟发生器时，$C/\overline{T2}$ (T2CON.1)=0，T2OE(T2MOD)=1，必须由 TR2(T2CON.2)启动或停止定时器。时钟输出频率取决于振荡频率和 T2 捕获寄存器(RCAP2H，RCAP2L)的重新装载值，时钟输出频率公式如下：

$$输出时钟频率 = \frac{振荡器频率}{4 \times \left[65536 - (RCAP2H, RCAP2L) \right]}$$

在时钟输出方式下，T2 的溢出也不会产生中断，这个特性与作为波特率发生器使用时一样。T2 作为波特率发生器使用时，还可作为时钟发生器使用，但需要注意的是波特率和时钟输出频率是关联的，不能分开随意确定，这是因为它们共同使用寄存器 RCAP2H 和 RCAP2L。

3. 有关特殊功能寄存器的说明

与 AT89C51 相比，AT89C52 增加了如下的特殊功能寄存器：T2CON、T2MOD、RCAP2L、RCAP2H、TL2、TH2；有变化的寄存器有 IP、IE。

其中的 TL2、TH2 地址分别为 0CCH、0CDH，无位地址，是 T2 的 16 位定时/计数寄存器，其功能类似于定时器 1、0 的 TL1、TH1、TL0、TH0 寄存器。

RCAP2L、RCAP2H 地址分别为 0CAH、0CBH，无位地址，主要用来 T2 捕获发生时捕获当前 TL2、TH2 中的值或 T2 工作在自动重装载/波特率发生器/方波输出时存放的预置值。

T2CON 控制寄存器的字节地址为 0C8H，位地址区为 0C8H～0CFH，主要用来设置 T2 的工作模式、外部信号允许控制以及 T2 的溢出标志、外部信号标志等。其寄存器内部组织结构如表 8-6 所示。

表 8-6　T2CON 控制寄存器的内部组织结构

位	D7	D6	D5	D4	D3	D2	D1	D0	字节地址
T2CON	TF2	EXF2	RCLK	TCLK	EXEN2	TR2	C/$\overline{\text{T2}}$	CP/$\overline{\text{RL2}}$	0C8H
位地址	0CFH	0CEH	0CDH	0CCH	0CBH	0CAH	0C9H	0C8H	

TF2：T2 溢出标志。T2 溢出时，由硬件置位，必须由软件清"0"。当 RCLK=1 或 TCLK=1时，T2 溢出，不对 TF2 置位。

EXF2：T2 外部标志。当 EXEN2=1 且当 T2EX 引脚上出现负跳变而出现捕获或重装载时，EXF2 置位，申请中断。此时如果允许 T2 中断，CPU 则响应中断，执行 T2 中断服务程序，EXF2 必须由软件清除。当 T2 工作在向上或向下计数工作方式(DCEN=1)时，EXF2不能激活中断。

RCLK：接收时钟允许。RCLK=1 时，用 T2 溢出脉冲作为串行口(工作于工作方式 1或 3 时)的接收时钟；RCLK=0 时，用 T1 溢出脉冲作为接收时钟。

TCLK：发送时钟允许。TCLK=1 时，用 T2 溢出脉冲作为串行口(工作于工作方式 1 或3 时)的发送时钟；TCLK=0 时，用 T1 溢出脉冲作为发送时钟。

EXEN2：T2 外部允许标志。当 EXEN2=1 时，如果 T2 未作为串行口的波特率发生器，在 T2EX 端出现负跳变脉冲时，激活 T2 捕获或重装载；EXEN2=0 时，T2EN 端的外部信号无效。

TR2：T2 启动/停止控制位。TR2=1 时，启动 T2。

C/$\overline{\text{T2}}$：T2 定时方式和计数方式控制位。C/$\overline{\text{T2}}$=0 时，选择定时方式；C/$\overline{\text{T2}}$=1 时，选择对外部事件计数方式(下降沿触发)。

CP/$\overline{\text{RL2}}$：捕获或重装载选择。CP/$\overline{\text{RL2}}$=1 时，如 EXEN2=1，且 T2EN 端出现负跳变脉冲时发生捕获操作；CP/$\overline{\text{RL2}}$=0 时，如 T2 溢出或 EXEN=1 条件下，T2EN 端出现负跳变脉冲，都会出现自动重装载操作。当 RCLK=1 或 TCLK=1 时，该位无效，在 T2 溢出时强制其自动重装载。

随着 T2 功能的增加，AT89C52 的中断源增加为 8 个，中断数增加为 6 个。新增加的中断源为 TF2 和 EXF2，注意，这两个中断源由于是占用了共同的 T2 中断资源，因此这两个中断请求标志位均必须通过软件来清除，这与串行接收和串行发送两个标志 RI 和 TI 共同占用一个串行中断一样。

T2MOD 控制寄存器的字节地址为 0C9H，无位地址，主要用来设置 P1.0 的方波信号输出是否有效，以及 T2 自动重装载方式下设置是否仅为向上计数还是向上或向下计数模式。其寄存器内部组织结构如表 8-7 所示。

表 8-7　T2MOD 控制寄存器的内部组织结构

位	D7	D6	D5	D4	D3	D2	D1	D0	字节地址
T2MOD	—	—	—	—	—	—	T2OE	DCEN	0C9H
位地址	—	—	—	—	—	—	—	—	

T2OE：T2 输出控制允许位。T2OE=1，允许 T2 输出方波；T2OE=0，禁止 T2 输出方波。

DCEN：置位该位，允许 T2 向上或向下计数。

中断允许寄存器(IE)和中断优先级控制寄存器(IP)在 AT89C51 中也存在，只是随着 AT89C52 定时器中断的增加，原来这两个寄存器上的某些无效位变得有意义了，具体的变化情况如表 8-8 和表 8-9 所示，其中的各位含义与 AT89C51 的中断控制位相似，这里不再多述。

表 8-8　IE 控制寄存器的内部组织结构

位	D7	D6	D5	D4	D3	D2	D1	D0	字节地址
IE	EA	—	ET2	ES	ET1	EX1	ET0	EX0	0A8H
位地址	0AFH	0AEH	0ADH	0ACH	0ABH	0AAH	0A9H	0A8H	

ET2：T2 中断允许位。ET2=1，允许 T2 中断；ET2=0，禁止 T2 中断。

表 8-9　IP 控制寄存器的内部组织结构

位	D7	D6	D5	D4	D3	D2	D1	D0	字节地址
IP	—	—	PT2	PS	PT1	PX1	PT0	PX0	0B8H
位地址	0BFH	0BEH	0BDH	0BCH	0BBH	0BAH	0B9H	0B8H	

PT2：T2 中断优先级控制位。PT2=1，高级中断有效；PT2=0，低级中断有效。

8.2.3　典型使用举例

AT89C52 除了存储器资源的数量与 AT89C51 有区别外，最主要的是 T2 的增加。T2 的功能，相比 T0、T1 而言功能要丰富的多，这里关于常规计数和定时以及波特率发生器模式不再举例，仅以 T0、T1 没有的捕获功能以及 T2 附带的方波输出功能进行举例。

1. 捕获功能的使用

对于 T0、T1，其只能测出正脉冲的宽度，对于单个周期的测量，一般还要借助于外部中断的配合，但对于具有 T2 功能的 AT89C52 就变得十分简单了。假设，测如下波形的一个周期宽度 T_W，测量的原理示意图如图 8.10 所示。

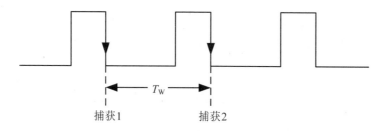

图 8.10　T2 测量一个周期宽度

T2 工作在定时且为捕获模式，在第一个下降沿到来时，由于发生捕获，RCAP2H 和 RCAP2L 将 TH2 和 TL2 中的内容捕获，并在中断服务程序中取出保存，在第 2 个下降沿到来时，再次发生捕获，将两次捕获的结果相减后，再乘以机器周期即为一个周期的宽度。

2. 可编程方波信号的产生

尽管可以通过定时中断或其他方法得到方波信号，但如果利用 AT89C52 的 T2 的辅助功能产生，则不影响 CPU 程序的执行而变得更为方便。

【例】

【功能】假设晶体振荡器的频率为 6MHz，请编制产生 2000Hz 的方波信号。

【分析】根据产生方波的公式，代入得到 65536− 261 − 261 − (RCAP2H,RCAP2L)=750= 02EEH，求补后得到 RACPCH 及 RCAP2L 值。要从 P1.0 口上输出方波，必须打开 T2MOD 的 D1 位 T2OE 位，同时，还要将 T2CON 的位选择为定时方式并打开启动 T2 定时器的 TR2 位。程序如下：

```
MOV     TH2,#0FDH
MOV     TL2,#12H
MOV     RCAP2H,#0FDH
MOV     RCAP2L,#12H
MOV     T2MOD,#02H
MOV     T2CON,#04H
```

8.3 AT89C1051/2051/4051 单片机

AT89C1051/2051/4051 是 Atmel 公司陆续推出的简易型封装形式的 MCS-51 系列的单片机，在一些外围接口比较简单的场合，上述的几款单片机更具有体积小、功耗低、价格低廉等方面的优势。由于上述单片机均采用了 AT89C51 内核，因此在指令系统、电源工作范围、Flash 擦除寿命次数、振荡频率范围、低功耗模式等多个指标上是与 AT89C51 一样的，但在片内 RAM 容量、Flash 存储器容量、定时器数量、串行接口、中断数量、I/O 接口数量、驱动能力、加密方式等功能方面有所区别，下面对这些与 AT89C51 有区别的功能做简要的介绍。

8.3.1 外部引脚及功能

AT89C1051/2051/4051 的引脚要比标准的 AT89C51 简单得多，封装形式完全一样，有 PDIP、PLCC、TQFP 等形式。其中 AT89C2051/4051 的引脚配置完全一样，而 AT89C1051 的引脚配置略有差别，两种不同配置的 PDIP 封装引脚配置图分别如图 8.11 和图 8.12 所示。在引脚图上可看出与 AT89C51 有 4 处不同的地方。

1. P2 与 P0

上述 3 款单片机均为简易型的单片机，其 I/O 接口线均只有 15 根，这里均没有标准型 AT89C51 的 P2 和 P0 口。因此，本类单片机没有系统外扩并行芯片的功能，当然，MOVX 指令已经失效。

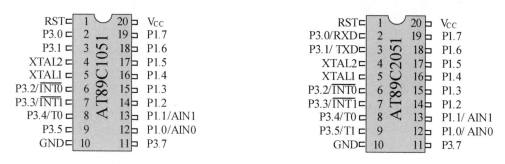

图 8.11　AT89C1051 引脚图　　　　图 8.12　AT89C2051/4051 引脚图

2. P1.0 与 P1.1

上述 3 款单片机均增加了一个模拟比较器的功能，原来只作为静态 I/O 功能的 P1.0 和 P1.1 引脚在此变为该模拟比较器的两个输入端，其中 P1.0 为同相输入端，P1.1 为反相输入端，因而 P1.0 和 P1.1 在内部结构上与其他的 P1 端口不同，无内部上拉电阻。

当然，P1.0、P1.1 在系统不作为模拟比较器使用时，仍可作为静态 I/O 接口，注意，此时 P1.0、P1.1 一定要外接上拉电阻，典型的参考阻值范围为 $1\sim10k\Omega$。

3. P3.6

从图 8.11 和图 8.12 中可以看出，上述 3 款芯片尽管保留了 P3 口，但无 P3.6 引脚。而在这些 CPU 的内部，P3.6 是存在的，它作为上面介绍的由 P1.0 和 P1.1 构成的模拟比较器的输出端，在程序中，仍然可以使用 P3.6，此时，它的逻辑电平反映了模拟比较器的输出结果。

4. P3.0、P3.1 和 P3.5

这里需要说明的是，这里只有 AT89C1051 的 P3.0、P3.1，无 AT89C51 所述的全双工串行异步通信功能，AT89C2051/4051 串行接口功能与 AT89C51 是一样的。

同样，这里无 AT89C1051 的 T1 定时/计数器功能，因此 P3.5 引脚也无外部计数器的计数输入功能，但对于 AT89C2051/4051 来说，由于 T1 的存在而使该引脚的功能与 AT89C51 完全一样。

5. 接口驱动能力

从引脚上能看出上述的几点区别，但实际上，AT89C1051/2051/4051 的接口驱动能力要远大于 AT89C51 的端口驱动能力。P1 口和 P3 口的驱动能力都能直接驱动 LED 数码管，灌电流达到 20mA。

8.3.2　内部变化功能单元

AT89C1051/2051/4051 的内部功能基本上兼容 AT89C51 的功能，只是由于外部引脚的减少、模拟比较器功能的增加以及 AT89C1051 在存储器、定时器、串行异步通信等功能上的弱化而造成了下面部分功能的变化。

1. 片内 RAM

上述 3 款单片机的内部数据存储器的容量不尽相同，其中，AT89C1051 为 64B，片内

RAM 地址范围为 00H～3FH, 而 AT89C2051 和 AT89C4051 的片内 RAM 容量则与 AT89C51 一样, 均为 128B, 地址范围为 00H～7FH。

2. 片内 Flash 存储器

上述 3 种芯片的命名的不同, 主要的原因体现在各芯片片内 Flash 存储器容量的不同, 其中 AT89C1051 为 1KB, ROM 地址范围为 000H～3FFH, 而 AT89C2051 和 AT89C4051 的容量分别为 2KB 和 4KB, 地址范围分别为 000H～7FFH、000H～FFFH。

3. T1 定时器

在上述 3 款单片机中, 只有 AT89C1051 无 T1 定时/计数器功能, 因此在引脚上 P3.5 不作为外部的计数输入, 在内部也不存在与 T1 定时/计数器有关的结构、特殊功能寄存器 等, 包括寄存器 TH1、TL1, T1 中断源等。但对于 AT89C2051/4051 来说, 定时/计数器的配置无论是数量还是功能, 均与 AT89C51 完全一样。

4. 中断系统

由于 AT89C1051 不存在 T1 定时器和串行通信接口, 因此, 标准的 6 个中断源(5 个中断)就变成了 3 个, 只保留了外部 $\overline{INT0}$ 中断、外部 $\overline{INT1}$ 中断以及 T0 定时器中断。而对于 AT89C2051/4051 来说, 中断系统的功能与 AT89C51 完全一样。

5. 有关特殊功能寄存器说明

对于 AT89C1051/2051/4051 来说, 由于引脚无 P2 口和 P0 口, 故在片内 SFR 中, 也已经没有这两个 8 位端口的逻辑映像寄存器了。AT89C2051/4051 的 SFR 数量从标准功能的 AT89C51 的 21 个变为 19 个, 而这 19 个 SFR 的功能则完全一样; 而 AT89C1051 还减少了 T1 定时器的 TH1、TL1 以及串行异步通信的 SCON 和 SBUF 寄存器, 而变成了只有 15 个寄存器, 当然有关 AT89C1051 中因少了 T1 定时器和异步通信的两个功能而造成其他寄存器(TMOD、TCON、IE、IP 等)相应的控制位或状态位全变成了无效位。

8.3.3　典型使用举例

利用 AT89C1051/2051/4051 做单片机系统的最大优势是体积小、结构简单。当然, 它也只能运用在硬件结构比较简单的应用场合, 但由于它也具有端口驱动能力强、具有模拟比较器功能, 因此在一些特殊的场合, 还能发挥其特有的功能, 下面举例说明。

1. 模拟比较器的使用

AT89C1051/2051/4051 内部有一个模拟比较器, 它利用 P1.0、P1.1 作为模拟器的两个输入端, 输出端为没有引出的 P3.6, 可以用该功能做一些简单的应用。

图 8.13 所示为电池欠电压检测原理图。

当程序检测到 P3.6 的电平为高电平时, 表明被测电池的电压已经欠电压, CPU 应该有声光报警等提示信息。

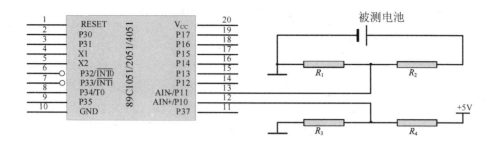

图 8.13　电池欠电压检测原理图

2. 端口驱动能力的使用——直接驱动 LED 数码管

由于 AT89C1051/2051/4051 的端口驱动能力都能达到 20mA，因此，完全可以不加驱动而直接驱动高亮型的数码管工作，图 8.14 为用 I/O 接口直接驱动 4 位数码管动态显示原理图。当然，由于该类芯片 I/O 接口资源的有限，当 I/O 接口资源不够时，8 个段也可通过串行扩展 74HC164 的方法得到。

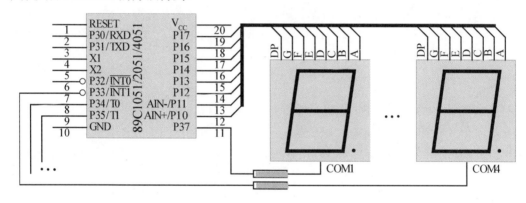

图 8.14　用 I/O 接口直接驱动 4 位数码管原理图

8.4　本 章 小 结

用何种 CPU 来设计单片机应用系统，首先要根据设计任务选择自己比较熟悉的 CPU，同时要兼顾市场的货源、价格等因素，同时在设计时要考虑一定的兼容性。

本章介绍的几款单片机是在熟悉前面介绍的 AT89C51 的基础上进行的，由于它们在资源上具有很大的兼容性，因此，只要了解各款单片机与 AT89C51 的不同点即可。对于 AT89S51，主要的区别是具有在系统编程功能、看门狗功能、双数据指针；对于 AT89C52，主要的区别是片内程序容量加大为 8KB、增加 T2 功能、片内 RAM 加大为 256B；而对于 AT89C1051/2051/4051，主要的区别是 I/O 接口的减少、片内 RAM、片内程序容量的差异、模拟比较器功能的增加以及 I/O 接口驱动能力的增强等。

8.5　本章习题

1. 单片机 AT89S51 与 AT89C51 在内部资源功能上有哪些区别？

2. 设 AT89S51 的外接晶体振荡器的频率为 12MHz，则 WDT 的溢出时间是多少？

3. 请说明 AT89S51 内部 WDT 的使用方法，包括正常工作模式和低功耗模式。

4. AT89S51 的双数据指针的最大优点是什么？

5. 单片机 AT89C52 与 AT89C51 在内部资源功能上有哪些区别？

6. 怎样访问 AT89C52 内部 RAM 的 80H～0FFH 单元？

7. 请说明用 AT89C52 的 T2 的捕获方式来实现一个周期的测量方法，同时要注意哪些因素？

8. 请利用 AT89C52 的 T2 构成串行通信方式 1 的波特率发生器，编制初始化程序，通信的波特率为 1200bit/s，晶体振荡器频率为 11.0592MHz。

9. 请利用 T2 的方波输出功能，从 P1.0 口上输出频率为 1kHz 的方波信号，晶体振荡器频率为 12MHz，编制能完成上述要求的程序段。

10. 单片机 AT89C2051 与 AT89C51 在内部资源功能上有哪些区别？

11. 单片机 AT89C2051 与 AT89C1051 在内部资源功能上有哪些区别？

12. 单片机 AT89C2051 与 AT9C4051 在内部资源功能上有哪些区别？

附　　录

Ⅰ　MCS-89C51 系列单片机指令表

一、指令按字母顺序排列

助 记 符	操 作 数	机器码（H）	字 节 数	机器周期
ACALL	addr11	$a_{10}a_9a_8$ 10001 addr（7~0）	2	2
ADD	A，Rn	28H~2FH	1	1
ADD	A，dir	25H dir	2	1
ADD	A，@Ri	26H~27H	1	1
ADD	A，#data	24H data	2	1
ADDC	A，Rn	38H~3FH	1	1
ADDC	A，dir	35H dir	2	1
ADDC	A，@Ri	36H~37H	1	1
ADDC	A，#data	34H data	2	1
AJMP	addr11	$a_{10}a_9a_8$ 00001B addr（7~0）	2	2
ANL	A，Rn	58H~5FH	1	1
ANL	A，dir	55H dir	2	2
ANL	A，@Ri	56H~57H	1	1
ANL	A，#data	54H data	2	1
ANL	dir，A	52H dir	2	1
ANL	dir，#data	53H dir data	3	2
ANL	C，bit	82H bit	2	2
ANL	C，/bit	B0H bit	2	2
CJNE	A，dir，rel	B5H dir rel	3	2
CJNE	A，#data，rel	B4H data rel	3	2
CJNE	Rn，#data，rel	B8H~BFH data rel	3	2
CJNE	@Ri，#data，rel	B6H~B7H data rel	3	2
CLR	A	E4H	1	1
CLR	C	C3H	1	1
CLR	bit	C2H bit	2	1
CPL	A	F4H	1	1
CPL	C	B3H	1	1

续表

助记符	操作数	机器码（H）	字节数	机器周期
CPL	bit	B2H bit	2	1
DA	A	D4H	1	1
DEC	A	14H	1	1
DEC	Rn	18H～1FH	1	1
DEC	dir	15H dir	2	1
DEC	@Ri	16H～17H	1	1
DIV	AB	84H	1	4
DJNZ	Rn，rel	D8H～DF rel	2	2
DJNZ	dir，rel	D5H dir rel	3	2
INC	A	04H	1	1
INC	Rn	08H～0FH	1	1
INC	dir	05H dir	2	1
INC	@Ri	06H～07H	1	1
INC	DPTR	A3H	1	2
JB	bit，rel	20H bit rel	3	2
JBC	bit，rel	10H bit rel	3	2
JC	rel	40H rel	2	2
JMP	@A+DPTR	73H	1	2
JNB	bit，rel	30H bit rel	3	2
JNC	rel	50H rel	2	2
JNZ	rel	70H rel	2	2
JZ	rel	60H rel	2	2
LCALL	addr16	12H addr16	3	2
LJMP	addr16	02H addr16	3	2
MOV	A，Rn	E8H～EFH	1	1
MOV	A，dir	E5H dir	2	1
MOV	A，@Ri	E6H～E7H	1	1
MOV	A，#data	74H data	2	1
MOV	Rn，A	F8H～FFH	1	1
MOV	Rn，dir	A8H～AFH dir	2	2
MOV	Rn，#data	78H～7FH data	2	1
MOV	dir，A	F5H dir	2	1
MOV	dir，Rn	88H～8FH dir	2	2
MOV	dir1，dir2	85H dir2 dir1	3	2
MOV	dir，@Ri	86H～87H dir	2	2
MOV	dir，#data	75H dir data	3	2

助 记 符	操 作 数	机器码（H）	字 节 数	机器周期
MOV	@Ri，A	F6H～F7H	1	1
MOV	@Ri，dir	A6H～A7H dir	2	2
MOV	@Ri，#data	76H～77H data	2	1
MOV	C，bit	A2H bit	2	1
MOV	bit，C	92H bit	2	2
MOV	DPTR，#data16	90H data16	3	2
MOVC	A，@A+DPTR	93H	1	2
MOVC	A，@A+PC	83H	1	2
MOVX	A，@Ri	E2H～E3H	1	2
MOVX	A，@DPTR	E0H	1	2
MOVX	@Ri，A	F2H～F3H	1	2
MOVX	@DPTR，A	F0H	1	2
MUL	AB	A4H	1	4
NOP		00H	1	1
ORL	A，Rn	48H～4FH	1	1
ORL	A，dir	45H dir	2	2
ORL	A，@Ri	46H～47H	1	1
ORL	A，#data	44H data	2	1
ORL	dir，A	42H dir	2	1
ORL	dir，#data	43H dir data	3	2
ORL	C，bit	72H bit	2	2
ORL	C，/bit	A0H bit	2	2
POP	dir	D0H dir	2	2
PUSH	dir	C0H dir	2	2
RET		22H	1	2
RETI		32H	1	2
RL	A	23H	1	1
RLC	A	33H	1	1
RR	A	03H	1	1
RRC	A	13H	1	1
SETB	C	D3H	2	1
SETB	bit	D2H bit	2	1
SJMP	rel	80H rel	2	2
SUBB	A，Rn	98H～9FH	1	1
SUBB	A，dir	95H dir	2	1
SUBB	A，@Ri	96H～97H	1	1

续表

助 记 符	操 作 数	机器码（H）	字 节 数	机器周期
SUBB	A，#data	94H data	2	1
SWAP	A	C4H	1	1
XCH	A，Rn	C8H～CFH	1	1
XCH	A，dir	C5H dir	2	1
XCH	A，@Ri	C6H～C7H	1	1
XCHD	A，@Ri	D6H～D7H	1	1
XRL	A，Rn	68H～6FH	1	1
XRL	A，dir	65H dir	2	2
XRL	A，@Ri	66H～67H	1	1
XRL	A，#data	64H data	2	1
XRL	dir，A	62H dir	2	1
XRL	dir，#data	63H dir data	3	2

二、影响标志位的指令

标志 \ 指令	ADD	ADDC	SUBB	DA	MUL	DIV
CY	√	√	√	√	0	0
AC	√	√	√	√	×	×
OV	√	√	√	×	√	√
P	√	√	√	√	√	√

注：符号√表示相应的指令操作影响标志，符号 0 表示相应的指令操作对该标志清"0"，符号×表示相应的指令操作不影响标志。另外，累加器加"1"（INC A）和减"1"(DEC A)指令影响 P 标志。

II ASCII 码表及符号说明

表 1 ASCII 码表

高 3 位 低 4 位	000 (0H)	001 (1H)	010 (2H)	011 (3H)	100 (4H)	101 (5H)	110 (6H)	111 (7H)
0000（0H）	NUL	DLE	SP	0	@	P		p
0001（1H）	SOH	DC1	!	1	A	Q	a	q
0010（2H）	STX	DC2	"	2	B	R	b	r
0011（3H）	ETX	DC3	#	3	C	S	c	s
0100（4H）	EOT	DC4	$	4	D	T	d	t
0101（5H）	ENQ	NAK	%	5	E	U	e	u
0110（6H）	ACK	SYN	&	6	F	V	f	v
0111（7H）	BEL	ETB	'	7	G	W	g	w
1000（8H）	BS	CAN	(	8	H	X	h	x
1001（9H）	HT	EM	)	9	I	Y	i	y
1010（AH）	LF	SUB	*	:	J	Z	j	z
1011（BH）	VT	ESC	+	;	K	[	k	{
1100（CH）	FF	FS	,	<	L	\	l	|
1101（DH）	CR	GS	-	=	M	]	m	}
1110（EH）	SO	RS	.	>	N	^	n	~
1111（FH）	SI	US	/	?	O	_	o	DEL

表 2 ASCII 码符号说明

符 号	说 明	符 号	说 明	符 号	说 明
NUL	空	ETB	信息组传输结束	DC1	设备控制 1
SOH	标题开始	CAN	作废	DC2	设备控制 2
STX	正文结束	EM	纸尽	DC3	设备控制 3
ETX	本文结束	SUB	减	DC4	设备控制 4
EOT	传输结果	ESC	换码	NAK	否定
ENQ	询问	VT	垂直列表	FS	文字分隔符
ACK	承认	FF	走纸控制	GS	组分隔符
BEL	报警	CR	回车	RS	记录分隔符

符　号	说　明	符　号	说　明	符　号	说　明
BS	退格	SO	移位输出	US	单元分隔符
HT	横向列表	SI	移位输入	DEL	作废
LF	换行	SP	空格	—	—
SYN	空转同步	DLE	数据链换码	—	—

参 考 文 献

[1] 李全利. 单片机原理及接口技术[M]. 北京：高等教育出版社，2004.

[2] 杨文龙. 单片机原理及应用[M]. 西安：西安电子科技大学出版社，2000.

[3] 曹巧媛. 单片机原理及应用[M]. 2版. 北京：电子工业出版社，2002.

[4] 余永权. ATMEL89系列单片机应用技术[M]. 北京：北京航空航天大学出版社，2002.

[6] 王幸之，等. AT89系列单片机原理与接口技术[M]. 北京：北京航空航天大学出版社，2005.

[7] 杨金岩，等. 8051单片机数据接口扩展技术与应用实例[M]. 北京：人民邮电出版社，2005.

[8] X5043/X5045数据手册. 武汉：武汉力源电子股份有限公司，2000.11.

[9] 施琴红. 可编程数码管/键盘串行接口芯片HD7279A的原理与应用[J].国外电子元器件，2004.6.

[10] TLC1543C/I/Q10-Bit Analog-TO-Digital Converter with Serial Control and 11 Analog Inputs.

http://www.icbase.com/pdf/TI

[11] TLC5615C/I 10-Bit Digital-to-Analog Converters. Texas Instruments

http://www.icbase.com/pdf/TI

[12] 胡汉才. 单片机原理及其接口技术[M]. 北京：清华大学出版社，2004.

[13] 潘永雄. 新编单片机原理与应用[M]. 西安：西安电子科技大学出版社，2003.

[14] 求是科技. 单片机典型模块设计实例导航[M]. 北京：人民邮电出版社，2004.

[15] [英]Michael J.Pont. 时间触发嵌入式系统设计模式[M]. 周敏，译. 北京：中国电力出版社，2004.

[16] 求是科技. 单片机通信技术与工程实践[M]. 北京：人民邮电出版社，2005.

[17] 张毅刚，等. MCS-51单片机应用设计[M]. 哈尔滨：哈尔滨工业大学出版社，2003.

[18] 高锋. 单片微型计算机原理与接口技术[M]. 北京：科学出版社，2003.

[19] ATMEL.8-bit Microcontroller with 4K Flash AT89C51.

http://www.atmel.com/dyn/resources/prod_documents 2000

[20] ATMEL. 8-bit Microcontroller with 8K Flash AT89C52.

http://www.atmel.com/dyn/resources/prod_documents 1999

北京大学出版社本科电气信息系列实用规划教材

序号	书名	书号	编著者	定价	出版年份	教辅及获奖情况
	物联网工程					
1	物联网概论	7-301-23473-0	王 平	38	2014	电子课件/答案,有"多媒体移动交互式教材"
2	物联网概论	7-301-21439-8	王金甫	42	2012	电子课件/答案
3	现代通信网络	7-301-24557-6	胡珺珺	38	2014	电子课件/答案
4	物联网安全	7-301-24153-0	王金甫	43	2014	电子课件/答案
5	通信网络基础	7-301-23983-4	王昊	32	2014	
6	无线通信原理	7-301-23705-2	许晓丽	42	2014	电子课件/答案
7	家居物联网技术开发与实践	7-301-22385-7	付 蔚	39	2013	电子课件/答案
8	物联网技术案例教程	7-301-22436-6	崔逊学	40	2013	电子课件
9	传感器技术及应用电路项目化教程	7-301-22110-5	钱裕禄	30	2013	电子课件/视频素材,宁波市教学成果奖
10	网络工程与管理	7-301-20763-5	谢 慧	39	2012	电子课件/答案
11	电磁场与电磁波(第2版)	7-301-20508-2	邬春明	32	2012	电子课件/答案
12	现代交换技术(第2版)	7-301-18889-7	姚 军	36	2013	电子课件/习题答案
13	传感器基础(第2版)	7-301-19174-3	赵玉刚	32	2013	电子课件
14	物联网基础与应用	7-301-16598-0	李蕴田	44	2012	电子课件
15	通信技术实用教程	7-301-25386-1	谢 慧	36	2015	电子课件/习题答案
16	物联网工程应用与实践	7-301-19853-7	于继明	39	2015	
	单片机与嵌入式					
1	嵌入式ARM系统原理与实例开发(第2版)	7-301-16870-7	杨宗德	32	2011	电子课件/素材
2	ARM嵌入式系统基础与开发教程	7-301-17318-3	丁文龙 李志军	36	2010	电子课件/习题答案
3	嵌入式系统设计及应用	7-301-19451-5	邢吉生	44	2011	电子课件/实验程序素材
4	嵌入式系统开发基础——基于八位单片机的C语言程序设计	7-301-17468-5	侯殿有	49	2012	电子课件/答案/素材
5	嵌入式系统基础实践教程	7-301-22447-2	韩 磊	35	2013	电子课件
6	单片机原理与接口技术	7-301-19175-0	李 升	46	2011	电子课件/习题答案
7	单片机系统设计与实例开发(MSP430)	7-301-21672-9	顾 涛	44	2013	电子课件/答案
8	单片机原理与应用技术(第2版)	7-301-27392-0	魏立峰 王宝兴	42	2016	教学资源/电子课件
9	单片机原理及应用教程(第2版)	7-301-22437-3	范立南	43	2013	电子课件/习题答案,辽宁"十二五"教材
10	单片机原理与应用及C51程序设计	7-301-13676-8	唐 颖	30	2011	电子课件
11	单片机原理与应用及其实验指导书	7-301-21058-1	邵发森	44	2012	电子课件/答案/素材
12	MCS-51单片机原理及应用	7-301-22882-1	黄翠翠	34	2013	电子课件/程序代码
	物理、能源、微电子					
1	物理光学理论与应用(第2版)	7-301-26024-1	宋贵才	46	2015	电子课件/习题答案,"十二五"普通高等教育本科国家级规划教材
2	现代光学	7-301-23639-0	宋贵才	36	2014	电子课件/答案
3	平板显示技术基础	7-301-22111-2	王丽娟	52	2013	电子课件/答案
4	集成电路版图设计	7-301-21235-6	陆学斌	32	2012	电子课件/习题答案
5	新能源与分布式发电技术	7-301-17677-1	朱永强	32	2010	电子课件/习题答案,北京市精品教材,北京市"十二五"教材
6	太阳能电池原理与应用	7-301-18672-5	靳瑞敏	25	2011	电子课件

序号	书名	书号	编著者	定价	出版年份	教辅及获奖情况
7	新能源照明技术	7-301-23123-4	李姿景	33	2013	电子课件/答案
基 础 课						
1	电工与电子技术(上册) (第2版)	7-301-19183-5	吴舒辞	30	2011	电子课件/习题答案,湖南省"十二五"教材
2	电工与电子技术(下册) (第2版)	7-301-19229-0	徐卓农 李士军	32	2011	电子课件/习题答案,湖南省"十二五"教材
3	电路分析	7-301-12179-5	王艳红 蒋学华	38	2010	电子课件,山东省第二届优秀教材奖
4	模拟电子技术实验教程	7-301-13121-3	谭海曙	24	2010	电子课件
5	运筹学(第2版)	7-301-18860-6	吴亚丽 张俊敏	28	2011	电子课件/习题答案
6	电路与模拟电子技术	7-301-04595-4	张绪光 刘在娥	35	2009	电子课件/习题答案
7	微机原理及接口技术	7-301-16931-5	肖洪兵	32	2010	电子课件/习题答案
8	数字电子技术	7-301-16932-2	刘金华	30	2010	电子课件/习题答案
9	微机原理及接口技术实验指导书	7-301-17614-6	李干林 李 升	22	2010	课件(实验报告)
10	模拟电子技术	7-301-17700-6	张绪光 刘在娥	36	2010	电子课件/习题答案
11	电工技术	7-301-18493-6	张 莉 张绪光	26	2011	电子课件/习题答案,山东省"十二五"教材
12	电路分析基础	7-301-20505-1	吴舒辞	38	2012	电子课件/习题答案
13	模拟电子线路	7-301-20725-3	宋树祥	38	2012	电子课件/习题答案
14	数字电子技术	7-301-21304-9	秦长海 张天鹏	49	2013	电子课件/答案,河南省"十二五"教材
15	模拟电子与数字逻辑	7-301-21450-3	邬春明	39	2012	电子课件
16	电路与模拟电子技术实验指导书	7-301-20351-4	唐 颖	26	2012	部分课件
17	电子电路基础实验与课程设计	7-301-22474-8	武 林	36	2013	部分课件
18	电文化——电气信息学科概论	7-301-22484-7	高 心	30	2013	
19	实用数字电子技术	7-301-22598-1	钱裕禄	30	2013	电子课件/答案/其他素材
20	模拟电子技术学习指导及习题精选	7-301-23124-1	姚娅川	30	2013	电子课件
21	电工电子基础实验及综合设计指导	7-301-23221-7	盛桂珍	32	2013	
22	电子技术实验教程	7-301-23736-6	司朝良	33	2014	
23	电工技术	7-301-24181-3	赵莹	46	2014	电子课件/习题答案
24	电子技术实验教程	7-301-24449-4	马秋明	26	2014	
25	微控制器原理及应用	7-301-24812-6	丁筱玲	42	2014	
26	模拟电子技术基础学习指导与习题分析	7-301-25507-0	李大军 唐 颖	32	2015	电子课件/习题答案
27	电工学实验教程(第2版)	7-301-25343-4	王士军 张绪光	27	2015	
28	微机原理及接口技术	7-301-26063-0	李干林	42	2015	电子课件/习题答案
29	微机原理及接口技术(第2版)	7-301-26512-3	赵志诚 段中兴	49	2016	二维码资源
电子、通信						
1	DSP 技术及应用	7-301-10759-1	吴冬梅 张玉杰	26	2011	电子课件,中国大学出版社图书奖首届优秀教材奖一等奖
2	电子工艺实习	7-301-10699-0	周春阳	19	2010	电子课件
3	电子工艺学教程	7-301-10744-7	张立毅 王华奎	32	2010	电子课件,中国大学出版社图书奖首届优秀教材奖一等奖
4	信号与系统	7-301-10761-4	华 容 隋晓红	33	2011	电子课件
5	信息与通信工程专业英语(第2版)	7-301-19318-1	韩定定 李明明	32	2012	电子课件/参考译文,中国电子教育学会2012年全国电子信息类优秀教材
6	高频电子线路(第2版)	7-301-16520-1	宋树祥 周冬梅	35	2009	电子课件/习题答案

序号	书名	书号	编著者	定价	出版年份	教辅及获奖情况
7	MATLAB 基础及其应用教程	7-301-11442-1	周开利　邓春晖	24	2011	电子课件
8	计算机网络	7-301-11508-4	郭银景　孙红雨	31	2009	电子课件
9	通信原理	7-301-12178-8	隋晓红　钟晓玲	32	2007	电子课件
10	数字图像处理	7-301-12176-4	曹茂永	23	2007	电子课件,"十二五"普通高等教育本科国家级规划教材
11	移动通信	7-301-11502-2	郭俊强　李　成	22	2010	电子课件
12	生物医学数据分析及其 MATLAB 实现	7-301-14472-5	尚志刚　张建华	25	2009	电子课件/习题答案/素材
13	信号处理 MATLAB 实验教程	7-301-15168-6	李　杰　张　猛	20	2009	实验素材
14	通信网的信令系统	7-301-15786-2	张云麟	24	2009	电子课件
15	数字信号处理	7-301-16076-3	王震宇　张培珍	32	2010	电子课件/答案/素材
16	光纤通信	7-301-12379-9	卢志茂　冯进玫	28	2010	电子课件/习题答案
17	离散信息论基础	7-301-17382-4	范九伦　谢　勰	25	2010	电子课件/习题答案,"十二五"普通高等教育本科国家级规划教材
18	光纤通信	7-301-17683-2	李丽君　徐文云	26	2010	电子课件/习题答案
19	数字信号处理	7-301-17986-4	王玉德	32	2010	电子课件/答案/素材
20	电子线路 CAD	7-301-18285-7	周荣富　曾　技	41	2011	电子课件
21	MATLAB 基础及应用	7-301-16739-7	李国朝	39	2011	电子课件/答案/素材
22	信息论与编码	7-301-18352-6	隋晓红　王艳营	24	2011	电子课件/习题答案
23	现代电子系统设计教程	7-301-18496-7	宋晓梅	36	2011	电子课件/习题答案
24	移动通信	7-301-19320-4	刘维超　时　颖	39	2011	电子课件/习题答案
25	电子信息类专业 MATLAB 实验教程	7-301-19452-2	李明明	42	2011	电子课件/习题答案
26	信号与系统	7-301-20340-8	李云红	29	2012	电子课件
27	数字图像处理	7-301-20339-2	李云红	36	2012	电子课件
28	编码调制技术	7-301-20506-8	黄　平	26	2012	电子课件
29	Mathcad 在信号与系统中的应用	7-301-20918-9	郭仁春	30	2012	
30	MATLAB 基础与应用教程	7-301-21247-9	王月明	32	2013	电子课件/答案
31	电子信息与通信工程专业英语	7-301-21688-0	孙桂芝	36	2012	电子课件
32	微波技术基础及其应用	7-301-21849-5	李泽民	49	2013	电子课件/习题答案/补充材料等
33	图像处理算法及应用	7-301-21607-1	李文书	48	2012	电子课件
34	网络系统分析与设计	7-301-20644-7	严承华	39	2012	电子课件
35	DSP 技术及应用	7-301-22109-9	董　胜	39	2013	电子课件/答案
36	通信原理实验与课程设计	7-301-22528-8	邬春明	34	2015	电子课件
37	信号与系统	7-301-22582-0	许丽佳	38	2013	电子课件/答案
38	信号与线性系统	7-301-22776-3	朱明旱	33	2013	电子课件/答案
39	信号分析与处理	7-301-22919-4	李会容	39	2013	电子课件/答案
40	MATLAB 基础及实验教程	7-301-23022-0	杨成慧	36	2013	电子课件/答案
41	DSP 技术与应用基础(第 2 版)	7-301-24777-8	俞一彪	45	2015	
42	EDA 技术及数字系统的应用	7-301-23877-6	包　明	55	2015	
43	算法设计、分析与应用教程	7-301-24352-7	李文书	49	2014	
44	Android 开发工程师案例教程	7-301-24469-2	倪红军	48	2014	
45	ERP 原理及应用	7-301-23735-9	朱宝慧	43	2014	电子课件/答案
46	综合电子系统设计与实践	7-301-25509-4	武　林　陈　希	32(估)	2015	
47	高频电子技术	7-301-25508-7	赵玉刚	29	2015	电子课件
48	信息与通信专业英语	7-301-25506-3	刘小佳	29	2015	电子课件
49	信号与系统	7-301-25984-9	张建奇	45	2015	电子课件

序号	书名	书号	编著者	定价	出版年份	教辅及获奖情况
			自动化、电气			
1	自动控制原理	7-301-22386-4	佟 威	30	2013	电子课件/答案
2	自动控制原理	7-301-22936-1	邢春芳	39	2013	
3	自动控制原理	7-301-22448-9	谭功全	44	2013	
4	自动控制原理	7-301-22112-9	许丽佳	30	2015	
5	自动控制原理	7-301-16933-9	丁 红 李学军	32	2010	电子课件/答案/素材
6	现代控制理论基础	7-301-10512-2	侯媛彬等	20	2010	电子课件/素材，国家级"十一五"规划教材
7	计算机控制系统(第2版)	7-301-23271-2	徐文尚	48	2013	电子课件/答案
8	电力系统继电保护(第2版)	7-301-21366-7	马永翔	42	2013	电子课件/习题答案
9	电气控制技术(第2版)	7-301-24933-8	韩顺杰 吕树清	28	2014	电子课件
10	自动化专业英语(第2版)	7-301-25091-4	李国厚 王春阳	46	2014	电子课件/参考译文
11	电力电子技术及应用	7-301-13577-8	张润和	38	2008	电子课件
12	高电压技术(第2版)	7-301-27206-0	马永翔	43	2016	电子课件/习题答案
13	电力系统分析	7-301-14460-2	曹 娜	35	2009	
14	综合布线系统基础教程	7-301-14994-2	吴达金	24	2009	电子课件
15	PLC原理及应用	7-301-17797-6	缪志农 郭新年	26	2010	电子课件
16	集散控制系统	7-301-18131-7	周荣富 陶文英	36	2011	电子课件/习题答案
17	控制电机与特种电机及其控制系统	7-301-18260-4	孙冠群 于少娟	42	2011	电子课件/习题答案
18	电气信息类专业英语	7-301-19447-8	缪志农	40	2011	电子课件/习题答案
19	综合布线系统管理教程	7-301-16598-0	吴达金	39	2012	电子课件
20	供配电技术	7-301-16367-2	王玉华	49	2012	电子课件/习题答案
21	PLC技术与应用(西门子版)	7-301-22529-5	丁金婷	32	2013	电子课件
22	电机、拖动与控制	7-301-22872-2	万芳瑛	34	2013	电子课件/答案
23	电气信息工程专业英语	7-301-22920-0	余兴波	26	2013	电子课件/译文
24	集散控制系统(第2版)	7-301-23081-7	刘翠玲	36	2013	电子课件，2014年中国电子教育学会"全国电子信息类优秀教材"一等奖
25	工控组态软件及应用	7-301-23754-0	何坚强	49	2014	电子课件/答案
26	发电厂变电所电气部分(第2版)	7-301-23674-1	马永翔	48	2014	电子课件/答案
27	自动控制原理实验教程	7-301-25471-4	丁 红 贾玉瑛	29	2015	
28	自动控制原理(第2版)	7-301-25510-0	袁德成	35	2015	电子课件，辽宁省"十二五"教材
29	电机与电力电子技术	7-301-25736-4	孙冠群	45	2015	电子课件/答案

如您需要更多教学资源如电子课件、电子样章、习题答案等，请登录北京大学出版社第六事业部官网 www.pup6.cn 搜索下载。

如您需要浏览更多专业教材，请扫下面的二维码，关注北京大学出版社第六事业部官方微信(微信号：pup6book)，随时查询专业教材、浏览教材目录、内容简介等信息，并可在线申请纸质样书用于教学。

感谢您使用我们的教材，欢迎您随时与我们联系，我们将及时做好全方位的服务。联系方式：010-62750667，pup6_czq@163.com，pup6@163.com，欢迎来电来信。客户服务 QQ 号：1292552107，欢迎随时咨询。